走向统一的自然力

厉光烈　著

科　学　出　版　社

北　京

内 容 简 介

本书以四种自然力走向统一的探索历程为主线，全面、系统地介绍了经典力学、电磁理论、狭义和广义相对论、爱因斯坦统一场论、量子力学、量子电动力学、弱电统一理论、量子色动力学、粒子物理标准模型、强弱电大统一理论和超弦理论等物理学基础理论(包括著名科学家哥白尼、伽利略、牛顿、爱因斯坦和杨振宁等的生平事迹和一些有趣的故事)，尽量少用数学公式，多谈物理思想，力求简洁明了、通俗易懂，并添加插图和名词解释，使其具有一定的趣味性。

本书可作为中学高年级学生、大学物理专业学生、研究生和广大的物理爱好者的参考书或课外读物，也可供高等院校青年教师和科研人员参考。

图书在版编目(CIP)数据

走向统一的自然力/厉光烈著. —北京：科学出版社，2019.6
ISBN 978-7-03-061446-9

I. ①走… Ⅱ. ①厉… Ⅲ. ①物理学–普及读物 Ⅳ. ①O4-49

中国版本图书馆 CIP 数据核字(2019) 第 113248 号

责任编辑：钱　俊　田轶静 / 责任校对：杨　然
责任印制：吴兆东 / 封面设计：无极书装

科学出版社 出版
北京东黄城根北街 16 号
邮政编码：100717
http://www.sciencep.com

北京九州迅驰传媒文化有限公司印刷
科学出版社发行　　各地新华书店经销
*
2019 年 6 月第　一　版　开本：720 × 1000 B5
2025 年 2 月第四次印刷　印张：17 3/4
字数：340 000
定价：98.00 元
(如有印装质量问题，我社负责调换)

走向统一的自然力

　　本书书名为作者挚友季公（伏昆）提写。季公（伏昆），著名书法家林散之嫡传弟子、南京艺术学院教授。

FOREWORD
序 言

　　这本书，以"走向统一的自然力"为主线，讲述了科学家探寻统一描述物质基本组分与作用于其间的自然力的终极理论的故事，通俗地介绍了几乎所有的物理学基础理论：牛顿的经典力学、麦克斯韦的电磁理论、爱因斯坦的狭义和广义相对论、杨-米尔斯规范场理论、温伯格-格拉肖-萨拉姆弱电统一理论，以及量子力学、量子电动力学、量子色动力学和超弦理论等，这就好像是用"走向统一的自然力"这根线索将物理学基础理论的一颗颗明珠连接成一串戴在科学女神脖子上的项链。

　　书中，作者全面系统地介绍了人类对力的认识过程：从墨子的"力，形之所以奋也"到牛顿力学的第二定律：$\boldsymbol{F} = m\boldsymbol{a}$，即对力的描述从定性到定量；接着，法拉第引入场的概念、麦克斯韦建立了电磁场方程组、爱因斯坦创建狭义和广义相对论完善了对电磁力和引力的场论表述；虽然爱因斯坦试图建立电磁力和引力的统一场论未能如愿，但是外尔提出的规范变换概念却使杨振宁认识到"对称性支配相互作用"，也就是说，力的本质与对称性密切相关，从而为自然力"走向"统一指明了方向。

　　在最后一章，作者通俗地介绍了超弦理论，虽然这一理论为实现自然力的统一迈出了坚实的一步：将来自时空对称性的引力与可用规范对称性描述的强力、弱力和电磁力统一起来，但是，在未经实验验证之前，还不能说我们已经找到了能够统一描述物质基本组分与作用于其间的自然力的终极理论。

我和该书作者厉光烈教授相识五十多年,其中头十三年是在中国科学院原子能研究所中关村分部(即现在的中国科学院高能物理研究所)的同一个研究组内,后来,虽然我转到中国科学院理论物理研究所,但是一直保持联系,还曾共同组织、申请科研项目,彼此都把对方视为终身挚友。

厉光烈教授,1965 年从南京大学研究生毕业后,分配到中国科学院原子能研究所。他的研究生导师是著名核物理学家施士元先生。施先生是居里夫人的"中国弟子",是唯一一位在居里夫人指导下得到博士学位的中国人。

厉光烈的主要研究领域是中高能核物理,这里,电磁相互作用、弱相互作用与强相互作用,经常交织在一起。有时,他也涉足于核天体物理,这里,除了前三种相互作用外,引力也必然进入。这就使得他对自然界的四种相互作用都有所涉及,在自己的科研工作中,探讨和应用过这四种相互作用。由一位从事相关研究的科研人员来编写关于四种相互作用的科普专著,其科学内容表述的学术准确性就有了坚实的基础。

1995 年,因在 EMC 效应及其相关研究中的创新成果,厉光烈获得了中国科学院自然科学奖一等奖。这表明,他的学术水平已经达到一个很好的境界,也使得该书的科学深度有了保证。

光烈的语言表达能力很强,生动、活泼、幽默、流畅,多年来在核物理界一直备受称赞,就是在物理学界也有不小的影响。他曾受邀在 30 多所学校和研究所作过科普报告,每次都引发不断的笑声和掌声,得到广大师生的热烈欢迎。他的这些长处,在该书中都会有所体现。

光烈在《现代物理知识》杂志担任副主编、主编二十多年,为科普付出了大量劳动和精力,使得期刊的影响力不断扩大。在此期间,他自己撰写了数十篇科普文章。同时，他也审阅了大量的科普文章，积累和收集了丰富的资料。大约六年前，他开始编写此书，可以说是水到渠成。这本书包含他五十多年从事物理学研究、教学和科普的心得体会，也可以说是他多年科研和科普的结晶之作。

今年五月，光烈把书稿给了我，经过几个月的浏览，大致把书读完。下面，谈一些看法，供读者参考。

这是一本科普读物，但它又不同于一般的科普读物。在周孟璞和松鹰主编的《科普学》一书中，提出了科普三定律。第一定律是，科普是普及科学技术知识、传播科学思想、倡导科学方法、弘扬科学精神、树立科学道德的活动。本书不仅介绍与"自然力走向统一"相关的物理知识，而且着重强调科学家探索、发现的过程，特别是科学家的献身精神，提出、改进和完善理论的思想方法，以及探索的艰辛。因此，本书很好地完成了上述五项要求。这里，我不想对这五点逐一说明。但是，读者可以从这五个方面去阅读和理解。

科普学的第二定律，把科普的受众列为：农民、城市居民、工人、青少年、领导干部和军人等。这就有些不全面了。实际上，从事科学研究和技术工作的学者和专家，也可以是科普读物的受众。在国际和国内，不少科研单位和大学，都会组织一种叫"colloquium"的报告会。人们有时也把它称为高级科普报告。它的听众主要是学者、专家，也可以包括研究生，甚至本科生。该书有相当一部分内容，就是属于高级科普的。光烈很巧妙地把普通科普的内容和高级科普的内容，有机地结合在一起，使得从高中生、本科生，到专家、学者，都能找到自己可读的部分。即便是院士，如果有空翻阅一下，也是有好处的。既然提及院士，我不妨多说几句：能评上院士，当然都是在科学研究上取得了不少突出成绩的，但是，仅就物理学科来讲，包含了很多分支，如粒子物理、核物理、凝聚态物理、原子分子物理等，而每个分支学科又包含非常宽广的研究领域。一个人的精力有限，只能在有限的一个或几个研究领域里工作，所以，不要认为当了院士，就成为通晓某一学科或者某一分支学科的神仙，对于那些他们的研究并未涉及的领域，仍然应当是在第一线工作的专家、学者更有发言权，即便他们不是院士。所以，作为院士，也有扩大自己知识面的需求。而高级科普，对他们也是适合的。遗憾的是，现在社会上有一种误解，以为院士都能通晓所属学科，遇事只见院士，不见广大的第一线工作的学者和专家。这对科学的发展，国家的发展，都是非常有害的。

科普学的第三定律是说，科普是国家指导，科普工作者积极参加，社会各界积极支持的社会活动。国家指导的体现，实际上是由政府各个有关部门来实施的。这里，应当感谢科学出版社对该书出版的大力支持。这使我想起一件事情：两年前，光烈曾向某个管理部门询问科普基金。答复是，退休人员不能申请。我觉得，这是一个很奇怪的规定。在第一线工作的科研人员，在退休前，常常是非常忙碌，难以抽出时间写科普著作的。对他们，写科普文章，常常又不列入考核的内容。他们从第一线退下之后，正好可以静下心来，编撰一些科普著作。由于刚从一线退出，对当前的科研现状有最直接的了解，再加上他们多年工作的积累，是一支非常好的科普生力军。把这样一支队伍排斥在外，实在是不妥当的，也是很可惜的。

下面谈谈该书的几个特点。第一，在内容叙述上，时刻把握科学的准确性。这是科普读物的灵魂，离开这一点，再花哨的表达，都没有意义，反而会成为有害的东西。第二，把丰富生动的科学史资料与物理问题的讲解有机地结合在一起，特别是，书中给出了很多科学家的相当清晰的近乎肖像照的照片，把过去很多抽象的名字、抽象的公式和一个个鲜活的形象联系起来，使得公式和定律也跟着活起来。第三，书中对很多定律、方程的建立的历史过程，作了相当详细的介绍，其中很多过程，都是鲜为人知的。至少，在我国很少被人提及。这些过程，并不是简单的历史故事，它们往往是科学方法、科学思想的具体体现。在阅读时，读者应当注意到这一点。

郝柏林和于渌两位院士编写的《相变和临界现象》(此书后来加了陈晓松为作者，书名也改为《边缘奇迹：相变和临界现象》) 一书第一章的标题，引用了颐和园铜亭庭园里楹联的一句话："物含妙理总堪寻"。这是一句富含哲理的诗句，反映了我国古人的深刻的世界观。物，就是宇宙间的万物；理，就是万物运动的规律，而决定万物运动规律的，正是本书中所讲的四种相互作用。自然界的任何规律，总是由这四种相互作用中的一种、两种，甚至是四种相互作用共同决定的。所以，理解这四种相互作用，便抓住了理解物理学的钥匙。进一步说，也是抓住了认识万物运动规律的钥匙。从这个意义上说，该书不是一般层面上的科普，而是具有深刻内涵的科普。

霍金在"GMIC2017"北京大会作题为"让人工智能造福人类及其赖以生存的家园"的首场讲演后，回答最后一个提问时说："只有当一个人关于某件事能写出一本书，才代表他完全理解了这件事。"我想，厉光烈正是在通过自己的科研理解了这四种相互作用，又在积累了二十多年科普工作经验之后，写出了这本书。此书，是他的理解之作，也望成为读者的理解之桥。

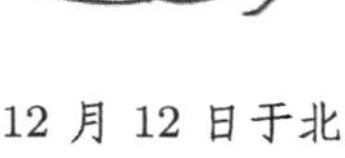

赵凯华

2017 年 12 月 12 日于北京中关村

PREFACE
前言

　　人类在探索自然界奥秘的过程中，逐步认识到主宰宇宙间物质运动的是四种自然力，或称四种基本相互作用，即作用在一切物体（包括星体）之间的引力，作用在带电（或磁矩）物体之间的电磁力，以及作用在微观粒子之间的强力和弱力。表 1 给出了这四种自然力的主要特性。

表 1　四种基本相互作用的主要特性

名称	力程/m	相对强度	媒介子	参与的物体或粒子
引力	∞	10^{-38}	引力子	一切有质量的物体，包括强子和轻子
电磁力	∞	$1/137$	光子	带电（或磁矩）的物体，包括带电（或磁矩）的强子和轻子
强力	10^{-15}	$1\sim 10$	胶子	强子
弱力	10^{-18}	10^{-5}	中间玻色子	强子和轻子

　　科学家一直期盼能统一这四种自然力：17 世纪，苹果落地使牛顿联想到万有引力，将"天上力"和"地上力"统一了起来；19 世纪，奥斯特、法拉第和麦克斯韦等经过长时间的努力终于将"电力"和"磁力"统一了起来；20 世纪，爱因斯坦在提出狭义相对论和广义相对论，完善地描述了电磁力和引力之后，一直试图统一它们，但至死未能如愿。使他没想到的是，杨振宁受外尔规范变换的启发，认识到"对称性支配相互作用"、电磁力可用 $U(1)$ 规范场来描述，与米尔斯一起创建了非阿贝尔的 $SU(2)$ 规范场理论，为自然力"走向"统一指明了方向。接着，格拉

肖、温伯格和萨拉姆等创建了弱电统一理论，即 $SU(2) \times U(1)$ 规范场理论；格罗斯、维尔切克和波利策等创建了描述强力的量子色动力学，即 $SU(3)$ 规范场理论。于是，$SU(3)$ 和 $SU(2) \times U(1)$ 规范场理论便成为粒子物理的标准模型。随后，乔治和格拉肖又提出 $SU(5)$ 模型来统一地描述与规范对称性相关的强力、弱力和电磁力，实现了规范统一。而今，科学家正在试图在杨-米尔斯规范场理论的基础上、在超弦理论框架里将四种自然力都统一起来。

　　本书较为详细地介绍了四种自然力走向统一的探索历程。全书共分六章。第一章天地统一，介绍"天上力"与"地上力"的统一；第二章电磁统一，介绍电力与磁力的统一；第三章爱因斯坦：试图统一电磁力与引力未能如愿；第四章弱电统一，介绍弱力与电磁力的统一；第五章规范统一，介绍强力、弱力与电磁力的大统一；第六章超弦理论：四种自然力走向统一的一种尝试。

CONTENTS
目录

CHAPTER 1
第一章　天地统一

人类对力的认识经历了漫长的历史过程。力的概念，起先可能是从原始人类在狩猎活动中需要用力投掷石块等以击倒野兽的体验中得来的。公元前 4 世纪，我国思想家墨翟就对"力"做出了正确的表述，他在《墨经》中写到："力，形之所以奋也"，用现在的话说，就是"力是改变物体运动状态的原因"，应当从运动的角度来认识力的本质。

本章，首先在第一、二节通过讨论天上星星的运动和地上物体的运动分别引入天上力和地上力，然后在第三节讨论天上力和地上力的统一。

第一节　天上星星的运动

早在远古时期，人类就开始注意天上星星的运动。所谓"斗转星移"，就是指以北斗七星为代表的天上的星星自东向西围绕地球的运动。现在我们知道，这是由地球自转引起的，但在当时人们却直观地认为，就像太阳"早上自东边升起，晚上从西边落下"一样，天上的星星是在绕地球运动。于是，古希腊哲学家便提出了"地心说"。

 古希腊的地心说

公元前 7 世纪末，古希腊米利都人泰勒斯 (Thales，约前 624—约前 547) 曾提出"世界由水构成，大地是浮在水面上的巨大圆盘"。大约 100 多年后，古希腊思想界曾就"大地是圆的还是平的"在雅典展开了激烈的争辩，著名思想家苏格拉底 (Socrates，前 469—前 399) 相信"大地是一个球体，位于宇宙的中心"。后来，他的学生柏拉图 (Plato，约前 427—前 347) 的得意门生亚里士多德 (Aristotle，前 384—前 322) 发展他的这一想法，系统地提出了地心说。亚里士多德认为，地球位

于永恒的宇宙的中心，太阳、月亮、行星和恒星都围绕着地球作圆周运动，离地球最近的是月亮，因此，他将宇宙分为"月上世界"和"月下世界"："月下世界"由土、水、火、气等四种元素组成，其中的万物是会腐朽的；"月上世界"由闪亮的星星组成，其间充满了透明而无重量的"以太"。"月上世界"又分为九重天，依次为月亮天、水星天、金星天、太阳天、火星天、木星天、土星天、恒星天和最高天，闪亮

苏格拉底　　　　　　柏拉图　　　　　　亚里士多德

雅典学园　16 世纪初，拉斐尔为梵蒂冈所绘的壁画。拉斐尔把古希腊不同时期的精英人物绘入其中，集中表现了古希腊创造的辉煌文明。画中，用手指天的是柏拉图；用手指地的是亚里士多德；右边面向观众手托天球者为托勒密

的星星就镶在这些"天"的天球上，最高天，也称原动天，是宇宙的边界，其外没有任何东西。组成"月上世界"的星星和"以太"都是永恒的、不会腐朽的。亚里士多德还认为，天上的星星不会自己运动，是原动天里一个自己不动的"第一推动者"在推动恒星天，恒星天再带动其他诸天，一起围绕地球旋转。

其实，泰勒斯的学生毕达哥拉斯 (Pythagoras，约前 572—约前 497) 早在苏格拉底之前就已认识到大地是球形的，并提出了"地球"这个概念。他认为宇宙也是球形的，还就宇宙结构提出过"中心火"模型，即火是最圣洁的东西，应该位于宇宙的中心，太阳、地球、月亮、行星和恒星都镶在相应的天球上，围绕"中心火"转动。大约 200 多年后，古希腊天文学家阿里斯塔克 (Aristarchus，前 315—前 230) 还曾提出过最早的"日心说"，即恒星与太阳是不动的，而地球则绕太阳作圆周运动。但是，当时拥护日心说的人极少。到公元 2 世纪，希腊天文学家和数学家

泰勒斯

毕达哥拉斯

托勒密

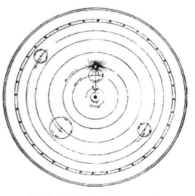

托勒密地心宇宙体系示意图

托勒密 (Claudius Ptolemaeus, 约 90—168) 在其著作《天文学大成》(阿拉伯人称之为《至大论》) 中改进和量化了地心说，使之与天文观测符合得更好，于是改进后的地心说击败了粗糙的日心说。

到了中世纪，亚里士多德–托勒密地心说逐渐被天主教会所利用。教会明确提出：上帝生活在原动天，是上帝的推动才使得诸天围绕着地球旋转。亚里士多德–托勒密地心说与《圣经》所描绘的宇宙图像不谋而合，这使其成为神学的一个支柱，在天文学中占据统治地位达 1300 年之久。

 哥白尼的日心说

哥白尼 (Nicolaus Copernicus, 1473—1543)，著名天文学家、日心说的创立者、近代天文学的创始人。1473 年 2 月 19 日，他诞生在波兰维斯瓦河畔托伦城一个富裕的商人家庭，自幼聪颖好学，最令其心神向往的，就是在万籁俱寂的晚上，跪在窗前的高背椅上，仰望繁星密布的夜空，憧憬探寻星星的奥秘。10 岁那年，瘟疫夺去了他父亲的生命，学识渊博、思想开明的舅父路卡斯·瓦琴洛德主教成为他的监护人。1491 年，哥白尼进入波兰克拉科夫大学学习法律、拉丁文和希腊文。克拉科夫大学是所历史悠久、名师荟萃的高等学府，尤以天文学和数学的高水准享誉欧洲。求学期间，他得到了天文学家伊切赫·布鲁泽夫斯基的赏识，对天文学产生了浓厚的兴趣。在布鲁泽夫斯基的指导下，哥白尼潜心钻研托勒密地心说。他发现，越是深入地钻研托勒密学说，越是深切地感到它对实际观测资料的解释牵强附会、漏洞百出。他还发现，天文学的发展长期以来一直受神学羁绊，就好像是在不停地为托勒密地心宇宙体系的破绽打"补丁"，因此他暗下决心，要从天文学的根本问题着手，从全新的角度去考虑宇宙的结构。

1493 年，因十字军东征侵犯波兰国家利益，需要有人精通罗马"教会法"，哥白尼毅然中断学业，在舅父的安排下，以教士的身份，于 1496 年踏上去意大利的旅途。他在意大利学习、考察了 10 年。在博洛尼亚大学留学期间，哥白尼结识了意大利天文学家德·诺瓦拉 (de Novara，1454—1550)。他们在探讨月球运行规律时，发现托勒密有关"上下弦月离地球比满月要近二分之一"的观点违背常理：在日常生活中，人们看到的物体总是离自己越远则越小。为了用观测事实来证实他们的怀疑，1497 年 3 月 9 日，哥白尼和诺瓦拉一同登上圣约瑟夫教堂的塔楼，观测夜空中的上弦月，发现金牛座亮星毕宿五在靠近月亮时突然消失了，而且消失的地方不是半月的后面，而是淹没在月亮缺蚀的阴影里。经过通宵达旦的运算，得出的数据表明：月亮在亏缺和盈满时，不仅大小丝毫没有变化，而且距离地球的远近也完全一样。就这样，一千多年来一直被奉为经典的亚里士多德–托勒密地心宇宙体系终于被打开了一个缺口。

　　在意大利学习、考察期间，哥白尼还阅读了大量的古希腊文献，其中，既有毕达哥拉斯的"中心火"也有阿里斯塔克的"日心说"。加上，当时已有人认为内行星（即比地球离太阳更近的水星和金星）是围绕太阳旋转的，只不过误认为它们同太阳一起绕着地球转。受到启发，哥白尼开始认识到，只要把地球从宇宙的中心移开，把太阳放到宇宙的中心，一切就会变得简洁而协调。经过长期反复的思考，他提出了自己的"日心说"。与古希腊的只是一种猜想的"日心说"相比，哥白尼给出的是一个科学的、量化的日心宇宙体系。

　　1506 年，哥白尼回归波兰后，一直留在舅父路卡斯·瓦琴洛德主教身边，担任其顾问，无暇顾及他所喜爱的天文学研究，直到舅父去世。之后，他定居弗龙堡，成为弗龙堡大教堂牧师会僧正。这期间，除了承担大量的行政事务之外，他的精力主要用于天文学研究。他几乎精通当时数学、天文、医学和神学方面的全部知识，在天文学上的名声更是与日俱增。1514 年，教皇克莱门特七世邀请他参与历法修订，使他进一步发现了亚里士多德–托勒密地心宇宙体系的诸多弊端。经过数十年的深入研究，哥白尼掌握了丰富的天体运行知识，在他的唯一学生、来自德国威登堡大学的雷蒂库斯的帮助下，三易其稿，终于在 1540 年完成了巨著《天体运行论》。全书共分 6 卷：第一卷主要论述日心说的基本思想，是全书的精髓；第二卷介绍地球的三种运动（自转、公转和赤纬运动）及其引起的诸如昼夜交替、四季巡回等现象；第三卷讨论岁差，即因地球自转轴的空间指向和黄道平面的长期变化而引起的春分点移动现象；第四卷专门论述哥白尼最钟爱的月球，特别是他对日月食的研究；第五、六两卷论述当时人们已经知道的金、木、水、火、土五大行星的轨道及其运行规律。

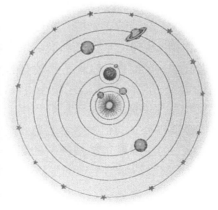

哥白尼　　　　　　　　哥白尼日心宇宙体系示意图

　　《天体运行论》以无可辩驳的事实对亚里士多德–托勒密地心宇宙体系进行了

彻底的批判，从根本上动摇了 1300 多年来教会让人信奉的神学宇宙观。哥白尼深知，这会触怒教会，引来杀身之祸，所以他迟迟不敢公开出版这部巨著。后来，在好友柳瓦巴教区主教铁德曼的支持下，才让雷蒂库斯将书稿专程送到纽伦堡，交给了著名出版商奥西安德尔。又等待了两年，1543 年 5 月 24 日下午，就在哥白尼病逝前一小时，刚印刷好的还在散发着油墨香气的《天体运行论》才送到他的床前，医生将哥白尼的双手轻轻放在书上，他颤抖地摩挲着书脊，发出了会心的微笑。但是，哥白尼至死都不知道，罗马教廷之所以能让他的书公开出版，一方面，是因为这本书是用拉丁文写的，阅者不多，影响有限；另一方面，奥西安德尔背着哥白尼在书中塞进了一篇杜撰的伪序。直到 300 年后，人们才在布拉格一家私人图书馆里发现了《天体运行论》原稿，重新出版了增补哥白尼原序的《天体运行论》。

　　17 世纪中叶，天文学取得了长足的进步，特别是在布鲁诺和伽利略等用意大利文宣扬哥白尼体系之后，教会逐渐领悟到哥白尼日心说对自己的威胁，于是下令禁止哥白尼著作的出版，禁止日心说的讲授与传播。19 世纪初，资产阶级革命陆续在欧洲各国取得胜利。1822 年，罗马教廷终于颁布赦令："那些讨论地球运转和太阳静止不动的著作，根据目前天文学家的一致意见，准予印行"，《天体运行论》终于重见天日。哥白尼日心说是伟大的、具有开创性的，它不仅揭开了近代天文学的序幕，而且让自然科学从神学里解放了出来。

 捍卫日心说　布鲁诺遭火刑

　　布鲁诺 (Giordano Bruno, 1548—1600)，文艺复兴时期意大利哲学家、科学家和思想家。他出生于意大利那不勒斯附近的诺拉镇，幼年丧失父母，家境贫寒，由神父抚养长大，15 岁进入修道院，成为意大利天主教多明我会修士。在修道院里，除了学习神学，他还刻苦钻研希腊、罗马的语言文学和东方哲学，10 年后，获得了神学博士学位和神父教职，成为当时有名的学者。

　　还在修道院学习的时候，他就不顾教会的反对，勇敢地站出来为哥白尼日心说辩护。这是因为，一方面，他生活在教会内部，了解其中的腐败和黑暗；另一方面，他深受文艺复兴思想的影响，主张思想自由，一接触到日心说，就兴奋不已。从此，他便把宣传日心说作为了自己的生活目标。他离经叛道的言行激怒了教会，被开除了教籍。1576 年，为了躲避宗教裁判所的追捕，布鲁诺逃往意大利北部，两年后流亡国外，在欧洲各地过着漂泊不定的生活。这期间，他不仅到处作报告、写文章、参加大学的辩论会，积极地宣扬、捍卫哥白尼日心说，还进一步丰富和发展了哥白尼学说。哥白尼认为太阳是宇宙的中心，地球、行星和恒星都围绕太阳转动。布鲁诺则认为，宇宙没有中心，恒星都是太阳，只不过是远离我们的太阳。不仅如此，他还

布鲁诺   罗马鲜花广场上树立的布鲁诺铜像

宗教裁判所火刑处死异端时的情形

突破了宇宙有限的思想：不论是托勒密的地心说还是哥白尼的日心说，都认为宇宙是有限的球体，布鲁诺却声称，宇宙不仅在空间上无边无垠，而且在时间上无始无终。在其所著《论无限、宇宙及世界》《论原因、本原及统一》等书中，全面地阐述了"宇宙是无限的、永恒的和统一的"以及"宇宙中的一切都是由物质构成的"等观点。现在看来，他的宇宙观已经非常接近现代的科学宇宙观，但在当时，布鲁诺的真知灼见却使人感到茫然，为之惊愕！甚至连被誉为"天空立法者"的开普勒也无法接受。

1592 年初，布鲁诺被朋友诱骗回国讲学，落入教会的圈套，被捕入狱。因批判经院哲学、反对地心说和宣扬日心说等"罪名"，他被罗马教廷宗教裁判所视为"异端"，教会曾试图通过威胁利诱动摇布鲁诺相信真理的信念，迫使他当众悔悟，但得到的回答是"我的思想难以跟《圣经》调和"，"在真理面前，我半步也不会退让"。经过长达八年的不断审讯和残酷折磨，1600 年 2 月 17 日，布鲁诺被判处火刑，烧死在罗马鲜花广场。据说，他在听完判决后大义凛然地说："你们宣读判决时的恐惧心理，比我走向火堆时还要大得多。"1889 年 6 月 9 日，在布鲁诺殉难的鲜花广场上，人们为他树立了铜像，永远地纪念这位为真理而献身的殉道者。

 宣扬日心说　伽利略被囚禁

伽利略（Galileo Galilei，1564—1642），意大利物理学家，近代实验科学的先驱者，后人誉其为"近代科学之父"。1564 年 2 月 15 日，伽利略诞生在意大利比萨城一个没落的贵族家庭。他从小聪明、灵巧，父亲对他寄予厚望。17 岁那年，他遵从父亲的意愿，进入比萨大学学习医学。但是，他对医学并无兴趣，而是把课外时间大多用于学习和研究古希腊的哲学、欧几里得的《几何原本》和阿基米德的数学著作。家庭贫寒使伽利略不得不提前离开大学，但他仍继续在家里刻苦钻研数学，并很快就在数学研究中取得了优异的成绩，21 岁便闻名全国，被誉为"当代的阿基米德"。1589 年，经盖特保图侯爵推荐，年仅 25 岁的伽利略被比萨大学破例聘为数学讲师，任期 3 年。传说中的比萨斜塔实验可能就是在这期间进行的。后来，因伽利略公开抨击亚里士多德运动学说，激怒了早就对他心怀不满的亚里士多德信徒，使他失去了被比萨大学续聘的机会。珍惜人才的盖特保图侯爵再次伸出援助之手，将他推荐给帕多瓦大学，1592 年，伽利略被任命为这所大学的数学、科学和天文学教授。帕多瓦是意大利北部距离威尼斯不远的一座小城，当时属于威尼斯共和国管辖。帕多瓦大学受罗马教廷影响较小，自由思想气氛浓厚，在这里伽利略进入了研究、创造的黄金时期，在力学和天文学方面都取得了丰硕的成果。

1609 年 5 月，伽利略听说荷兰眼镜制造师发明了一种被称为望远镜的光学装置，能让很远的物体看起来非常近。于是，他依靠自己的光学知识和研磨透镜的特殊技能，在 24 小时内就用一块平凸透镜和一块平凹透镜设计制造出了比荷兰工匠制造的还要好的望远镜。望远镜的发明使伽利略改变了研究方向，将注意力转向广袤无垠的茫茫太空。他发现，用自制的望远镜来观测天空中的月亮、行星、太阳和恒星，比用肉眼观测移近了 30 倍。他说："我用我的'镜片'观察了天体，这些天体大得不得了，因此我非常感谢上帝，由于他的垂爱，使我成为观察如此值得赞叹而过去一向不为人知的事物的第一人。"在 1609—1610 年间，伽利略通过观测发现了一系列前所未知的天文现象。例如：月亮表面也和地球表面一样是粗糙不平的，它本身并不发光，而是反射太阳的光，他还从月亮表面山脉的影子测出了它们的高度；发现银河也是由大量星星组成的，而不是亚里士多德所说的"地球上的水蒸气凝成的白雾"，当他将望远镜指向天空的任何方向时，看到了比肉眼看时多得多的星，从而驳斥了亚里士多德认为"天空中只有数目不变的星"的观点；观察到了金星的周相变化，表明金星是围绕太阳运转的，这明显支持哥白尼的日心说；发现木星居然有四颗卫星围绕着它旋转，俨然是一个小"太阳系"，这也与亚里士多德的教义"宇宙中只有一个中心，一切都围绕着它旋转"相冲突，同时，这也支持了布鲁诺"除太阳外，宇宙中还有其他吸引中心"的观点。1610 年，伽利略出版了记载这些重要发现的《星际使者》一书。《星际使者》的发表，不仅在意大利，而且在整个欧洲引起了轰动，使伽利略一举成名。但是，也有人说：伽利略看到的不过是气候现象，或者是望远镜的假象，等等。反对意见大大刺激了伽利略，使他决心继续寻找新的奇异天象。他将太阳的像投射到纸上来观测太阳黑子，发现了太阳黑子及其在太阳表面有规律的运动，并由此判断出太阳也在自转，周期大约为 27 天。新的天文观测使伽利略更加坚信哥白尼学说，他决定把事情公开，向大众做宣传。1613年，他出版了《论太阳黑子的信》，首次明确地公开支持哥白尼学说。由于宣扬哥白尼的日心说，伽利略在 1616 年受到宗教裁判所的警告，不许他在课堂上把哥白尼学说作为真理来讲，同时哥白尼的《天体运行论》也被列为禁书。作为一个教徒，伽利略只好服从，被迫声明放弃哥白尼学说。但是，在内心深处，他仍坚信哥白尼学说是完全正确的。经过长期酝酿、构思，在 1624—1629 年间，伽利略完成了《关于托勒密和哥白尼两大世界体系的对话》这部巨著 (以下简称《对话》)。在这本书中，他创造了三个人物，让他们辩论哥白尼体系与亚里士多德–托勒密体系各自的长处，表面上，辩论并未决出胜负，实际上，却是在宣传哥白尼学说。为了怀念他在佛罗伦萨和威尼斯结识的两位已经去世的朋友，他把书中的两个人物分别命名为萨尔维阿蒂和沙格列陀，其中萨尔维阿蒂为哥白尼说话，而沙格列陀则像一个聪明的陪衬，实际上伽利略是借他之口为自己说话，第三个人物信仰亚里士多德–托勒密学说，伽利略将其取名为辛普利丘。1629 年，他完成了《对话》的写作，经过两年的努力，在加上罗马检察官写的序言和结束语后，才得以出版。这部巨著很快赢得了读者的共鸣，伽利略所用的"对话"形式确实打动了读者，特别是书中那位令人发笑的讽刺性人物辛普利丘更让读者印象深刻，而这却惹恼了教皇乌尔班八世，他不但没有被萨尔维阿蒂与沙格列陀的机智及辛普利丘的软弱所逗乐，反而从辛普利丘的话中察觉到他自己的一些观点。于是，他让检察官命令出版商停止印刷和销售《对话》，并要求宗教裁判所对伽利略进行审判。1633 年 4 月 12 日，伽利略抱病前往罗马，接受审判。6 月 22 日，伽利略接到判决书：《对话》被列入禁书目录，他本人则被处以终身监禁。传说，伽利略在听到判决后，用脚踩地说："然而，它还

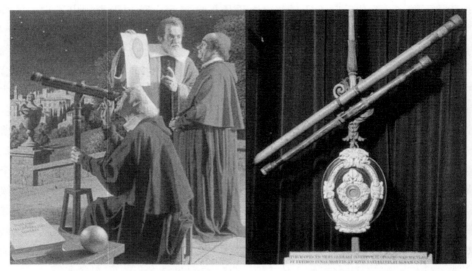

伽利略演示自己制造的望远镜　　　　　　　　　伽利略制造的天文望远镜

1632年版《对话》卷首插图　　　　　　　伽利略面对宗教裁判所的审判

是在动啊！"1642 年 1 月 8 日，双目已经失明的伽利略在监禁中病逝。300 多年后，新的罗马教皇保罗二世于 1979 年 11 月 11 日公开承认教会当年的判决是错误的，为伽利略正式恢复了名誉。

 ◆ 修改日心说　第谷搞折中

　　第谷 (Tycho Brahe，1546—1601)，以观测精密而著称的丹麦天文学家。1546 年 12 月 14 日，他诞生在丹麦克努兹斯图普 (今属瑞典) 的一个贵族家庭。从 13 岁开始，先后在哥本哈根大学和莱比锡大学学习法律和哲学。1560 年，有人预报了一次日食，使他惊讶不已，从此对天文学产生了浓厚的兴趣。

　　1563 年，第谷观察了木星合土星。所谓"合"，指的是两颗行星在天空靠在一起。他就此写出了第一份天文观测报告，指出"合"的发生时刻比星历表预言的早了一个月，这使他领悟到：当时用的星历表不够精确，于是他开始了长期的系统的观测，以便编制更精确的星历表。1566 年，第谷开始到各国游历，并在德国罗斯托克大学攻读天文学。从此，他开始了毕生的天文研究工作。1572 年 11 月 11 日，他在仙后座发现一颗新的明亮的恒星，第谷将其称为"新星"，后人称其为"第谷星"。使用自己制造的仪器，他对这颗星进行了一系列观测，直到 1574 年 3 月这颗星变暗到看不见为止。前后 16 个月，他不仅仔细地进行了观察并作了详细的记载，还收集了欧洲各地的观察数据，结果发现：星的位置离地球极远。这彻底地动摇了亚里士多德关于天上星星永恒不变的学说，开辟了天文学研究的新领域。

第谷

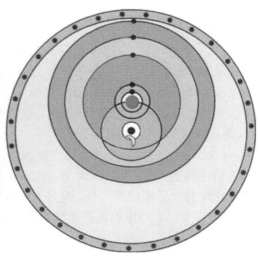

第谷"折中"宇宙体系示意图

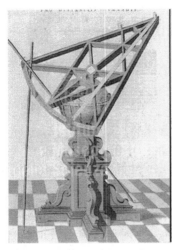

第谷肉眼观测用的六分仪   汶岛上的乌拉尼堡

　　"新星"的发现，使第谷一举成名，他的天文学研究得到了丹麦国王腓特烈二世的大力支持。1576 年，腓特烈二世将丹麦海峡中的汶岛赐予第谷，并拨巨款让他在岛上修建大型天文台——乌拉尼堡。这座被誉为"观天堡"的天文台于 1580 年建成，第谷在那里安心地从事天文观测近 20 年，创制了一批先进的天文仪器，积累了大量精确的观测资料，发现了许多新的天文现象，取得了一系列重要的研究成果。他是最后一位也是最伟大的一位用肉眼观测的天文学家，他所做的观测精度之高，是他同时代的人望尘莫及的，至今尚未有人能在没有望远镜的条件下进行更为精确的观察。

　　第谷是一位杰出的观测家，但是，他的宇宙观却是错误的。第谷本人不接受任何地动的思想，他曾提出一种介于地心说和日心说之间的宇宙结构体系，即所有行星都绕太阳运动，而太阳则率领众行星绕地球运动。他的体系被称为"折中"宇宙体系，实质上，属于地心说。尽管如此，他对天文学的贡献仍然是不可磨灭的，后人奉其为近代天文学的奠基人。

　　1588 年，第谷的保护人腓特烈二世逝世。继任国王由于无法容忍第谷的怪脾气，不再资助他的天文研究。1597 年，在波希米亚皇帝鲁道夫二世的帮助下，第谷移居布拉格，建立了新的天文台，但只工作四年就去世了。他在布拉格工作的最大收获就是得到了一个杰出的助手和继承人——开普勒。

 开普勒——"天空立法者"

　　开普勒 (Johannes Kepler，1571—1630)，发现行星运动三定律的德国天文学家。1571 年 12 月 27 日，开普勒诞生在德国斯图加特附近的魏尔市。1577 年出现的大彗星给孩提时代的开普勒留下了深刻印象，使他对天文学产生了兴趣。在图宾根大学，他虽然花了三年时间学习神学，但是自己还是喜欢数学和天文学。他的天文学教授麦斯特林是日心说的拥护者，上课时公开讲授的是托勒密地心说，私下里却对自己亲近的学生 (包括开普勒) 宣传哥白尼日心说，这使开普勒成为哥白尼学说的忠实信徒。但是，开普勒并不接受布鲁诺的观点，不承认宇宙无限，也不认为恒星是遥远的太阳。像哥白尼一样，他认为日心宇宙体系的最外层是恒星天。开普勒长期致力于寻找各行星轨道之间的数学关系。哥白尼学说和古希腊毕达哥拉斯学派关于宇宙中存在着优美数学秩序的观念强烈地影响着他。柏拉图早已证明，正多面体只有五种。通过反复计算，开普勒惊奇地发现，以球的内接和外切这五种正多面体刚好可以给出当时已发现的六大行星轨道半径之间的关系。这样给出的行星轨道，与当时的观测值符合得很好。于是，开普勒认为自己为宇宙中仅有的六颗行星找到了几何依据和神学依据：原来上帝是位几何学家！开普勒提出了六个行星绕太阳运动的几何模型，成为第一个公开支持哥白尼学说的天文学家。1596 年，他把这些发现写成《神秘的宇宙》一书公开出版。第谷和伽利略看到此书后都非常赞赏。1600 年，开普勒接受第谷的邀请到布拉格天文台工作。从那时起，他接触到第谷积累的大量精确的观测资料，这才发现自己的宇宙模型漏洞百出，所谓的"行星轨道的多面体学说"与第谷的精密观测资料并不相符，于是只好放弃。翌年，第谷去世，开普勒接替了他的工作，并继承了他的宫廷数学家的职务。第谷将自己一

开普勒　　　　　　　　　　　　六大行星及其椭圆轨道

生辛勤收集的大量珍贵、详实的观测资料留给了开普勒，并嘱托他把这些观测结果整理出来发表，还希望他制作一部以鲁道夫皇帝命名的星表，以报答这位皇帝的知遇之恩。开普勒遵照第谷的遗愿，克服种种困难，经过艰苦繁杂的计算和编制，终于在 1627 年完成了《鲁道夫天文表》，它是当时最精确的天文表，至今仍有使用价值。

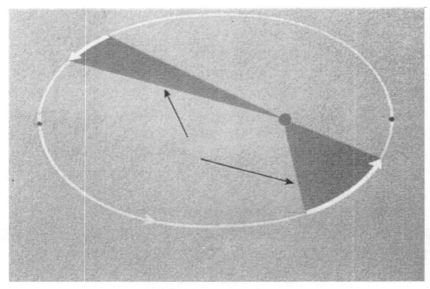

开普勒第二定律示意图

开普勒坚信天体运行是有规律的，而且这些规律必定具有普遍性，也就是说，这些规律应该适用于尽可能多的星星。于是，他开始运用数学方法对第谷遗留的观测资料进行系统的分析和整理。首先，按照第谷生前的嘱托，他花了四年时间集中精力研究火星的轨道。开普勒把太阳、地球和火星看成三角形的三个顶点，用观测火星得到的数据，巧妙地计算出地球的实际轨道。然后，他参照地球的实际轨道，以太阳为中心试算火星的轨道，结果证明：无法取圆周为火星的轨道。接着，他又采用偏心圆和卵形曲线来模拟火星轨道，但一试再试，均未成功。这时，开普勒记起古希腊几何学家阿波罗尼研究过的圆锥曲线——椭圆，意外发现：改取椭圆曲线进行计算，火星轨道便可与第谷的观测数据符合得很好，也就是说，火星轨道不是正圆而是椭圆。至此，开普勒证明了"火星是沿围绕太阳的椭圆轨道运行的，太阳位于椭圆的一个焦点上"。这就是开普勒第一定律，又称为椭圆定律。随后，开普勒又进一步发现了面积定律，即开普勒第二定律：在行星与太阳之间作一条直线，则此直线在行星运行时单位时间内扫过的面积相等。开普勒第二定律表明，行星在轨道上的速率是不均匀的，离太阳越近，行星运行速率越大；离太阳越远，速率越小。开普勒的这一发现，首次打破了亚里士多德以来一直认为天体只能作匀速圆周运动的观念，使哥白尼日心说与观测结果符合得更好。当时，哥白尼日心说刚提出不久，还很不成熟，正受到宗教界的围攻，开普勒的发现对哥白尼日心说给予了有力的支持。

开普勒一心寻找行星与太阳的距离之间的分布规律，结果意外地发现了椭圆定律和面积定律，但是，他并未以此为满足，而是继续努力寻找自己想找的规律。他坚信宇宙是和谐的，那些反映观测结果的大量数据之间应该存在某种关系。在接下来的长达 10 年的时间里，他日日夜夜地思索，反反复复地计算、尝试，在 1619年的一天早晨，苦熬一夜的开普勒终于发现了这一规律，兴奋不已的他拉住妻子大叫："亲爱的，我发现了，感谢上帝将你赐给我，我们是和谐的，宇宙也是和谐的，现在都弄清楚了。"开普勒所发现的规律，就是"行星运行周期 T 的平方与轨道半径 R 的立方成正比"，即开普勒第三定律，又称为和谐定律或周期定律。在 1619 年出版的《宇宙和谐论》一书中，开普勒正式发表了这条定律。后人的研究表明，轨道半径 R，精确地说，并不是行星与太阳之间的平均距离，而是其椭圆轨道的半长轴。但是不管怎样，开普勒还是基本上正确地给出了这一定律。

开普勒三定律系统地总结了行星运行规律，这是第谷和开普勒合作的成果，是精确的科学观测与严密的数学推算相结合的典范。现在已知的八大行星的数据与开普勒第三定律的计算也是很吻合的，这证明开普勒定律是很精确的。开普勒三定律的发现对推动天文学和力学的发展起了非常关键的作用。可以说，从开普勒开始，天文学才真正成为一门精确科学。因此，开普勒获得了"天空立法者"的美誉。

关于天上星星的运动，亚里士多德认为，它们被镶在"九重天"上，随天球绕地球作圆周运动，星星本身是永恒不变的，并不运动。天主教会将亚里士多德学说奉为经典，并指出，是上帝在推动诸天围绕地球旋转。哥白尼不同意他们的看法，认为：天上的星星不是永恒不变的，而是在不断地运动着、变化着；它们不是绕地球作圆周运动，而是和地球一起绕太阳作圆周运动。布鲁诺进一步指出，宇宙没有中心；宇宙中有无数个太阳，每一个恒星都是一个太阳。但是，无论是哥白尼，还是布鲁诺，他们都未能回答：星星如何运动？星星为何运动？是不是上帝在推动它们运动？开普勒发现了三定律，回答了第一个问题。至于第二个问题，他已经意识到，太阳对行星有一种吸引力，这个力随距离的增大而减弱，因为只有这样才能解释为什么离太阳最近的水星其运动速度比金星快、周期比金星短。那么这种推动天上星星运动的力究竟是什么力呢？开普勒始终未能找到答案。后来，牛顿在开普勒三定律的启发下将地上的重力延伸到天上发现了万有引力定律，才圆满地回答了这个问题。

第二节   地上物体的运动

地上运动，主要是物体的运动，例如，人抛物、马拉车、石下落、弦振动等。现在我们知道，人抛物的力、马拉车的力、绳子和弦的张力等，都是分子间力，也就是有效电磁力，只有导致物体垂直下落的地心吸引力才是我们所要讨论的与天上力对应的地上力，因此，本节主要讨论与物体垂直下落有关的自由落体运动和平抛运动。

  亚里士多德运动学说

亚里士多德认为，万物由四种元素——土、水、火和气组成，各有其自然位置，任何物体都有为返回其自然位置而运动的性质。他把运动分成自然运动和强迫运动，例如，石下落就是自然运动；人抛物、马拉车就是强迫运动。自然运动是物体为返回其自然位置而作的运动，是物体的自然属性，物体越重，趋向自然位置的倾向性也就越大，所以下落速度也越大。亚里士多德由此得出结论：物体下落速度与其重量成正比。而要让物体作强迫运动，就必须有推动者，即施力者。以马拉车为例，马就是施力者。一旦马不再用力，车随即停止运动。如果马以恒定的力量拉车，车就以恒定的速度前进。正是这种常识启发亚里士多德得出一个普遍规律：要使物体运动，必须施加力；要使物体作匀速运动，必须施加恒定的力，而且较大的力产生成正比的较大速度。亚里士多德运动学说来自日常经验，有一定的合理成分，在历史上起过进步作用，但后来被教会利用，奉为圣贤之言，当作教义，不可触犯。

  比萨斜塔自由落体实验

1591 年的某一天，伽利略提着一个装有乌木和铅球的袋子，登上了比萨钟楼的塔顶，他要用实验事实驳斥亚里士多德关于"物体下落速度与其重量成正比"的观点。塔下站满了欢笑的学生和持否定态度的哲学教授，伽利略向他们发出信号："现在，我要放下两个体积相同，但重量很不相同的球，如果不计空气阻力，它们应当同时到达地面 ⋯⋯" 实际上，这只是一个脍炙人口的传说。在伽利略生前发表的著作中并未见到有关这一实验的记载。不过，在他之前，确曾有人做过类似的实验。1586 年，荷兰人斯蒂芬 (S. Stevin, 1542—1620) 就在他出版的一本关于力学的书中写道："反对亚里士多德的实验是这样的：让我们拿两只铅球，其中一只比另一只重 10 倍，把它们从 30ft[①] 的高度同时丢下去，让它们落在地面一块木板或

①1ft=0.3047m。

伽利略 比萨斜塔

伽利略晚年在家里指导得意门生维维安尼

者其他什么可以发出清晰响声的东西上面，那么，我们就会看到轻铅球并不需要比重铅球多 10 倍的时间，而是同时落到地面上，因此它们发出的声音听上去就像一个声音一样。"后人之所以将这类实验归功于伽利略，主要是因为，在伽利略之前，没有人敢于触犯亚里士多德，正是伽利略通过实验发现了自由落体定律，从而对亚里士多德运动学说进行了公开的批判。另外，在伽利略的学生维维安尼 (V. Viviani，1622—1703) 于 1654 年写成而后在 1717 年出版的《伽利略生平的历史故事》一书中确实记载有这个故事；在伽利略去世 200 年后才被整理发表的他在 1591 年写成的小册子《论运动》中也记载有这类实验。

 斜面实验与自由落体定律

伽利略不赞同亚里士多德把运动划分为"自然运动"和"强迫运动"，而是主张把运动分为匀速运动和变速运动。他直观地猜测：真空中的自由落体运动应该是最简单的变速运动——匀加速运动，并用极限概念来推想真空中的自由落体运动。他设想：把体积相同的金球、铅球和木球放在水银里，按照阿基米德浮力定律，只有金球下落，铅球和木球将浮在水银面上；如果把它们放在水里，则只有木球浮在水面上，金球和铅球都会下落，但金球会比铅球落得快一些；如果把它们放在空气中，它们都会下落，金球与铅球的落速差不多，木球会慢一些。伽利略由此得出"如果完全排除空气阻力，所有物体都将下落得同样快"的结论。

1593年伽利略利用斜面进行加速度实验

　　进一步，他又设计了小球沿斜面滚下的实验，对落体运动做更为细致的实验和理论研究。他选择了一块长约 6m、宽约 25cm 的木板，在中间刻了一个凹槽，并尽可能地将其磨光。然后，他将木板斜放着，让一个黄铜球沿斜面无滑动地滚下，来测定小球滚下所需的时间 t 及其与所滚过距离 s 的关系。经过多次实验，伽利略发现，小球滚过的距离 s 总是与经过时间 t 的平方成正比。实验还证明，无论增大还是减小斜面的倾角，即斜面与地面的夹角，这个结论都不改变。伽利略还用一个公式来描述这种运动，即 $s = at^2$，其中 a 随着斜面倾角的不同而有所变化，他把它看作是小球沿斜面下滚的加速度，现在我们知道，它的两倍才是小球下滚的加速度。顺便指出，这是伽利略第一次使用了数学语言来描述物体的运动。

　　伽利略还发现：这个加速度与小球重量无关，只与斜面的倾角有关，斜面倾角越大，小球下滚的加速度越大，但不管斜面倾角有多大，加速度有多大，下滚加速度都与小球的成分无关。于是，他又设想，假如把斜面完全竖直起来，即斜面的倾角为 90°，小球的下滚运动就成了自由落体运动 (见下图)，下滚加速度也就成了自由落体加速度。由此，他得出结论：在没有空气阻力时，自由落体的加速度与下落物体的重量和成分无关，也就是说，从同一高度下落的轻、重物体会同时落地，即它们所花的时间一样。这就是著名的伽利略自由落体定律。

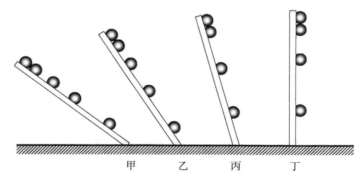

斜面实验与自由落体运动

 平抛运动及其运动分解

　　伽利略在晚年所著的《关于力学和运动两门新科学的对话》中曾藉萨尔维阿蒂在第四天的论述指出 "抛体运动是由水平方向的匀速运动和竖直方向的自然加速运动组成的"，并安排理想实验来证明：他将一块石头水平抛出，同时放开另一块石头任其竖直落下。结果发现，无论怎样改变抛出点离地面的高度，这两块石头都会在同时掉到地上，也就是说，沿曲线运动的平抛石块与从同一高度自由下落的石块在竖直方向上作相同的运动。实验还发现，水平抛出的石块在竖直方向上落得越来越快的同时，它在水平方向的运动既不加快也不减慢，也就是说，石块一旦抛出，就将保持其水平运动不变，即在水平方向上作匀速直线运动。鉴于抛出的石块在水平方向不再受到外力的作用，伽利略通过这一实验既批驳了亚里士多德关于"要使物体作匀速运动，必须施加恒定的力"的观点，也引入了惯性运动的概念。

 惯性运动的来龙去脉

　　"不受外力作用的物体将保持惯性运动的状态不变"，早在古希腊时期，德谟克利特 (Democritus，约前 460—约前 371) 和伊壁鸠鲁 (Epicurus，约前 342—前 270) 就有过这样的猜想。例如，伊壁鸠鲁曾经说过："当原子在虚空里被带向前进而没有东西与它们碰撞时，它们一定以相等的速度运动。"但是，同时期的亚里士多德却不这样认为，他断言：力是维持物体运动状态不变的原因；物体只有在一个不断推动者的直接接触下，才能保持运动，一旦推动者停止作用，或两者脱离接触，物体就会停止运动。在谈到"人抛物"的运动时，他解释说，之所以抛体在出手后还会继续运动，是由于手在做抛物动作中同时也使靠近物体的空气运动，进而空气再带动物体运动。由于他的这种观点似乎与经验没有矛盾，所以长期以来一直在欧洲占据统治地位。到了中世纪，才有人开始批驳亚里士多德的上述观点。公元 6 世纪，希腊学者菲洛彭诺斯 (J. Philoponus，490—570) 就认为，抛体本身具有某种动力来推动它前进，直到耗尽它才趋于停止。后来，他的这种看法被巴黎大学校长布里丹 (J. Buridan，1295—1358) 和英国牛津大学的威廉 (William of Ockham，1300—1350) 等发展为"冲力理论"。布里丹认为："推动者在推动物体运动时，便对它施加某种

德谟克利特　　　　　　　　　　伊壁鸠鲁

冲力或某种动力。"威廉则指出:"当运动物体离开抛物者后,物体是靠自己运动,而不是被任何在它里面或与之有关的动力所推动,因为无法区别运动者或被推动者。"这就从根本上动摇了亚里士多德的推动说。显见,这里"冲力"或"动力"指的是推动者为使物体获得初始速度所用的力,也就是赋予静止物体以动量使其作惯性运动。后来,牛顿在其所著《自然哲学之数学原理》一书中将其称为"vis insita",即"物体固有的力",以区别于"外力",实际上指的就是惯性。现在我们知道,力和动量是具有不同量纲的物理量,但在当时人们并未严格区分它们。正因为此,有些书中也将"冲力"译成"动量 (impetus)"。布里丹和威廉等的工作对伽利略提出惯性运动的概念和牛顿弄清运动与力的关系影响甚大,在他们的著作中都留下了"冲力理论"的烙印。

　　伽利略在自己的著作《关于托勒密和哥白尼两大世界体系的对话》(1632 年)和《关于力学和运动两门新科学的对话》(1638 年) 中都曾通过斜面实验阐明了惯性运动的概念。下面,我们通过图解来说明他的见解:在下图 (a) 所示的斜面中,他让一个小球沿着左侧的斜面 A 滚下,此后,这个小球将会沿着右侧的斜面 B 向上滚动。他把斜面打磨得尽可能光滑,摩擦几乎可以忽略不计。在这种条件下,小球将会沿着斜面 B 向上滚动到它开始从斜面 A 滚下时相同的高度。然后,他改变斜面 B 的倾角,如图 (b) 所示,小球还是向上滚动到原来的高度。伽利略非常重视这个实验事实,在此基础上,他进一步设想:如果逐渐减小斜面 B 的倾角,结

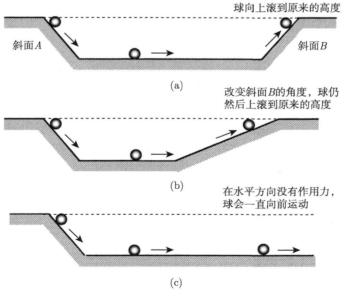

斜面实验与惯性定律

果会怎样呢？由于小球应该总是向上滚到最初的高度，那么，随着斜面 B 的倾角不断减小，从斜面 A 滚下的小球就应该沿着斜面 B 越滚越远。如果最后把斜面 B 完全放置为水平 (如上图 (c) 所示)，那么，小球就应该沿着这个水平面一直向前滚动。换句话说，在水平方向上，小球将在没有受到任何力作用的情况下一直继续滚动。于是，伽利略根据这个理想实验大胆地提出了惯性运动的概念：一个不受外力作用的物体将保持它的匀速运动状态不变。

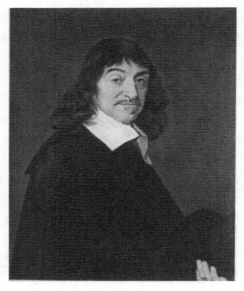

笛卡儿

在伽利略之前，大多数科学家都坚信亚里士多德关于 "匀速运动需要力来维持" 的观点。通过上述实验，伽利略认识到，维持匀速运动不需要力，只有改变物体运动状态时才需要力。但是，伽利略的认识也有不足之处：他错误地以为匀速圆周运动也是惯性运动，也不需要力的作用，进而论证行星正因此才能永恒地绕日旋转。前面已经提到，开普勒在总结大量天文观测数据后发现，行星绕日运动不是匀速圆周运动，其轨道也不是圆而是椭圆。后来，笛卡儿 (R. Descartes，1596—1650) 弥补了伽利略对惯性运动认识上的这一欠缺。1644 年，笛卡儿在《哲学原理》一书中明确指出：除非物体受到外力作用，否则它将永远保持其静止或直线运动状态。他还特地声明，惯性运动的物体永远保持在直线上运动，不会使自己趋向曲线运动。伽利略和笛卡儿对惯性运动的认识后来传给了牛顿，让他建立了惯性定律，即牛顿第一定律。有趣的是，过了差不多 3 个世纪，爱因斯坦的广义相对论进一步修正了开普勒的行星运动定律，发现行星绕日的轨道在三维空间中不是囿于同一个封闭的椭圆，就像光线在引力场中不走直线而是沿四维时空中的测地线[1]行进一样，行星绕日在四维时空中也是沿测地线行进，也就是说，行星绕日运动仍可看作是惯性运动。因此，伽利略把匀速圆周运动看成是惯性运动虽然是错误的，但他认为行星绕日运动是惯性运动却是正确的。在他那个年代，能有此认识，确实是伟大的天才。

 ## 运动与力的关系

　　前面提到，亚里士多德把运动分成自然运动和强迫运动，并认为，让物体作强迫运动，才需要有施力者，而"石下落"属自然运动，是物体为返回其自然位置而作的运动，是物体的自然属性，因此与力无关。虽然他也提到，物体越重，趋向自然位置的倾向性也就越大，下落速度也越大，也就是说，石下落的速度与物体质量有关，但是，他在这里并未将质量与重力相联系。伽利略通过实验批驳了亚里士多德，以平抛石块为例，他发现，这个被亚里士多德归类为强迫运动的平抛运动实际上可以分解为两个相互独立的运动。一个是水平方向的匀速运动，按亚里士多德的分类，它应是强迫运动，但是，人抛石块所用的力，实际上只是让石块在水平方向获得一个初速度，然后石块便凭借惯性作匀速直线运动，不再受到外力的作用；另一个是竖直方向的自由落体运动，按亚里士多德的分类，它应是自然运动。但是，它却是与力有关的匀加速运动。伽利略还进一步通过斜面实验发现，作匀加速运动的物体的加速度正比于作用于其上的合力：如果一个物体在没有摩擦的斜面上被一根沿斜面向上的绳子拉着，并保持静止，那么这个物体除了受到绳子提供的沿斜面向上的拉力 P 外，必然还受到一个由其重力 G 和斜面的支持力 N 提供的与绳子拉力 P 相平衡的力，即 G 和 N 的合力 F(见下图 (a))。在伽利略之前，斯蒂芬已经证明：$P/G = h/l$，其中，h 为斜面的高度，l 为斜面的长度。显见，P 与 h/l 成正比。如果去掉绳子的拉力 P，那么物体就会在与 P 大小相等、方向相反的合力 F 作用下沿斜面向下运动 (见下图 (b))。也就是说，合力 F 也与 h/l 成正比。伽利略考察了沿不同坡度的斜面下滑的滚球的运动，发现其加速度正比于 h/l，也就是说，滚球的加速度正比于合力 F。至此，伽利略通过斜面实验发现，力是改变物体运动状态的原因，不是像亚里士多德所讲的那样："要使物体作匀速运动，必须施加恒定的力，而且较大的力产生成正比的较大速度"，而是"要使物体作匀加速运动，必须施加恒定的力，而且较大的力产生成正比的较大加速度"，从而弄清了运动与力之间的基本关系。后来，牛顿在此基础上清晰地阐述了他的第二定律。爱因斯坦对伽利略的贡献给予了极高的评价，在《物理学的进化》一书中，他写道："伽利略的发现以及他所用的科学推理方法是人类思想史上最伟大的成就之一，而且

---

[1]关于测地线，详见第三章第二节。

标志着物理学的真正开端。" 正因为此，伽利略被后人誉为 "近代科学之父"。

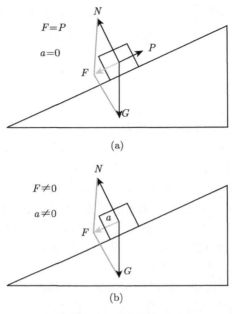

匀加速运动的加速度与合力

第三节　　天上力和地上力的统一

在前人工作的基础上，牛顿对天上星星运动和地上物体运动的规律进行了总结，提出了运动三定律，建立了经典力学，并在 "苹果落地" 和开普勒三定律的启发下发现了万有引力定律，同时指出：地上物体的自由下落是因为物体与地球相互吸引；天上星星的圆周运动也是起因于相互吸引，从而统一了天上力和地上力。

 牛顿及其运动三定律

伽利略过世那一年的圣诞节，牛顿 (Isaac Newton，1642—1727) 诞生在英国林肯郡伍尔索普村。他是一个遗腹子，父亲在他出生前 3 个月就去世了，母亲在他 3 岁时改嫁，外祖父母抚养他长大。童年的经历让牛顿养成了孤僻、倔强和不善与人交往的性格，同时也养成了双手灵巧、善于思考的习惯。他 18 岁进入剑桥大学三一学院，起初想学数学，在三年级时有幸遇到博学多才的数学讲座教授巴罗，在他的指导下，广泛阅读数学、物理、天文和哲学方面的书籍，并动手做实验。1665 年初，即将大学毕业的牛顿发现并证明了二项式定理。这个定理在数学、物理学，甚至生物遗传学中都有广泛的应用，可以说，即使牛顿一生中没有其他的成就，这个定理也足以使他名垂史册。但是，就在他准备从事新数学的创造时，英国暴发大规模鼠疫，大学被迫停课，牛顿回到家乡与母亲同住，一待就是 18 个月。避居乡下的这一年多时间是牛顿创造力最旺盛的时期：牛顿运动三定律、万有引力定律、微积分和色彩理论等重要研究成果几乎都是在这段时间里构思而成的。正因为此，1666 年在历史上被称为 "牛顿奇迹年"。1667 年，牛顿重返剑桥，他的出色工作备受巴罗教授推崇。两年后，巴罗主动让贤，举荐牛顿接替自己担任卢卡斯教授。

牛顿

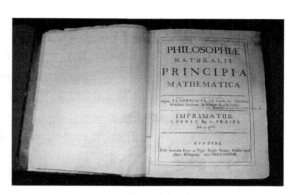

1687年第一版的《原理》

牛顿一生治学严谨，从不轻易发表论文。他在 1665—1666 年间的重大发现，当时都没有发表，直到 18 年后，才在好友、著名天文学家哈雷 (E. Halley，1656—1742) 的敦促和资助下，将 20 多年的研究成果总结成《自然哲学的数学原理》(以下简称《原理》) 一书出版。《原理》这部巨著不仅总结了力学研究成果，建立了经典力学体系，而且为后来的工业革命奠定了科学基础。它是牛顿创造性研究的结晶，也是天文学、数学和力学历史发展的产物，是物理学发展史上的第一次大综合。

在《原理》一书中，牛顿首先给出了质量、动量、惯性、力和向心力等力学量的定义。

定义 1："物质的量是物质的度量，可由其密度和体积共同求出"，"此后我不论在何处提到物质的量或质量这一名称，指的就是这个量。从每一物体的重量可推知这个量，因为它正比于重量"。牛顿在这里把质量和重量明确地区分开来，认为质量是物质的固有属性，而重量则决定于在一定位置所受地球的吸引力。

定义 2："运动的量是运动的度量，可由速度和物质的量共同求出" "物体的运动是所有部分运动的总和。因此，速度相等而物质的量加倍的物体，其运动量加倍；

若其速度也加倍，则运动量加到四倍"。这里"运动的量"或随后提到的"运动量"就是我们现在所说的动量，它等于质量与速度的乘积。

定义 3："惰力 (vis insita)，或物质固有的力，是一种起抵抗作用的力，它存在于每一物体当中，大小与该物体相当，并使该物体保持现有状态，或是静止，或是匀速直线运动。""这个力总是正比于物体，它来自于物体的惯性，与之没有什么区别······"实际上，它就是前面提到的"冲力"，在这里牛顿正式将其定义为"惯性"，以区别于下面定义 4 中的"外力"。

定义 4："外力是一种对物体的推动作用，使其改变静止的或匀速直线运动的状态。""这种力只存在于作用之时，作用消失后并不存留于物体中，因为物体只靠其惯性维持它所获得的状态。"显见，牛顿对运动与力的关系的看法与亚里士多德明显不同。

定义 5~8：都与向心力有关。其中，定义 5 为"向心力使物体受到指向一个中心点的吸引或推斥或任何倾向于该点的作用"。接着，牛顿对向心力做了进一步的阐述："属于这种力的有重力，它使物体倾向于落向地球中心；······以及那种使得行星不断偏离直线运动而沿曲线轨道环行运动的力"，"系于投石器上旋转的石块，企图飞离使之旋转的手，这企图张紧投石器，旋转越快，张紧的力越大，一旦将石块放开，它就飞离而去，那种反抗这种企图的力，使投石器不断把石块拉向人手，把石块维持在其环行轨道上，由于它指向轨道的中心（人手），我称其为向心力"。

然后，他在"运动的公理或定律"部分给出了运动三定律：

定律Ⅰ："每个物体都保持其静止或匀速直线运动的状态，除非有外力作用于它，迫使它改变那个状态。"

定律Ⅱ："运动的变化正比于外力，变化的方向沿外力作用的直线方向。"

定律Ⅲ："每一种作用都有一个相等的反作用；或者，两个物体间的相互作用总是相等的，而且指向相反。"

这三条定律是经典力学的基础。下面，我们对其稍作解释：

第一定律，即上述的定律Ⅰ，又称惯性定律。牛顿在他的手稿《惯性定律片段》中写道："所有那些古人都知道第一定律 (惯性定律)，他们归之于原子在虚空中作直线运动，因为没有阻力，运动极快而永恒。"对此，前面已有介绍，这里就不赘述。应当指出，虽然伽利略和笛卡儿对惯性定律的确立贡献很大，但是真正明确提出惯性定律的是牛顿。他不仅继承了伽利略和笛卡儿的想法，在《原理》中全面地阐述了惯性定律，而且在"定义"部分首次提出了质量的概念并明确指出了质量是描述物体惯性大小的量。现在，质量已经成为物理学中最基本的概念之一。

第二定律，即定律Ⅱ，又称运动方程。前面曾经提到，亚里士多德认为"较大的力产生成正比的较大速度"，伽利略不同意他的看法，通过斜面实验，发现匀加速运动的加速度与合力成正比，这无疑为牛顿提出第二定律奠定了基础。但是，正如爱因斯坦所指出的："只有引进质量这一新概念，他 (牛顿) 才能把力和加速度联系起来。" 不过，牛顿当时指的是，外力的作用与动量的变化成正比，这一表述不够完善。直到 1750 年，欧拉 (L. Euler，1707—1783) 才正确地指出，应该是外力 F 与动量 mv 的时间变化率成正比：$F \propto \mathrm{d}(mv)/\mathrm{d}t$，这才使外力与加速度真正联系了起来。

欧拉

第三定律，即定律Ⅲ，又称作用力与反作用力定律，这是牛顿在研究天体的运动时独创的一条定律。为了比较准确地研究天体的运动与其受力的关系，必须分析多个天体之间的作用力，这就会产生作用力和反作用力问题。牛顿正是为了解决这一问题而提出了第三定律。

　　牛顿不仅将这三条定律确定为运动的基本规律，还利用上述定义和这三条定律，在《原理》的第一、二和三篇中，对地上物体和流体的运动，以及天上星星的运动进行了系统的研究，建立了完整的经典力学体系，他对力学的创造性贡献也正在于此。在《原理》的第一版序言中，牛顿写道："理性的力学是一门精确地提出问题并加以演示的科学，旨在研究某种力所产生的运动，以及某种运动所需要的力。" 在这里，牛顿给出了力学的明确定义，正因为此，后人常将经典力学称为牛顿力学。

 《原理》成书三部曲

　　受惠更斯 (C. Huygens，1629—1695)"离心力公式" 的启发，当时有不少人知道，从开普勒第三定律出发，可以导出行星绕日运动所受到的中心吸引力应该与距离的平方成反比，但是没人知道，在这种服从平方反比律的中心吸引力的作用下行星的运动轨迹是什么。1684 年 8 月，哈雷专程去剑桥向牛顿请教这个问题，牛顿当即回答："椭圆，吸引中心在焦点。" 哈雷问他是怎样知道的，牛顿回答说："我计算过。" 数周后，哈雷收到了牛顿寄来的后来被称为《论运动》的一篇论文。在这篇论文里，牛顿讨论了在服从平方反比律的中心吸引力的作用下物体的运动轨迹，并由此导出了开普勒三定律，从而明确地阐述了向心力定律，证明了椭圆轨道的平方反比关系。但是，在这篇论文里，牛顿对力的本质尚未认识清楚。受 "冲力理论"

的影响，他仍然认为：物体内部的"固有力"使物体维持原来的运动状态，即作匀速直线运动，而外加的强迫力则使物体改变运动状态。实际上，我们在前面已经指出，所谓的"固有力"就是运动物体的动量，即 mv，与牛顿在第二定律中定义的外力，即 ma，完全不是一回事。另外，他仍称吸引力为重力，还没有认识到这种吸引力的普遍性，更未提到"万有引力"这个名称。

惠更新

接着，经过更为深入的思考，牛顿用了八九个月的时间完成了他的第二篇论文：《论物体的运动》。在这篇比《论运动》长 10 倍的论文里，他解决了惯性问题，加深了对吸引力的认识，弥补了前一篇论文的不足。首先，他认识到圆周运动是匀加速运动，与匀加速直线运动一样，都不是惯性运动，并用向心力代替惠更斯的离心力来解释运动物体偏离直线轨道的原因，从而正确地表述了惯性定律。其次，他证明了均匀球体吸引所有的球外物体，其吸引力与球的质量成正比，与该物体到球心的距离的平方成反比，以及可以把均匀球体看成是质量集中在球心；他还指出吸引力是相互的，并且通过三体问题的运算，证明了开普勒定律的正确性。最后，他把重力延伸到行星之间，进而推广到任何物体之间，从而明确了吸引力的普遍性。

《论物体的运动》的第二部分，后来取名《论宇宙体系》，并增补了有关彗星运行轨道的内容，成为《原理》的第三篇。在这一篇里，牛顿仔细地论述了重力作用是使月球圈于其轨道上运行的原因，并由天文现象推演出使物体倾向于太阳和行星的重力，从而全面地阐述了万有引力的思想，我们将在后面对其作更为详细的介绍。《论运动》《论物体的运动》和《论宇宙体系》是《原理》成书的前奏，也是发现万有引力定律的三部曲。

 苹果落地的故事

据传说，牛顿在家乡躲避鼠疫期间，有一次，在苹果树下读书的时候，被掉下的苹果砸中了脑袋，这促使他思考：苹果为什么会"落到地上"而不是"飞向天空"，进而很快发现了万有引力定律。有的书中只提"落到地上"不提"砸到头上"，前者似乎更为合理，但后者却具有戏剧性，容易给青少年留下深刻的印象，因此流传甚广。但是，正是这一"戏剧性"使人怀疑其真实性。那么，究竟是编的故事，还是确有其事呢？根据有关记载，牛顿生前并没有和别人谈论过这个故事，它是在牛顿去世之后才出现的。最早传播这个故事的就是声名显赫的法国启蒙思想家、文学家和哲学家伏尔泰 (Voltaire，1694—1778)①，他在 1738 年出版的《牛顿的哲学》一书中介绍说：1725 年，他因政治迫害流亡英国，正好碰上牛顿去世，目睹数万伦敦市民为牛顿送葬的壮观场面，深受感动。随后，他拜访了牛顿的亲属，这个故事就是牛顿的外甥女婿告诉他的。牛顿一辈子没有结婚，生活由他的妹妹照料，后来又由他的外甥女照料，牛顿外甥女婿的谈话当然十分重要。他告诉伏尔泰，牛顿生前曾对他讲过这个故事。就这样，"苹果落地的故事" 通过伏尔泰的这部名著从法国传遍整个欧洲，几乎家喻户晓、妇孺皆知。

伏尔泰

　　由于牛顿后半生在争夺发现的优先权上曾与许多人发生争执，因此一些科学史专家认为，苹果落地的故事很可能是牛顿亲属 (或牛顿本人) 编出来的，以便提前他发现万有引力定律的时间，用来保护他对该定律的发现权。从前面我们已经介绍的《原理》的成书过程以及即将介绍的牛顿思考、发现万有引力定律的过程，不难看出：牛顿确实是万有引力定律的主要发现者。

牛顿故居的苹果树

---

①伏尔泰是 18 世纪法国资产阶级启蒙运动的泰斗，被誉为 "法兰西思想之王" "法兰西最优秀的诗人" "欧洲的良心"，主张开明的君主政治，强调自由和平等。本名叫弗朗索瓦–马利·阿鲁埃 (François-Marie Arouet)，伏尔泰是他的笔名。

万有引力定律的发现历程

在牛顿晚年时，有人问他是如何发现万有引力定律的，他回答说："靠不停地思考。"不管"苹果落地的故事"是否确有其事，但是牛顿肯定思考过：月亮这个"大苹果"，为什么不会掉下来？牛顿的过人之处就在于：当大家都认为月亮是不会往下掉的时候，他却看到了月亮正在不断地往下掉，其思路如下：位于下图 (a) 中圆形轨道 A 点的月亮，其瞬时速度是沿着 A 点的切线方向，也就是说，如果在那一瞬间地球突然消失，那么月亮就将沿 AB 方向直飞出去。然而，由于地球的存在，有"重力"吸引着它，使它从 B 点下落到 B' 点，B' 点与原来的 A 点离地球中心 O 的距离相等。就这样，如图所示那样重复下去，月亮不断下落的结果是：它沿着一个圆形轨道绕地球运动。显见，牛顿将重力从地球表面延伸到月球，成功地解释了"月球为何不掉下来而是围绕地球做圆周运动"。他的这一想法，通过图 (b) 示意的理想实验，得了进一步的发挥。他设想，一门架在高山上的大炮，沿水平方向，以初速 v_0 射出炮弹。当 v_0 较小时，炮弹都会落到地面上，如图 (b) 中曲线 A，B 所示；当 v_0 大到某一临界速度 v_1 时，炮弹将沿圆形轨道绕地球旋转，变成了一个"小月亮"，不再掉回地面，如图 (b) 中曲线 C 所示；当 v_0 超过 v_1 且逐渐增大时，炮弹轨道就变为偏心率越来越大的椭圆，如图 (b) 中曲线 D 所示；更进一步，当 v_0 超过第二个临界值 v_2 时，炮弹便会逃离地球，一去不复返，如图 (b) 中曲线 E 所示。这里的 v_1 和 v_2，现在分别称为"第一宇宙速度"和"第二宇宙速度"，可以算出，$v_1 = 7.9\text{km/s}$；$v_2 = 11.2\text{km/s}$。这样，牛顿就将地上炮弹的运动和天上月亮的运动联系了起来，同时，他也成功地解释了行星绕日的椭圆轨道。

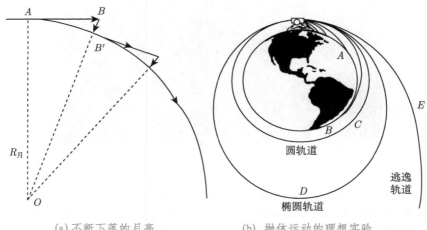

(a) 不断下落的月亮   (b) 抛体运动的理想实验

牛顿清楚地意识到：前面对月亮不断下落所做的几何分析未免太粗糙，应该使 B' 点无限地靠近 A 点，但是，当时的初等数学对这种无限小量的分析完全无能为力。为了解决这一难题，牛顿引入无穷小的概念和求极限的方法来描述连续变化的曲线运动，花了十多年的功夫发明了一种新的数学工具，牛顿称其为"流数法"。所谓"流数"，就是现在所说的变数。牛顿发现"流数"在无限小时间内的变化率是一个有限的数值，例如，物体作变速运动时的瞬时速度 v 就是"流数" s(距离) 在无限小时间内的变化率 $\dot{s}$，牛顿称 $\dot{s}$ 为"流率"，现在我们称其为导数或者微商。当年牛顿的"流数法"就是现在的微分学，而其反演法便是积分学。现在所说的微积分学以及微分和积分符号，例如 $v = \mathrm{d}s/\mathrm{d}t$ 和 $\int v\mathrm{d}t$，都是莱布尼茨 (G. W. Leibniz，1646—1716) 在牛顿之后独立发明的。正因为此，两人曾就微积分的发明权问题进行过长期激烈的争论。事实上，他们都各自独立地作过贡献。牛顿可能比莱布尼茨发明得早些，但公开发表的时间则晚些，而且严密性和系统性都不如莱布尼茨。另外，牛顿所用的符号，例如 $v = \dot{s}$，与莱布尼茨的 $v = \mathrm{d}s/\mathrm{d}t$ 相比，也略显不便。但是，牛顿在创立"流数法"后，运用这一数学工具深入地探讨了力学问题和天体问题，发现了万有引力定律，建立了完整的经典力学体系。就微积分学的推广、应用而言，牛顿的贡献是莱布尼茨所不能企及的。因此，在数学史上，牛顿与莱布尼茨被并称为微积分学的创始人。

莱布尼茨　　　　　　　　胡克

说到发现的优先权之争，就不能不提到牛顿与胡克 (R. Hooke，1635—1703) 之间为谁先发现中心吸引力的平方反比律而起的争执。胡克提出，1679 年底，他曾在给牛顿的信中谈到：他认为重力是按距离的平方成反比变化的，显然，牛顿后来发现万有引力的平方反比律是受了他的启发。而牛顿则说，早在 1666 年，他就从开普勒第三定律推出了平方反比律，并认为胡克在信中提出的见解缺乏坚实的基础，所以他一直拒绝承认胡克的功绩。实际上，布里阿德 (I. Bulliadus, 1605—1694) 曾在 1645 年提出一个著名假设：从太阳发出的力，应与离开太阳的距离的平方成反比。开普勒和布里阿德的天文学工作曾启发了牛顿对天文学的兴趣，使他产生了证明布里阿德的平方反比关系的想法。1676 年，牛顿在一封给胡克的信中写道："如果我看得更远些，那是因为站在巨人的肩上。" 鉴于这封信是牛顿与胡克争夺万有引力定律发现的优先权时写的，这句名言有着双重含义：字面意思是，牛顿承认自己的成就与前人 (包括哥白尼、伽利略、开普勒和笛卡儿等) 有关；言下之意是，他所说的巨人并不包括身材矮小的胡克。

前面多次谈到，从开普勒第三定律可以导出中心吸引力的平方反比律。读者一定很想知道：究竟如何导出？实际上，从开普勒第三定律并不能直接导出中心吸引力的平方反比律，必须先引入向心力的概念，然后才能导出。在《原理》的定义 5~8 中，牛顿引入了向心力的概念，并在第一篇第二章命题 4 定理 4 的推论 1 中明确地指出："由于这些弧长正比于物体的速度，向心力正比于速度的平方除以半径。" 也就是说，假若行星以速率 v 在半径为 R 的圆形轨道上绕太阳作匀速圆周运动，那么它必定受到一个正比于 v^2/R 的向心力 F 的作用。这样，两个在半径不同的轨道上以不同的速率绕日作匀速圆周运动的行星所受到的向心力之比便可表示为

$$F_1 : F_2 = \frac{v_1^2}{R_1} : \frac{v_2^2}{R_2} \tag{1.1}$$

而根据开普勒第三定律，行星绕日运动的周期 T 的平方与轨道半径 R 的立方成正比，即

$$\frac{T_1^2}{T_2^2} = \frac{R_1^3}{R_2^3} \tag{1.2}$$

于是，利用 $T = 2\pi R/v$，便可由 (1.1) 和 (1.2) 两式导出

$$F_1 : F_2 = R_2^2 : R_1^2 \tag{1.3}$$

即向心力，也就是太阳对行星的吸引力，与距离的平方成反比。

鉴于向心力的概念在由开普勒三定律导出中心吸引力的平方反比律方面所起的关键作用，而牛顿在《原理》中给出的向心力又与惠更斯在 1673 年通过研究单摆运动发现的离心力公式十分类似，牛顿与惠更斯也为发现的优先权发生了争执。实际上，开普勒在发现行星运动三定律之前，就曾于 1596 年提出过关于太阳与行星之间存在吸引作用的想法，随后又提出了物体作圆周运动时会出现离心力的问题。受其启发，牛顿对离 (向) 心力作了进一步的推导和计算，并把有关内容详尽

地写入《原理》中。人们后来在牛顿的手稿中发现，早在 1664 年 1 月 20 日，他就在 "算草本" 上提出了如何计算物体作圆周运动时所受到的向心力的具体方法。牛顿绕过了力的分析，得到了圆周运动的离 (向) 心力规律。正因为此，牛顿从不承认他发现向心力公式是受惠更斯的离心力公式的启发。

进一步，在 1676 年和 1677 年间，牛顿从数学上严格证明了，当中心吸引力与距离的平方成反比时，行星将绕吸引力的中心作椭圆轨道运动，并发现从这个中心到行星的矢径所扫过的面积与运动的时间成正比，亦即导出了开普勒第一和第二定律。

最后，我们还得弄清：万有引力的大小与相吸的两物体的质量有什么关系？运用牛顿第二定律，不难发现，地球对物体的吸引力应与被吸物体的质量成正比，而按照牛顿第三定律，地球对物体的吸引力应与物体对地球的吸引力大小相等、方向相反，也就是说，地球与物体之间的吸引力既应与被吸物体的质量成正比，也应与被吸地球的质量成正比。由此推断，任何两个天体 (或物体) 间的万有引力的大小都应与这两个天体 (或物体) 的质量乘积成正比。考虑到前面讨论过的平方反比律，它还应与这两个天体 (或物体) 之间的距离的平方成反比。这样，著名的万有引力定律的数学形式就大体上确定了，即

$$F = G\frac{m_1^2 m_2^2}{R^2} \tag{1.4}$$

式中，m_1 和 m_2 分别是两个天体 (或物体) 的质量；R 是它们之间的距离；G 是引力常量。由于地面上两物体之间的引力太弱，所以引力常量 G 的测量非常困难。直到 100 多年后，才由英国物理学家卡文迪什 (H. Cavendish, 1731—1810) 于 1798

卡文迪什　　　　　　　　卡文迪什在做扭秤实验

年通过扭秤实验测得。他当时所测得的值为 $G = 6.754 \times 10^{-11} \text{N} \cdot \text{m}^2/\text{kg}^2$，已经很
接近目前国际公认的 G 值：$6.6742 \times 10^{-11} \text{N} \cdot \text{m}^2/\text{kg}^2$。

 ## 实验验证万有引力定律

    万有引力定律的发现，不仅成功地解释了已知行星的运动规律，而且准确地预
言了彗星的轨道和运行的周期，哈雷彗星的发现就是一个最好的例证。1682 年，一
颗明亮的彗星出现在天空。哈雷在《原理》出版之后应用牛顿发现的运动三定律和
万有引力定律，计算出这颗彗星的运行周期约为 76 年，从而证实历史上多次出现
的大彗星原来是同一颗彗星。他还预言，这颗彗星 76 年后将再次出现。76 年后，
当这颗彗星再次照耀地球的时候，万有引力定律得到了举世公认。那一年，哈雷已
经去世十多年了，为了纪念他，人们将这颗彗星命名为哈雷彗星。

    大约 150 年后，人们发现，天王星的实际轨道与万有引力定律所给出的明显
不符，万有引力定律再次经受了考验。观测表明，天王星的运行轨道很不规则，即
使计入比它更接近太阳的各个大行星 (木星、土星等) 对它的摄动，仍然无法得
到解释。难道万有引力定律有问题吗？当时，两位年轻人：英国的亚当斯 (J. C.
Adams，1819—1892) 和法国的勒威耶 (U. J. J. Le Verrier，1811—1877)，都猜测这
可能是由位于天王星之外的一颗未知行星的摄动引起的。他们利用万有引力定律
进行了非常复杂的计算，各自独立地得到了未知行星的轨道。1846 年，亚当斯首先

哈雷   哈雷彗星

勒威耶　　　　　　　　　　　　　亚当斯

写信给英国格林尼治天文台，指出该行星的位置，请他们观测。天文台的专家们觉得亚当斯是个不知名的青年人，没有重视他的请求，把事情延误了。几个月后，勒威耶独立发表了类似的计算，指出的未知行星位置与亚当斯的相仿。在看到勒威耶发表的论文后，英国天文台想起了亚当斯的信，于是他们开始着手准备观测。正当他们慢吞吞磨蹭时，勒威耶把自己的计算结果寄给了柏林天文台。勒威耶当时并不知道亚当斯的工作，但他急于知道自己的预言是否正确。在接到勒威耶信的当天晚上，柏林天文台台长手边正好有一份合适的星图，他立刻就去观测。在勒威耶预言的位置附近，他找到了这颗行星，它就是我们现在所说的海王星！英国格林尼治天文台听说后，赶快按亚当斯所说的位置去找，当然他们也看到了这颗新行星。海王星的发现，常被戏称为"笔尖上的发现"，它再次验证了万有引力定律的准确无误。

 天上力与地上力的统一

在《原理》的第一版序言中，牛顿写道："我的这部著作论述哲学的数学原理，因为哲学的全部困难在于：由运动现象去研究自然力，再由这些力去推演其他现象。"正是在这部著作中，牛顿给出了力的定义，并正确地建立了运动与力的关系，进而开始了对自然力，特别是重力的研究。

前面曾经提到：亚里士多德把运动分成自然运动和强迫运动。他认为，自由落体运动是自然运动而不是强迫运动，因此与力无关。虽然他也提到，物体越重，下落速度越大，也就是说，自由落体的速度与物体质量有关，但是，他在这里并未将质量与重力相联系。后来，伽利略通过实验证明，水平抛出的石头，之所以偏离直线路径而沿抛物线运动，是因为它受到地球的吸引，也就是受到指向地球的重力的作用。但是，正像罗杰·科茨 (R. Coates) 在《原理》的第二版序言中所指出的："在牛顿之前虽曾有人猜测或想象，所有物体都受到重力的作用，但唯有他是第一位由现象证实重力存在的科学家，并使之成为他最杰出的推理的坚实基础。"牛顿不仅研究地球表面附近物体的重力特性，指出"与所有物体被引向地球一样，地球也为所有的物体所吸引，重力作用是相互的、对等的"，而且将其从地球表面延伸到月球、行星和太阳，乃至宇宙万物，最终发现了万有引力定律。

作为关键的一步，牛顿通过思考：月亮这个"大苹果"为什么不掉下来？引入了向心力的概念，进而从开普勒三定律导出"中心吸引力的平方反比律"，并计算得到了行星绕日的椭圆轨道；牛顿还通过数学推理和具体计算，证明了沿轨道运行的月球的向心力与地球表面的重力之比等于地球半径的平方与月球轨道半径的平方之比，也就是说，使月球停留在其轨道上的向心力，正是地球延伸到月球的重力，这足以使人们相信这种力能延伸到极远的距离。牛顿进一步指出：既然就我们所能做的与之有关的任何实验或观测而言，一切物体，不论其在地上或天上，都有重量，那么我们必须肯定引力普遍存在于一切物体中，从而发现了"万有引力"。这样，牛顿就把导致地上物体自由下落的重力和引起天上星星运动的引力联系起来，实现了"天上力"与"地上力"的统一，这大大加强了"自然界规律应该统一"的信念，在科学史上具有特别重要的意义。

在伽利略和牛顿之前，人们一直认为天上世界存在着月球、行星和太阳等，这些天体基本上只有一种运动，即圆周运动，而地上的物体，受到力的作用可以作不同的运动，天上的世界与地上的世界是完全不同的两个世界。因此，人们认为支配"天上世界"和"地上世界"的运动法则也应该是完全不同的。然而，牛顿却使我们相信：地上的世界和天上的世界受到相同的物理规律的支配。《原理》所描述的经典力学，包括运动三定律和万有引力定律，就是用来说明受力物体 (或天体) 将如何运动的物理理论，它是人类掌握的第一个完整的科学理论体系，或称科学宇宙观，其影响所及遍布经典自然科学的所有领域。《原理》达到的理论高度是前所未有的，其后也不多见。爱因斯坦说："至今还没有可能用一个同样无所不包的统一概念，来代替牛顿的关于宇宙的统一概念。要是没有牛顿的明晰的体系，我们到现在为止所取得的收获就会成为不可能。"

牛顿生活的年代，古希腊的自然哲学开始同意大利、英国和法国的实验科学相结合，正是这个伟大的时代造就了牛顿这位历史上最伟大的科学家。他承前启后，将开普勒对天上星星运动的研究和伽利略对地上物体运动的研究融合在一起，实现了天上力和地上力的统一，建立了完整的经典力学体系。直到今天，飞船发射升天，遨游太空，依据的仍然是牛顿的运动三定律和万有引力定律，可见，经典力学威力之大，其作用历经数百年而不衰。可是，牛顿在他的遗言中却说："我不知道世界会怎样看待我，但我认为自己不过像个在海滩上玩耍的男孩，不时地寻找到一些较光滑的卵石和漂亮的贝壳，并以此为乐，而对于摆在我面前的真理的汪洋大海，竟还一无所知。"联想到精确宇宙学最近发现：人类已经有所认识的重子物质只占宇宙物质总量的 4%，而对占 96% 的"暗能量"和非重子暗物质仍然一无所知，这不能不使我们对牛顿的远见卓识和宽广胸襟佩服得五体投地。

CHAPTER 2
第二章 电磁统一

　　电闪雷鸣，是人类早在远古时期就注意到的自然现象，因此，电磁相互作用，可以说是人类最先接触到的自然力。开始人们对电和磁是分开来认识的，后来经过奥斯特发现"电动生磁"和法拉第发现"电磁感应"，人们才将"电"和"磁"联系起来，最终导致麦克斯韦提出电磁理论，实现了电磁统一。

　　本章，详细介绍"电力"和"磁力"走向统一的研究历程。

电闪雷鸣

第一节　　电现象和磁现象

电现象和磁现象是人类很早就认识的两种自然现象。

古代的有关记载

起初，电与磁是被分开认识的。

对电的认识是从观察电闪雷鸣开始的。在中国，殷商时期 (约前 16 世纪——前 11 世纪) 的甲骨文中就有了 "雷" 字。在西方，公元前 585 年，古希腊泰勒斯就

甲骨文中的雷字

琥珀之力

司南勺

王充

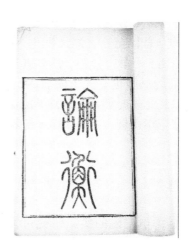

已记载 "用木块摩擦过的琥珀能吸引碎草等轻小物体",即 "摩擦起电" 现象。我国东汉王充 (27—约 97) 在所著《论衡》一书中将其称为 "顿牟掇芥",这里的 "顿牟"即琥珀,"芥" 是指芥籽等轻小物体;晋朝时更有关于摩擦生电引起放电现象的记载:"今人梳头,解著衣时,有随梳解结有光者,亦有咤声。"

沈括   梦溪笔谈

对磁的认识开始于对天然磁铁矿石吸铁的观察,我国古人称其为 "慈石",意即慈爱之石,隐含它能吸铁,这个名称后来逐渐转为 "磁石",又转为通俗名称 "吸铁石",在西方的法文、西班牙文和匈牙利文以及东方的梵文中磁石也都有 "爱的石头" 或 "爱铁" 的意思。成书约在战国时期 (前 4 世纪—前 3 世纪) 的《管子·地数篇》中就有 "山上有慈石者,其下有铜金""慈石名铁,或引之也" 等有关磁石和磁石引铁的记载;汉初淮南王刘安 (前 179—前 122) 及其门客所编撰的《淮南子》一书中也有 "若以慈石之能连铁也,而取其引瓦,则难以 ……";另外,在前面提到的《论衡》一书中紧跟 "顿牟掇芥" 一词之后就是 "慈石引针"。泰勒斯和苏格拉底在他们的书中也有关于磁石的记载。我国东汉时已经发明了具有指向作用的 "司南勺",到北宋时期,著名科学家沈括 (1031—1095) 在《梦溪笔谈》中第一次明确地记载了 "指南针",他写道:"方家以磁石磨针锋,则能指南,然常微偏东,不全南也。"

 吉尔伯特等对电与磁的实验研究

近代有关电与磁的实验研究可以说是从英国伊丽莎白女王的御医吉尔伯特(W. Gilbert,1544—1603) 开始的。

吉尔伯特　　　　　　　　　　磁石论

在电现象方面，吉尔伯特对"摩擦起电"现象进行深入研究后发现：不仅琥珀摩擦后能吸引轻小物体，而且相当多的物质，例如金刚石、蓝宝石、硫磺、硬树脂和明矾等，经摩擦后也都具有"琥珀之力"，即都能吸引轻小物体。在 1600 年出版的《磁石论》一书中，他在定性地描述了磁石的基本性质后进一步指出：上述琥珀、硫磺等物质经摩擦后并不具备磁石那种指南的特性。为了表明与磁性的不同，他采用希腊文 ηλεκτρον(琥珀) 一词的字母拼音把这种性质称为"电的"(electric)，并把上述经摩擦后的物体称为电化了的或带了电的物体，创造了"电"这个名称。他还在实验过程中制作了第一只验电器，这是一根中心固定并可转动的金属细棒，当与摩擦过的琥珀靠近时，它便转动指向琥珀。大约在 1660 年，德国马格德堡的一位工程师盖利克 (O. Guericke 1602—1686) 发明了第一台摩擦起电机，他用硫磺制成形如地球仪的可转动球体，用干燥的手掌摩擦转动的球体，然后使之停止以获得电。1745 年，荷兰莱顿的穆森布罗克 (P. van Musschenbroek，1692—1761)，为了避免电在空气中逐渐消失，他拿来一个玻璃瓶，让瓶中的水带电，当他用手接触那连接水的金属丝时，手臂和胸部都感受到强烈的电击，于是他发明了具有贮电作用的莱顿瓶。谈到摩擦起电机和莱顿瓶，就不能不提及当年一次大型"魔术"表演：1748 年，一个晴朗的白天，在巴黎圣母院前，面对法国国王路易十五的王室成员和大臣们，"魔术师"诺莱特 (A. J. A. Nollet，1700—1770) 调来 700 个修道士，让他们手拉手排成一排，全长约 300m，队伍十分壮观。随着诺莱特的一个手势，排在最前面

摩擦起电机

莱顿

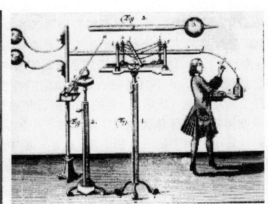

莱顿瓶实验

的修道士用手握住了从一个大玻璃瓶口引出的金属线，一瞬间，700 个修道士几乎同时惊叫着跳了起来，在场的人无不目瞪口呆。原来，诺莱特面前的那只装着水的大玻璃瓶就是一个莱顿瓶，他侧边的玻璃大圆盘就是一台摩擦起电机，蹲在地上的人正在转动圆盘来产生电荷，然后通过一根金属线将这些电荷送入莱顿瓶中储存。修道士们之所以惊叫，是因为触及了莱顿瓶里储存的电。这场 "魔术" 表演，实际上，就是一场大型 "电震实验"。验电器、摩擦起电机和莱顿瓶的发明大大促进了对电的实验研究。

"魔术"表演

吉尔伯特向伊丽莎白女王介绍磁学新成果

在磁现象方面，吉尔伯特也做出了许多贡献。前面提到，在他所著的《磁石论》一书中定性地描述了磁石的基本性质。他还曾经用一个球形磁石模拟地球做实验，考察放在球面上的小磁针的指向，发现它的行为与其在地球上时一样，从而得出地球本身就是一个巨大磁石的结论。

 两类电荷与南北磁极

18 世纪初期，人们开始认识到电荷有正、负两种。1729 年，英国人格雷 (S. Gray，1675—1736) 在实验研究琥珀的电效应是否可传递给其他物体时发现：金属可以导电，丝绸不导电，也就是说，发现了导体和绝缘体的区别。格雷的实验引起了法国人杜菲 (du Fay，1698—1739) 的注意，1733 年杜菲发现绝缘起来的金属也可摩擦起电，因此他认为所有物体都可摩擦起电，并把玻璃上产生的电叫做 "玻璃的"(vitreous)；琥珀上产生的电与树脂产生的相同，叫做 "树脂的"(resinous)。他还发现：带相同电的物体互相排斥，带不同电的物体彼此吸引。进一步，他把电想象为二元流体，当它们结合在一起时，相互中和。后来，美国人富兰克林 (B. Franklin，1706—1790) 又在 1747 年提出了电的一元流体理论：在正常条件下，电是以一定的量存在于所有物质中的一种元素；电跟流体一样，摩擦的作用可以使它从一个物体转移到另一个物体，但不能创造；任何孤立物体的电的总量是不变的，

富兰克林

这就是通常所说的 "电荷守恒定律"。他还把用丝绸摩擦过的玻璃棒所带的电称为 "正电"；用毛皮摩擦过的硬橡胶棒所带的电称为 "负电"。他所使用的 "正电" 和 "负电" 这两个术语国际上沿用至今。他还做过著名的风筝实验，即在雷雨天气将风筝放入云层进行雷击实验，从而证明了电闪雷鸣就是放电现象。于是，他便将雷电和摩擦电联系了起来。后来，他明确地把电分为 "动电" 和 "静电"，用来分别描述雷电和摩擦电。他还曾建议用避雷针来防护建筑物免遭雷击，1754 年，狄维施 (P. Divisch，1698—1765) 实现了他的这一建议，至今造福人类。

在我国古代西汉时，有一个名叫栾大的方士，利用磁石制作了两个棋子，发现它们有时相互吸引，有时相互排斥，他将其称为 "斗棋"，并把这个新奇玩意儿献给了汉武帝，还当场做了演示，汉武帝惊奇不已，龙心大悦，竟封栾大为 "五利将军"。现在我们知道，这是因为磁体有南、北两极：同极相斥、异极相吸。所谓 "磁极"，是指磁体上磁性特别强的区域。但是，正、负电荷可以单独存在，而南、北磁极却总是成对出现。地球也是一个大磁体，它的两个磁极分别在接近地理南极和北极的地方。因此，放在地球表面上的磁体，可以自由转动时，就会因与地磁极同性相斥、异性相吸而指示南北。中国古人正是利用磁体这一性质先后制成了司南勺、指南鱼、指南针，尽管当时人们并不明白这个道理。后来，指南针在郑和下西洋时

被用来指导海轮的航向，还通过阿拉伯人传入欧洲，为开辟新航路提供了帮助，促进了欧洲航海技术的发展。

风筝实验

电力的库仑定律

　　带电物体彼此吸引或排斥的规律最早是由法国物理学家库仑 (C. A. de Coulomb，1736—1806) 于 1785 年通过扭秤实验总结出来的：两个静止点电荷之间的相互作用力，其大小与它们的距离的平方成反比，与它们的电量的乘积成正比；其方向是沿着这两个点电荷的连线，同号电荷相斥，异号电荷相吸。采用国际单位制，上述库仑定律可表示为

$$\boldsymbol{F} = k\frac{q_1 q_2}{r^3}\boldsymbol{r} \tag{2.1}$$

式中，比例常数 $k = 1/4\pi\varepsilon_0$，这里 ε_0 称为 "真空电容率"，根据现代的精确测量，其值为 $8854187 \times 10^{-12} \mathrm{C}^2/(\mathrm{N} \cdot \mathrm{m}^2)$。

　　顺便指出，早在 1766 年，米歇尔 (J. Michell，1724—1793) 就曾假定在磁棒的两极上有一种叫做 "磁荷" 的东西：北磁极上的叫正磁荷；南磁极上的叫负磁荷，并类似地给出磁力的平方反比定律：

$$\boldsymbol{F} = k' \frac{q'_1 q'_2}{r^3} \boldsymbol{r} \tag{2.2}$$

式中，比例常数 $k' = 1/4\pi\mu_0$，这里 μ_0 称为"真空磁导率"，在国际单位制中，其值取为 $\mu_0 = 4\pi \times 10^{-7} \mathrm{N/A^2}$；$q'_{1(2)}$ 表示磁荷，若两个相等的点磁荷相距 1m 时的相互作用力为 $10^{-9}/16\pi^2 \mathrm{N}$，则每个磁荷的磁量为 $1\mathrm{N \cdot m/A}$。

库仑

其实，很早就有科学家，类比于牛顿万有引力定律，提出过两个电荷之间的相互作用力与它们之间距离的平方成反比：1766 年普里斯特利 (J. Priestley，1733—1804) 就曾根据富兰克林所做的"导体内不存在静电荷"的实验猜测静电力与万有引力遵循相似的平方反比律，但未能予以证明；1769 年，罗宾逊 (J. Robinson 1739—1805) 通过作用在一个小球上的电力和重力的平衡，第一次直接实验测定了两个电荷之间的相互作用力与其距离的平方成反比。后来，人们之所以将发现这一定律归功于库仑，是因为他利用自己发明的扭力天平 (即扭秤) 作为测力计，通过实验精确地验证了上述的平方反比律。由于当时能够获得的静电荷很小，所以要精确地测量两个电荷之间的相互作用力必须要有非常灵敏的测力计。库仑曾从事过有关材料的摩擦及扭转方面的研究，并首先发现了力学中关于摩擦力与正压力成正比的定律，这些经验帮助他发明了扭力天平，进而完成了这一精确测量。顺便指出，库仑还根据对称性发明了一个比较电量大小的巧妙方法：他让两个大小相同的金属球，一个带电，一个不带电，然后互相接触，结果电量被两个球平分，各自带有原来电量的一半。用这种方法，库仑让金属球依次得到了原来电量的 1/2，1/4，1/8 等的电荷。库仑的实验得到了世界的公认，从此电学成为除力学和光学外物理学的又一分支学科。

在库仑定律发现大约一个世纪以后，最终建立了电磁现象普遍理论的英国物理学家麦克斯韦 (J. C. Maxwell，1831—1879) 着手筹建卡文迪什实验室，在整理出版卡文迪什手稿时发现，早在 1773 年，卡文迪什就做了两个同心金属球壳的实验，并根据测量仪器的精度得出以下结论：如果平方反比律存在偏离 δ，即

$$F = k\frac{q_1 q_2}{r^{3+\delta}}r \tag{2.3}$$

则 $\delta \leqslant 0.02$。也就是说，卡文迪什实验证实了平方反比律至少在 2% 的精度内成立。但是，不知何故，他没有发表这个重要的结果。麦克斯韦采用稍为改进的方法重复了卡文迪什的实验，得到的结果是 $\delta \leqslant 1/21600$。后来，美国的普林顿 (S. J. Plimpton) 和劳顿 (E. Lawton) 又将精度提高了四个量级，其结果是 $\delta \leqslant 2 \times 10^{-9}$。1971 年，威廉斯 (R. Williams) 等的实验更将精度提高到 $\delta \leqslant (2.7 \pm 3.1) \times 10^{-16}$，即约亿亿分之三。

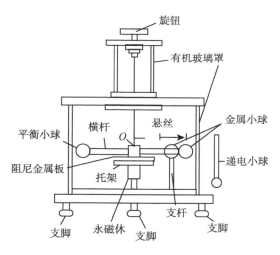

库仑扭秤及其结构示意图

库仑定律已经成为物理学最精确的实验定律之一。它不仅精确，而且适用范围极广。从大的方面讲，通过人造地球卫星对地球电磁场的测量发现，在一万千米 (即 10^7m)——大约相当于地球直径的范围内库仑定律仍可精确适用；从小的方面讲，现代高能电子散射实验证实，在距离小到 10^{-7}m 的范围内库仑定律同样精确成立。

 基本电荷与磁单极子

"电" 是什么？一直到 19 世纪末，人们对这个问题还未认识清楚。前面提到，富兰克林认为，电是存在于所有物质中的某种 "元素"，获得电的物体带 "正电"，失去的带 "负电"，孤立物体的总电量不变，即电荷守恒。后来，也曾有人把电看作是无孔不入的 "以太" 的某种状态。对 "电" 的本质的深入认识来自于电解。1834

年, 英国物理学家法拉第 (M. Faraday, 1791—1867) 对电解过程进行研究后发现: 在电解时, 每析出 1mol 的单价元素 (如 1g 氢、35.5g 氯等) 都需要相等的电量, 后人称此电量为 "法拉第常数", 用 F 标记。由于 1mol 任何单质所包含的原子数是一样的, 即阿伏伽德罗常量 $N_A = 6.023 \times 10^{23}$, 因此, 分摊到任意一个单价离子的电荷即 $e = F/N_A$。这个 e 就是每个单价离子所带电荷的最小量, 非单价离子所带的电荷则是 e 的整数倍。由此可见, 法拉第的发现揭示了电荷的量子性, 即一切物体所带的电荷总是 e 的整数倍, 因此, 称 e 为 "基本电荷"。1897 年, J. J. 汤姆孙发现电子后, 人们进一步认识到: e 就是电子电荷; 1911 年, 密立根 (R. A. Millikan, 1868—1953) 通过油滴实验精确测出: $e = 1.60 \times 10^{-19}$C, 并确定其为自然界中电荷的基本单位, 他也因此荣获了 1923 年度诺贝尔物理学奖。现在我们知道, "基本电荷" 就是构成物质的 "基本粒子"(如电子或质子) 所带的电荷, 只是电子所带的为 $-e$; 质子所带的为 $+e$。所谓摩擦起电, 以玻璃棒与丝绸相摩擦为例, 摩擦前, 玻璃棒和丝绸中带负电的电子的数目与原子核中带正电的质子的数目相等, 玻璃棒和丝绸都呈电中性; 摩擦后, 玻璃原子中的一部分电子转移到丝绸原子中, 玻璃原子和丝绸原子分别因失去和获得电子而带正电和负电。根据最近发布的实验数据, $e = 1.60217733\,(49) \times 10^{-19}$C(括号中的值是测量误差); 电子电量与质子电量的绝对值之差小于 $10^{-20}\,|e|$。但是, 在实际应用中, 常将 e 近似地取为 1.602×10^{-19}C。另外, 按照粒子物理夸克模型, 组成强子的夸克带有分数电荷, 例如, μ 夸克的电荷为 $+2/3e$, d 夸克的电荷为 $-1/3e$ 等。但是, 至今尚未发现单个的自由夸克和分数电荷的存在, 因此 e 仍然是电荷的基本单位。

在微观世界里, 既然存在大量只带单一电荷 (正电荷或负电荷) 的粒子, 为什么不能存在只带单一磁荷 (北磁极或南磁极) 的粒子呢? 1931 年, 英国物理学家狄拉克 (P. A. M. Dirac 1902—1984) 从理论上预言存在带有单一磁荷的粒子, 即 "磁单极子"。如果存在磁单极子, 麦克斯韦方程组将呈现更为对称的形式。另外, 现有的经典理论和量子理论都不能排除磁单极子的存在。狄拉克在 1931 年和 1948 年, 以及其他许多物理学家在 1975 年以后的几十年中, 从理论和实验两方面对磁单极子做了大量的探索和研究工作, 但是迄今仍未能找到磁单极子, 虽然其间曾有过两次可能是磁单极子的观测事例, 但至今尚未得到重复证实。当然, 也未见有人证实磁单极子不存在。2008 年 1 月, 美国普林斯顿大学的物理学家颂提 (S. Sondhi) 等在英国《自然》杂志上发表文章指出: "自旋冰" 中可能包含磁单极子。所谓 "自旋冰", 指的是一种特殊晶体, 它的磁性离子的排列方式与通常冰中氢离子的排列方式相近。2009 年 9 月, 德国亥姆霍兹材料与能源中心莫里斯 (J. Morris) 领导的实验组和法国劳厄–朗之万研究所芬内尔 (T. Fennell) 领导的实验组在当月出版的《科学》杂志上分别发表论文, 宣布他们在自旋冰中观察到了类似磁单极子的 "准粒子"。但是, 很多物理学家认为, 他们并没有真正发现磁单极子, 因为存在于晶体

中的 "准粒子" 是取不出来的，所以他们发现的 "磁单极子" 并不是狄拉克预言的那种自由的磁单极子。

对电现象和磁现象的研究，从观察到实验，从定性到定量，从库仑定律的建立到基本电荷的测定，这一切都为进一步认识电与磁的本质，揭示电与磁的内在联系创造了条件。

第二节　"电动生磁" 与电磁感应

将电和磁联系起来认识，首先应该归功于奥斯特，是他在 1820 年发现了电流的磁效应；随后，安培发现了电流与电流之间存在相互作用，并提出安培定律来定量描述这一作用；最后，法拉第发现了电磁感应现象，进一步揭示了电与磁的内在联系。

 奥斯特的 "电动生磁"

早在远古时期，人类就通过电闪雷鸣观察到电荷在大气中移动所留下的痕迹，后来富兰克林通过著名的风筝实验引下了天上的 "雷电"，将其称为 "动电"，也就是我们现在所说的 "电流"。但是，真正对电流开展实验研究的是意大利解剖学教授伽伐尼 (L. Galvani, 1737—1798)。1780 年，一次寻常的闪电使伽伐尼解剖室里桌子上与连接在一起的钳子和镊子相接触的一只蛙腿发生痉挛。一向严谨的伽伐尼没有忽视这个偶然现象，他花费了整整 12 年时间，对 "肌肉运动中的电气作用" 进行了反复研究，结果发现：如果将蛙腿的神经和肌肉与两种不同金属 (例如铜丝和铁丝) 相接触，它就会发生痉挛。实际上，蛙腿与两种不同金属所形成的就是世界上第一个电流回路。伽伐尼还据此制成了 "伽伐尼电池"。但是，伽伐尼对这种电流现象的认识并不清楚，他认为这是 "动物电" 的表现，金属只是起了放电回路的作用，而电起源于蛙腿。伽伐尼的好友、同为意大利人的伏打 (A. Volta, 1745—1827) 不同意他的看法，认为电存在于金属中，而不是肌肉中。1783 年，伏打在给朋友的信中说："关于所谓动物电，您怎么看？我相信一切作用都是由于金属与某种潮湿的东西相接触才发生的。" 1800 年，他根据这一见解发明了著名的 "伏打电池"。这是由一系列圆形锌片和银片交叠而成的装置，在每一对锌片和银片之间，用在盐水或其他导电溶液中浸过的纸片隔开，所以又称 "伏打电堆"。为了尊重伽伐尼的先驱工作，伏打当时将自己的发明称为 "伽伐尼电池"。伏打电池的发明，为研究电流的各种效应 (例如化学效应、热效应和磁效应) 创造了条件。

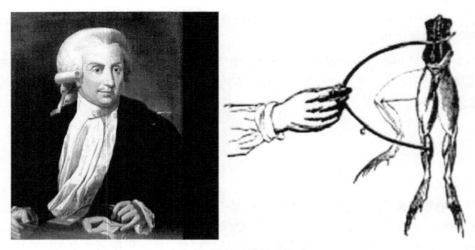

伽伐尼及其蛙腿实验

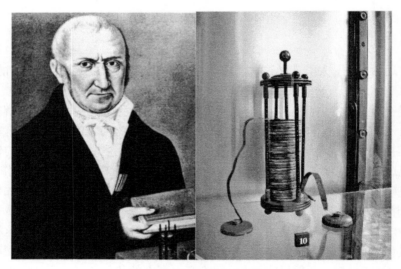

伏打及"伏打电堆"

丹麦物理学家和化学家奥斯特 (H. C. Oersted，1777—1851) 崇尚康德提倡的
"各种自然现象是相互关联" 的学说。虽然库仑认为电与磁有本质上的差别，安培
和毕奥等物理学家也都认为电与磁不会有任何联系，但是，富兰克林曾经发现莱顿
瓶放电会使钢针磁化，这使奥斯特相信电、磁、光、热等现象之间应当存在内在联
系。于是，他提出，既然电流流过导体能产生热效应、化学效应，为什么不能产生
磁效应呢？为了解答这个问题，他用了 13 年时间寻找电流对磁针的作用，但因方
法不对而未获结果。直到 1820 年 4 月，在一次实验中，他终于发现：处在通电直

导线附近的小磁针确有偏转。曾经目睹这次实验的哈斯坦在 1857 年写给法拉第的信中详细描述了当时的情景："奥斯特将一根与伽伐尼电池 (即伏打电堆) 相连接的导线垂直地跨在一枚磁针上，没有发现磁针运动。然后，他再用更强的伽伐尼电池做同样的实验，磁针仍然没有运动，就在他准备结束实验时忽然又说道：'让我们把导线同磁针平行放置再试试 ……' 霎时间，他完全愣住了，因为他看到这时磁针几乎和磁子午线方向 (即在地球磁场作用下磁针在自由静止时其轴线所指的方向) 成直角地大幅度摆动着。接着，他又说道：'现在让电流方向反过来。' 于是磁针就沿着相反方向偏转。" 后来，奥斯特又发现磁铁也可使通电导线发生偏转，从而揭示了电现象与磁现象的内在联系。

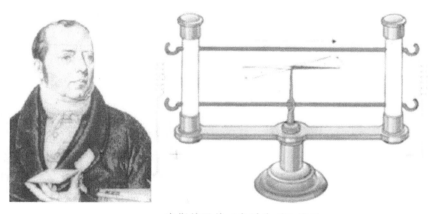

奥斯特及其 "电动生磁" 实验

 安培揭示磁力的规律

1820 年 9 月 11 日，即奥斯特宣布他的发现后还不到两个月，法国天文学家和物理学家阿拉果 (F. Arago，1786—1853) 就在法国科学院的报告会上演示了奥斯特的实验。阿拉果的报告在法国科学界引起了巨大的反响，当时尚未从事物理工作的安培 (A. M. Ampère，1775—1836) 在听讲后的第二天就重复了奥斯特的实验，并于阿拉果报告一周之后的 9 月 18 日、9 月 25 日和 10 月 9 日在法国科学院会议上连续宣读了三篇重要论文。在第一篇论文中，他提出了圆形电流产生磁的可能性，还通过实验发现，磁针偏转方向与直线电流的方向之间服从右手螺旋法则，后人称其为 "安培右手定则"。在第二篇论文中，他通过实验进一步指出，不仅电流与磁针

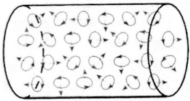

无序分子电流无磁性

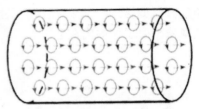

有序分子电流产生磁性

安培及其电流分子假说

有相互作用，而且电流与电流之间也存在相互作用。后来，安培还据此提出了著名的分子电流假设：每个分子的圆形电流就像一枚小磁针。在第三篇论文中，他介绍了不同形状的电流 (如通电螺线管、圆电流等) 之间的相互作用。根据奥斯特的发现和自己的新发现，安培做出了一个重要的理论抽象：磁现象的本质是电流。磁体与磁体、磁体与电流、电流与电流之间的各种相互作用都应归结为电流与电流的作用。安培意识到，定量解释一切静磁现象的关键在于寻找两个电流元之间的作用力所遵循的规律。所谓 "电流元"，就是长度为无穷小的一段电流，任何实际的电流都可以看作是一段又一段电流元的集合。然而，恒定电流总是以闭合回路形式出现的，并不存在孤立的恒定电流元，因此，安培无法通过直接的实验测量来寻找电流元之间的作用力的规律。经过精心的考虑，安培巧妙地设计了四个示零实验，即测量结果为 "零" 的特殊实验，并伴之以缜密的理论分析，终于发现了两电流元之间作用力所遵循的安培定律 (又称安培环路定律)：同向电流相吸，异向电流相斥，其数学形式与库仑定律相似：

$$F = \frac{\mu_0}{4\pi} \frac{I_2 \mathrm{d}l \times (I_1 \mathrm{d}l \times r_{12})}{r_{12}^3} \tag{2.4}$$

式中，r_{12} 为从第一个电流元 $I_1 \mathrm{d}l$ 所在处指向第二个电流元 $I_2 \mathrm{d}l$ 所在处的矢径；μ_0 就是前面提到过的 "真空磁导率"。安培定律是静磁学的基础，它不仅可以定量地解释恒定条件下的各种磁作用，而且可以用来研究物质的磁性，其地位与静电学中的库仑定律相当。另外，安培还根据"磁现象的本质是电流"这一观念指出，细长磁棒就相当于载流直螺线管，并据此解释了磁棒一分为二时两极总是共存、不可分割的实验事实。

 ## 法拉第发现电磁感应

奥斯特实验向人们揭示了电流的磁效应，也就是"电动生磁"，那么，反过来磁能否生电呢？不少物理学家做了探索，均无功而返，只有法拉第坚持不懈，终于在10年之后取得了成功。

法拉第，1791年出生于英国伦敦郊区的一个铁匠家庭，因家境贫寒，他幼年未能接受完整的初等教育。1804年，13岁的法拉第被送到一家书铺当学徒。书铺里各色各样的书籍向他展示了知识海洋的瑰丽，他一下子被吸引住了，利用一切空余时间"贪婪"地阅读，特别是科学书籍。法拉第后来回忆说："当学徒的时候，我爱看手边的科学书，其中，最爱读的就是玛西特夫人的《化学漫谈》和《大英百科全书》中的电学论文。"

旺盛的求知欲使法拉第无法满足于书铺里的阅读，在哥哥的资助下，他去听了十多场科学讲演，并将听讲笔记整理成册。1812年初秋，有一天，书铺的老主顾送给法拉第四张皇家学院讲演会的入场券，主讲人是著名化学家戴维 (H. Davy，1778—1829) 教授。法拉第认真听取了戴维的讲演，并做了详细的记录。事后，他又将听讲笔记加以整理，还在许多地方按照自己的理解作了补充，最后装订成一本漂亮的书——《亨利·戴维爵士讲演录》。这年年底，法拉第鼓足勇气把《亨利·戴维爵士讲演录》寄给戴维，并附上一封毛遂自荐的信。他在信中诉说了自己对科学的向往，请求戴维帮助他在皇家学院获得一份工作。他并不奢望得到答复，因为不久前他曾给伦敦皇家学会会长班克斯 (Joseph Banks) 写过一封同样内容的信，结果如石沉大海。但是，这次他交上了好运，戴维在接信的当天晚上就给他写了回信："承蒙寄来大作，读后不胜愉快，它展示了巨大的热情、记忆力和专心致志的精神。…… 我很乐意为你效劳。我希望这是我力所能及的事。" 在戴维的帮助下，1813年3月，法拉第终于进入皇家学院，这是法拉第人生道路上的重大转折，是他科学生涯的真正开端。戴维一生中有过许多重要的科学发现，但他晚年却说："我一生中最伟大的发现，是法拉第。"

1821年，英国《哲学年鉴》主编邀请戴维撰文介绍奥斯特发现电流磁效应以来电磁学方面的研究进展。戴维把这项工作交给了当时已经成为他的助手正在致力于化学研究的法拉第，从此法拉第的研究热情开始转移到电磁学方面。不久，他重复了奥斯特的实验，并将磁针放在通电长直导线周围不同的地方，发现小磁针会沿着环绕导线的圆周取向，后来人们将其称之为"法拉第力线"。随着研究的深入，他逐步形成了一个想法：既然电会生磁，那么磁也应能生电。1822 年，他在日记里写下了自己的这一想法："磁能转化为电"。自 1824 年起，法拉第开始进行这方面的探索。他先将 A, B 两根导线平行地放置，在导线 A 中通以稳恒电流，而让导线 B 接上电流计。他期望导线 A 中的电流所产生的磁场会拖引导线 B 中的电荷运动，即产生电流。然而，尽管他尽可能地增强电流并使用极灵敏的电流计，后来还采用强磁铁代替通电导线，但是，他仍未能见到电流计中的指针有任何变化。直到 1831 年 8 月，在经历了多次失败以后，他终于取得了成功。这次，他把长约 62m 的一根铜丝缠绕在一个粗圆木棒上，再把同样长的另一根铜丝嵌绕在同一个木棒上，中间用绝缘线隔开，并让其中一匝线圈通过开关与电池组相连，另一匝线圈则与一只电流计组成闭合回路，实验发现：当开关突然接通或断开时，电流计里的指针都会发生突然而极其微小的摆动，但当开关一直接通，电流不断通过时，电流计里的指针则没有任何反应。法拉第立刻意识到，这正是寻觅已久的电流磁效应的逆效应，而过去种种失败的原因就在于，没有认识到这是一种在非恒定条件下出现的暂态效应。由此，法拉第紧接着成功地做了几十个类似的实验，都有感应电流出现。1831 年 11 月，法拉第把产生感应电流的原因归纳为五类：变化着的电流、变化着的磁场、运动的恒定电流、运动的磁铁、在磁场中运动的导体，并把这类现象称为"电磁感应"。

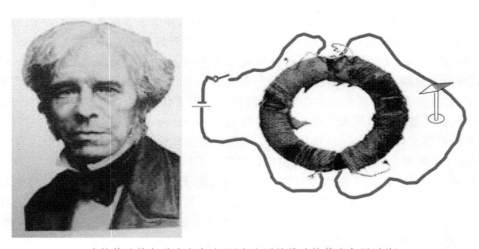

法拉第及其电磁感应实验(图中线圈就是法拉第当年用过的)

　　电磁感应现象的特点是出现了"感应电流"，这表明存在着某种能够推动电荷运动的类似于"电源"的作用，为了定量描述这种"电源"做功的本领，法拉第引入"感应电动势"的概念，并认为这是解释电磁感应现象的关键。

　　电磁感应有两种现象：自感和互感。两者的
差别仅在于：前者是，在一个线圈中，因电流变
化而在线圈自身引起感应电动势的现象；后者
则是，当一个线圈中的电流发生变化时，在其邻
近的另一个线圈中产生感应电动势的现象。法
拉第发现的是互感，自感则是由美国物理学家
亨利 (J. Henry, 1797—1878) 在 1832 年发现的。
说到亨利，就不能不提到他的遗憾。原来，就在
法拉第有关电磁感应现象的论文发表三个月以
后，他在无意中获得的一本杂志上看到一篇介
绍法拉第发现的报道，这使他十分懊丧，因为早
在一年以前他就发现了这个现象，只是为了积
累更多的数据，没有及时发表。到了晚年，他对
自己的这次延误更是追悔莫及。

亨利

科拉顿的"跑进跑出"

　　谈到遗憾，还应再提一下年轻的瑞士科学家科拉顿 (J. D. Colladon，1802—
1892)。1825 年，他在用实验探索如何产生感应电流时，也想到将条形磁铁在线圈
中插进和抽出，但是，为了排除磁铁对"电流表"的影响，他把"电流表"和线圈分
别放在两个房间里，实验过程中，他在两个房间之间跑来跑去，因此没有观察到将
条形磁铁插进或抽出线圈的一刹那产生的电磁感应现象。法拉第虽然发现了电磁
感应现象，但是他对感应电流方向的叙述多少还有些含混。1833 年，俄国物理学家
楞次 (H. F. E. Lenz，1804—1865) 在"论动电感应引起的电流方向"的论文中，对

感应电流方向给出了明确的叙述：感应电流的方向总要使得它所产生的磁场阻碍引起感应电流产生的那个磁场 (关于场，将在第三节作详细介绍) 的变化。这就是楞次定律，它揭示了电磁现象中的一种 "惯性" 现象，能量守恒定律在电磁感应现象中的具体表现。1845 年，德国数学家诺依曼 (F. Neumann, 1798—1895) 据此给出了电磁感应的定量规律——导体回路中的感应电动势与穿过回路的磁通量的变化率成正比：

$$\varepsilon = -\frac{\mathrm{d}\Phi}{\mathrm{d}t} \tag{2.5}$$

式中，磁通量Φ取决于磁场的大小、方向和回路面积。后来，这个公式被称为法拉第电磁感应定律。

楞次

电磁感应现象的发现和研究，使电磁学摆脱了静止、恒定条件的束缚，向变化、运动的一般情形拓展；它所揭示的电现象和磁现象之间的相互联系和转化，不仅为电磁理论的建立奠定了基础，而且具有重大的应用价值。虽然科学研究的真正魅力在于它的非功利性，但是大多数具有社会责任感的科学家仍然会将自己的发现、发明与人类的利益和命运相联系。在发现电磁感应之后，法拉第曾举行过一次科普讲座，当时在场的英国财政大臣问道："它到底有什么用途？" 法拉第认真地回答说："阁下，也许要不了多久，你就可以对它收税了。" 这段话，后来成为科学发现、发明与经济发展和社会进步之间关系的一段千古美谈。众所周知，伴随着运用电磁感应原理制造的发电机、电动机和变压器等的问世，人类迎来了电气化时代。

第三节　　电力与磁力的统一

19 世纪 60 年代中期，麦克斯韦在总结前人工作的基础上，连续发表了 3 篇论文：《论法拉第力线》、《论物理力线》和《电磁场的动力学理论》。一方面，他在法拉第发现的电磁感应现象的基础上提出了 "变化的磁场产生涡旋电场"；另一方面，他创造性地引入 "位移电流" 代替安培环路定理中的稳恒 "传导电流" 来描述 "变化的电场产生涡旋磁场"，从而建立了完整的电磁场理论，实现了电力与磁力的统一。1887 年,赫兹通过一系列实验发现了麦克斯韦预言存在的电磁波,并证实了光与电磁波的同一性,为麦克斯韦电磁场理论提供了有力的实验验证。

 法拉第力线

　　库仑定律和安培定律,与牛顿的万有引力定律一样,都是平方反比定律,这自然使人联想到:电力和磁力与引力一样,都是超距作用,都不要通过媒介传递。但是,法拉第不这样认为,早在 1832 年,他就在一份手稿中指出,任何电或磁的作用都必须通过中间媒介来传递,并猜想:电力和磁力是通过振动来传播的,其速度是有限的。他还认为,在每一个带电体或磁化体周围都充满着电力线或磁力线,这些力线连接着相反的电荷或磁极。为了证实自己的想法,他设计了如下实验:将一张撒了铁屑的纸覆盖在一根磁棒上并轻轻地敲击,结果这些磁化了的铁屑便在磁极之间排列成规则的曲线,即磁力线,后来人们称其为 "法拉第力线"。1851 年,法拉第发表《论磁力线》一文,运用磁力线概念成功地描述了电磁感应定律:"无论导线是垂直地还是倾斜地跨过磁力线,也无论它是沿着这一方向或那一方向,该导线都把所跨过的力线所示的力汇总起来" 使 "形成电流的力正比于所切割的力线数"。

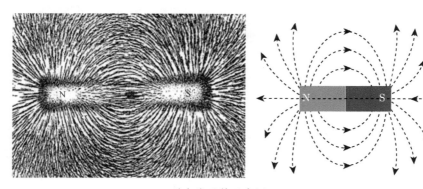

磁力线及其示意图

　　通过实验,法拉第还发现:电力和磁力跟带电体或磁化体之间的媒介有关,在不同媒介中进行同样的实验,作用力并不相同。通过想象和类比,法拉第终于相信带电体或磁化体周围的空间里存在着我们现在称之为场的物质。于是他设想,电磁作用是如此实现的:首先,带电体或磁化体使它附近的场发生应变;然后,这部分发生了应变的场对邻近的场再发生作用,使它也发生应变;依此类推,一直达到另一个带电体或磁化体。由于这种应力是通过场中各点渐进传递的,因此不可能是即时作用或超距作用。上述力线正好使法拉第 "看见" 了这种场,因此他认为这些力线具有实在的物理意义，并用电力线和磁力线的图形来形象地表示带电体和磁化体周围的场：场源不变时，力线图不变；场源运动或变化时，力线也随之发生变化。对此，爱因斯坦曾做出高度评价，称法拉第是"具有科学想象力的非凡天才"。应用上述观念，法拉第成功地描述了包括电磁感应现象在内的电场和磁场的许多性质。应当指出：在电磁理论的早期术语中，"力线"一词，实际上指的就是"场"，而"场"的引入，对力的认识和描述是一个飞跃，在自然力走向统一的过程中具有里程碑意义。

1852 年 12 月 27 日，法拉第在皇家研究院讲授电学，大英帝国的阿尔伯特王子和维多利亚女王的丈夫出席听讲

出生于法拉第发现电磁感应现象那一年的麦克斯韦在谈到"法拉第力线"时说："法拉第实验所提供的存在力线的美妙例子，促使我相信力线是某种实际存在的东西。"1855 年，他在英国剑桥哲学学会上宣读了一篇长达七八十页的论文。在这篇文章中，他充分发挥了法拉第的思想，认为电荷之间或电流之间的作用是通过场来传递的。由于这些场的基本场量与处在场里的点电荷或电流元所受到的力是相联系的，而力是一个矢量，因此他所要处理的是一种矢量场。当时连续介质力学已有相当发展，许多物理学家和数学家引进"流速场"来研究流体力学，鉴于电（磁）场和流速场都是矢量场，麦克斯韦将它们作了类比：把电（磁）场强度比作流速；把电（磁）力线比作流线，并采用通量、环流、散度和旋度等具有明确定义的数学量来描述电场和磁场在空间中的变化情况，建立了静电场、静磁场和感应电场的基本方程。这样，麦克斯韦采用矢量分析方法阐明了法拉第力线的意义，为法拉第关于场的描述提供了数学基础。

电场与磁场

　　现在我们就来看看麦克斯韦是如何运用矢量分析方法对"法拉第力线",或者说电场与磁场进行定量表述的。

带有麦克斯韦签字的照片

麦克斯韦所著《电磁通论》中译本

麦克斯韦与妻子凯瑟琳在一起的照片

首先，我们来建立静电场的基本方程。

先看点电荷所产生的静电场。为了得到点电荷 Q 周围的电场分布，我们将检验电荷 q_0 放到空间各点去进行测量。若取点电荷 Q 所在位置为坐标原点，则由库仑定律可以推知，放在 r 处的检验电荷 q_0 所受到的作用力为

$$\boldsymbol{F} = \frac{1}{4\pi\varepsilon_0} \frac{q_0 Q}{r^3} \boldsymbol{r} \tag{2.6}$$

此力显然正比于 q_0。如果用 $\boldsymbol{F}$ 除以 q_0，便可得一个与检验电荷电量 q_0 无关的量：

$$\boldsymbol{E} = \frac{\boldsymbol{F}}{q_0} \tag{2.7}$$

它就是前面提到的电场强度，是电场的基本场量。这样，在点电荷 Q 所产生的电场中 r 处的电场强度为

$$\boldsymbol{E}(\boldsymbol{r}) = \frac{1}{4\pi\varepsilon_0} \frac{Q}{r^3} \boldsymbol{r} \tag{2.8}$$

在一般情况下，场源不会是点电荷，而是具有一定电荷分布的带电体。假定该带电体电荷分布密度为 $\rho(\boldsymbol{r})$，那么，根据"场的叠加原理"，在它所产生的电场中 r 处的电场强度可写作

$$\boldsymbol{E}(\boldsymbol{r}) = \frac{1}{4\pi\varepsilon_0} \int \frac{\rho(\boldsymbol{r}')(\boldsymbol{r}-\boldsymbol{r}')}{|\boldsymbol{r}-\boldsymbol{r}'|^3} \mathrm{d}V' \tag{2.9}$$

其中积分遍及带电体的全部电荷分布区域。

虽然 (2.9) 式可以给出任何电荷分布的场，但是研究电场最重要的不是知道各种具体的电荷分布所产生的场，而是要知道电场随着空间和时间变化所遵循的规律，也就是运动方程。下面，我们就来建立静电场的基本方程。

前面提到，麦克斯韦是通过将电场与连续介质力学中的流速场作类比来建立静电场基本方程的。在连续介质力学中，流速场随着空间的变化规律需要用两个量来描述：一个是标量，称为该矢量场的"散度"；另一个是矢量，称为该矢量场的"旋度"。应用到静电场，所谓场中某点的"散度"，指的就是电力线在该点"发散"或"会聚"的疏密程度，数学上用微分算符 ∇ 与电场强度 $\boldsymbol{E}$ 的标积 $\nabla \cdot \boldsymbol{E}$ 来表示，其定义为

$$\nabla \cdot \boldsymbol{E} = \frac{\partial E_x}{\partial x} + \frac{\partial E_y}{\partial y} + \frac{\partial E_z}{\partial z} \tag{2.10}$$

将 (2.9) 式代入，便得

$$\nabla \cdot \boldsymbol{E}(\boldsymbol{r}) = \frac{1}{4\pi\varepsilon_0} \int \rho(\boldsymbol{r}') \nabla \cdot \frac{(\boldsymbol{r}-\boldsymbol{r}')}{|\boldsymbol{r}-\boldsymbol{r}'|^3} \mathrm{d}V' = \frac{\rho(\boldsymbol{r})}{\varepsilon_0} \tag{2.11}$$

称为高斯定律。它给出电场散度与源电荷分布之间的关系，是静电场的第一个基本方程。显见，电场中某点的散度与该处电荷密度成正比，也就是说，场中电荷密

度 $\rho(r)$ 不为 0 的地点将会有电力线从该点发散 (若 $\rho > 0$), 或者向该点会聚 (若 $\rho < 0$), 而且电荷密度越大, 发散或会聚的电力线越密。应当指出: (2.11) 式是一个微分方程, 它涉及的是空间同一点上的物理量之间的关系。我们还可以得到与这个方程相应的 "积分形式"。为此, 在 (2.11) 式等号两边取对某一体积 V 的积分, 并考虑到 $\boldsymbol{\nabla}\cdot\boldsymbol{E}$ 的定义, 便可得到

$$\int_V \boldsymbol{\nabla}\cdot\boldsymbol{E}\mathrm{d}V = \oint_S \boldsymbol{E}\cdot\mathrm{d}\boldsymbol{S} = \frac{1}{\varepsilon_0}\int_V \rho(\boldsymbol{r})\mathrm{d}V \tag{2.12}$$

它表示静电场散度的体积分与包围该体积的闭合面上场的通量相等。静电场的第二个基本方程是有关旋度的方程, 所谓电场中某点的 "旋度", 指的是在该点的 "涡旋程度", 数学上用微分算符 $\boldsymbol{\nabla}$ 与电场强度 $\boldsymbol{E}$ 的矢积 $\boldsymbol{\nabla}\times\boldsymbol{E}$ 来表示, 其定义为

$$\boldsymbol{\nabla}\times\boldsymbol{E} = \left(\frac{\partial E_z}{\partial y} - \frac{\partial E_y}{\partial z}\right)\boldsymbol{e}_x + \left(\frac{\partial E_x}{\partial z} - \frac{\partial E_z}{\partial x}\right)\boldsymbol{e}_y + \left(\frac{\partial E_y}{\partial x} - \frac{\partial E_x}{\partial y}\right)\boldsymbol{e}_z \tag{2.13}$$

将 (2.9) 式代入, 可得

$$\boldsymbol{\nabla}\times\boldsymbol{E} = 0 \tag{2.14}$$

这就是静电场的第二个基本方程, 它表示静电场是一种 "无旋场", 或者说, 静电场中任何一点都不会出现电力线呈涡旋形状的情况。同样, 对 (2.14) 式取面积分, 并考虑到 $\boldsymbol{\nabla}\times\boldsymbol{E}$ 的定义, 便可得到与之相应的积分形式:

$$\int_s (\boldsymbol{\nabla}\times\boldsymbol{E})\cdot\mathrm{d}\boldsymbol{S} = \oint_l \boldsymbol{E}\cdot\mathrm{d}\boldsymbol{l} = \boldsymbol{0} \tag{2.15}$$

它表示静电场旋度在面 S 上的通量等于这个场沿围绕该面的闭合曲线 l 上的环流。

接着, 我们来建立静磁场的基本方程。

静磁场是一种对电流能够产生侧向作用力的场: 第一个电流元在其周围产生一个磁场, 第二个电流元则 "浸没" 在这个磁场中, 因而将受到该磁场的作用力, 反之亦然。根据安培定律, 在国际单位制中, 这个力可表示为

$$\mathrm{d}\boldsymbol{f} = \frac{\mu_0}{4\pi}\frac{I_2\mathrm{d}\boldsymbol{l}\times(I_1\mathrm{d}\boldsymbol{l}\times\boldsymbol{r}_{12})}{r_{12}^3} \tag{2.16}$$

按照上述场作用的观点, 可将上式改写为

$$\mathrm{d}\boldsymbol{f} = I\mathrm{d}\boldsymbol{l}\times\mathrm{d}\boldsymbol{B} \tag{2.17}$$

式中, $\mathrm{d}\boldsymbol{B}$ 代表一个电流元所产生的磁场:

$$\mathrm{d}\boldsymbol{B} = \frac{\mu_0}{4\pi}\frac{I\mathrm{d}\boldsymbol{l}\times(\boldsymbol{r}-\boldsymbol{r}')}{|\boldsymbol{r}-\boldsymbol{r}'|^3}\mathrm{d}V' \tag{2.18}$$

在一般情况下，场源可能是"体电流"而不是"线电流"，引入"电流密度"j，并作代换：$I\mathrm{d}l \to j\mathrm{d}V'$，再借助于场的叠加原理，便可得到有限电流分布所产生的磁场：

$$B = \frac{\mu_0}{4\pi} \int \frac{j \times (r - r')}{|r - r'|} \mathrm{d}V' \tag{2.19}$$

此即毕奥–萨伐尔–拉普拉斯公式。

与静电场类似，静磁场也是矢量场，因此，静磁场也有两个基本方程：一个与磁场的散度有关；另一个与磁场的旋度有关。先将散度算符"$\nabla\cdot$"作用于 (2.19) 式，利用矢量公式：

$$a \cdot (b \times c) = -b \cdot (a \times c) \tag{2.20}$$

经过矢量分析的适当运算，便可得到静磁场的第一个基本方程：

$$\nabla \cdot B = 0 \tag{2.21}$$

这个结果表明，磁场是一个无散场，或者说磁场中任何一点都不存在磁力线的会聚或发散。将 (2.21) 式与静电场的第一个基本方程 (2.11) 式，即高斯定律相比较，不难发现：与自由电荷相应的"自由磁荷"并不存在。因此，(2.21) 式常被称为"磁学的高斯定律"，与之相应的积分形式为

$$\oint_S B \cdot \mathrm{d}S = 0 \tag{2.22}$$

再将旋度算符"$\nabla\times$"作用于 (2.19) 式，利用矢量公式：

$$a \times b \times c = b(a \cdot c) - (b \cdot c)a \tag{2.23}$$

并经过矢量分析的适当运算，便可得到静磁场或稳恒电流磁场的第二个基本方程：

$$\nabla \times B = \mu_0 j \tag{2.24}$$

这个方程也称为安培定律，与之相应的积分形式为

$$\oint_l B \cdot \mathrm{d}l = \mu_0 \int_S j \cdot \mathrm{d}S = \mu_0 I \tag{2.25}$$

安培定律的微分形式 (2.24) 式表明，磁场是一种有旋场，旋度的源是电流密度 j。利用极限观念，这就是说，如果场空间中某点存在电流密度 j，则该点围绕着 j 将出现磁力线的旋涡。而其积分形式 (2.25) 式则表示，磁场沿一个闭合路径的积分不一定为零，例如，当这个闭合路径所围面积上有电流通过时，它就不为零。

最后，我们来建立感应电场的基本方程。

在第二节中，我们曾提到诺依曼给出的法拉第电磁感应定律：

$$\varepsilon = -\frac{\mathrm{d}\Phi}{\mathrm{d}t} \tag{2.5}$$

这个公式左边的感应电动势就是单位电荷在感应电场中移动所做的功，因此与电场有关，而右边的磁通量当然与磁场有关。用场的语言，它可改写为

$$\oint_l \boldsymbol{E} \cdot \mathrm{d}\boldsymbol{l} = -\frac{\mathrm{d}}{\mathrm{d}t} \int_S \boldsymbol{B} \cdot \mathrm{d}\boldsymbol{S} \tag{2.26}$$

考虑到与矢量场的环流相对应的微分量是它的旋度，可将上式左边表示为电场旋度的面积分，然后要求等号两边的被积函数相等，便可得到法拉第电磁感应定律的微分形式：

$$\nabla \times \boldsymbol{E} = -\frac{\partial \boldsymbol{B}}{\partial t} \tag{2.27}$$

它就是感应电场的基本方程。(2.27) 式表示，感应电场与静电场不同，是有旋场，磁感应强度 $\boldsymbol{B}$ 的变化率 $\partial \boldsymbol{B}/\partial t$ 就是感应电场旋度的源。空间中某处只要存在磁场的变化，在该处就会出现力线呈涡旋状的感应电场。(2.26) 式是与 (2.27) 式相应的积分形式。

 ## 位移电流与麦克斯韦方程组

前面提到，(2.24) 式和 (2.25) 式只适用于静磁场或稳恒电流所产生的磁场。那么，非稳恒电流所产生的磁场应该遵循什么样的运动方程呢？为了解决这个问题，麦克斯韦进行了 7 年的思索。1862 年，他在英国《哲学杂志》上发表了有关电磁理论的第二篇论文《论物理力线》。在这篇论文中，他引入位移电流的概念，建立了非稳恒电流所产生的磁场应该遵循的运动方程。

现在，我们就从 (2.24) 式出发来看看麦克斯韦是如何引入位移电流的。

以下图为例，(2.25) 式表明：闭合回路 l 上的线积分 $\oint_l \boldsymbol{B} \cdot \mathrm{d}\boldsymbol{l}$ 只与通过该回路所围面积的电流有关，而与以此回路为边界的面如何选取无关，也就是说，

$$\oint_l \boldsymbol{B} \cdot \mathrm{d}\boldsymbol{l} = \mu_0 \int_{S_1} \boldsymbol{j} \cdot \mathrm{d}\boldsymbol{S} = \mu_0 \int_{S_2} \boldsymbol{j} \cdot \mathrm{d}\boldsymbol{S} \tag{2.28}$$

式中，S_1 和 S_2 分别是以 l 为边界的圆面和"子弹头"面。在稳恒电流的情况，即图 (a)，电路中电流处处连续，通过 S_1 和 S_2 的电流相同，上式成立。但是，在非稳恒电流的情况，即图 (b)，电路中包含一只正在充电的电容器 C，这时 S_1 面上

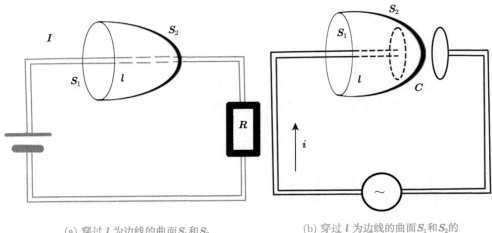

(a) 穿过 l 为边线的曲面S_1和S_2 (b) 穿过 l 为边线的曲面S_1和S_2的
　　的稳恒电流相同   传导电流不同

有电流通过，而 S_2 面上没有电流通过，上式显然不再成立，也就是说，(2.25) 式不
适用于非稳恒电流的情况。那么，如何修改 (2.25) 式才能使其也适用于非稳恒电流
所产生的磁场呢？显见，如果电容器两块极板之间也有电流通过，而且其电流强度
与通过 S_1 面的一样随时间变化，那么 (2.25) 式便也能适用于非稳恒电流的情况。
因此，麦克斯韦想，电容器两块极板之间虽然没有电流通过，但是，当电容器充电
时，极板上的电荷不断增加，因此两块极板之间的空间中存在着指向右边的不断增
强的电场，也就是说，S_2 面上虽然没有电流通过，但却存在着"变化的电通量"。
于是他指出，如果认为磁场不仅可由电流激发，也可由变化的电场激发，那么上述
问题便不难解决。根据这种想法，他将安培定律加以推广使其适用于非稳恒电流的
情况。具体地说，就是在原来的安培定律的等式右边添加与电场变化有关的项：

$$\oint_l \boldsymbol{B} \cdot \mathrm{d}\boldsymbol{l} = \mu_0 \int_S \boldsymbol{j}\mathrm{d}\boldsymbol{S} + \mu_0\varepsilon_0 \frac{\mathrm{d}}{\mathrm{d}t}\int_S \boldsymbol{E} \cdot \mathrm{d}\boldsymbol{S} = \mu_0 I + \mu_0\varepsilon_0 \frac{\mathrm{d}\varPhi_E}{\mathrm{d}t} \qquad (2.29)$$

这便是"推广的安培定律"，式中，等号右边第一项中 $I = \int_S \boldsymbol{j} \cdot \mathrm{d}\boldsymbol{S}$ 就是由于电荷
移动所产生的电流，我们称其为"传导电流"；第二项中 $\varPhi_E = \int_S \boldsymbol{E} \cdot \mathrm{d}\boldsymbol{S}$ 为电通量，
这一项反映了电场变化能产生磁场这一新观念，因为具有电流强度的量纲，所以麦
克斯韦将其称为"位移电流"。其实，位移电流并不与任何电荷移动相联系，它只是
电通量变化率的一个"代名词"。顺便指出，真空中也可以存在位移电流。显然，与
(2.29) 式相应的微分形式应为

$$\boldsymbol{\nabla} \times \boldsymbol{B} = \mu_0\boldsymbol{j} + \mu_0\varepsilon_0 \frac{\partial \boldsymbol{E}}{\partial t} \qquad (2.30)$$

至此，作为麦克斯韦电磁理论大厦的两个支柱便树立了起来：一个是"磁场变化产生电场"，这个观念是 1831 年由法拉第和亨利等建立的；另一个就是"电场变化产生磁场"，是麦克斯韦在 1862 年发表的《论物理力线》一文中确立的。于是，变化的电场产生磁场、变化的磁场产生电场，在"变化"的情况下，电场和磁场密切不可分割，两者互为因果，形成统一的整体——电磁场。1864 年，麦克斯韦在英国皇家学会上宣读了他的著名论文《电磁场的动力学理论》。在这篇文章中，他总结了前人和他自己关于电磁理论方面的研究成果，成功地统一了电磁现象，建立了描述电磁场运动规律的麦克斯韦方程组：

微分形式

$$\boldsymbol{\nabla} \cdot \boldsymbol{E} = \frac{\rho(\boldsymbol{r})}{\varepsilon_0}$$

$$\boldsymbol{\nabla} \times \boldsymbol{E} = \frac{\partial \boldsymbol{B}}{\partial t}$$

$$\boldsymbol{\nabla} \cdot \boldsymbol{B} = \boldsymbol{0}$$

$$\boldsymbol{\nabla} \times \boldsymbol{B} = \mu_0 \boldsymbol{j} + \mu_0 \varepsilon_0 \frac{\partial \boldsymbol{E}}{\partial t}$$

积分形式

$$\oint \boldsymbol{E} \cdot \mathrm{d}\boldsymbol{S} = \frac{1}{\varepsilon_0} \int \rho(\boldsymbol{r}) \, \mathrm{d}V$$

$$\oint \boldsymbol{E} \cdot \mathrm{d}\boldsymbol{l} = -\frac{\mathrm{d}}{\mathrm{d}t} \int \boldsymbol{B} \cdot \mathrm{d}\boldsymbol{S}$$

$$\oint \boldsymbol{B} \cdot \mathrm{d}\boldsymbol{S} = \boldsymbol{0}$$

$$\oint \boldsymbol{B} \cdot \mathrm{d}\boldsymbol{l} = \mu_0 \int \boldsymbol{j} \cdot \mathrm{d}\boldsymbol{S} + \mu_0 \varepsilon_0 \frac{\mathrm{d}}{\mathrm{d}t} \int \boldsymbol{E} \cdot \mathrm{d}\boldsymbol{S} \tag{2.31}$$

并预言存在电磁波，以及光也是一种电磁波。顺便指出，是法拉第首先发现了偏振光会受磁场影响，从而实验证明了光的电磁性。

电磁波的预言及赫兹的实验验证

鉴于麦克斯韦方程组所描述的是电磁场存在的整个空间，因此求解起来比较复杂。人们发现，引入"电磁势"，便可使其转化为易于求解的波动方程。

实际上，早在 18 世纪末、19 世纪初，就有数学物理学家把牛顿力学中关于势的理论移植到静电学和静磁学，他们一方面引进标势 φ 来描述静电场，并规定标势梯度的负值为电场强度：

$$\boldsymbol{E} = -\boldsymbol{\nabla}\varphi \tag{2.32}$$

另一方面又引进矢势 A 来描述静磁场,并规定其旋度为磁感应强度:

$$B = \nabla \times A \tag{2.33}$$

这样,讨论静电学和静磁学的问题就转化为求解 φ 和 A 所满足的微分方程,而这些方程,例如泊松方程、拉普拉斯方程等,当时在数学上已进行过相当充分的研究。

这种势的理论同样可应用于非稳恒电磁场的情况,只是需要引进一组作为整体的电磁势 (φ, A) 来代替前面独立地引进标势 φ 和矢势 A。这时,电磁场中的电场强度 E 和磁感应强度 B 与电磁势的关系是

$$E = -\nabla\varphi - \frac{\partial A}{\partial t}$$

$$B = \nabla \times A \tag{2.34}$$

将它们代入麦克斯韦方程组,便可得到关于 φ 和 A 的相互独立的二阶微分方程:

$$\nabla^2\varphi - \frac{1}{c^2}\frac{\partial^2\varphi}{\partial t^2} = -\frac{\rho}{\varepsilon_0}$$

$$\nabla^2 A - \frac{1}{c^2}\frac{\partial^2 A}{\partial t^2} = -\mu_0 j \tag{2.35}$$

式中,符号 "∇^2" 称为 "拉普拉斯算符",它在直角坐标系中的具体形式为

$$\nabla^2 = \frac{\partial^2}{\partial x^2} + \frac{\partial^2}{\partial y^2} + \frac{\partial^2}{\partial z^2} \tag{2.36}$$

参数 $c = 1/\sqrt{\varepsilon_0\mu_0}$,具有速度量纲。

现在,求解麦克斯韦方程组的问题就转化为求解关于电磁势 φ 和 A 的上述波动方程,而这类方程的求解在数学和力学中早有充分的研究,这里我们不加证明地直接给出其解:

$$\varphi(r, t) = \frac{1}{4\pi\varepsilon_0}\int\frac{\rho\left(r', t - \frac{R}{c}\right)}{R}dV'$$

$$A(r, t) = \frac{1}{4\pi\varepsilon_0}\int\frac{j\left(r', t - \frac{R}{c}\right)}{R}dV' \tag{2.37}$$

细心的读者一定会注意到,在 (2.37) 式中 ρ 和 j 的时间自变量与 φ 和 A 的时间自变量 t 不一样。为了说明这究竟意味着什么,让我们来看下图:

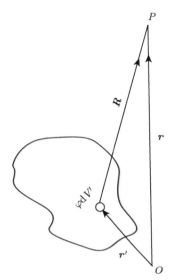

位于r'处的源所发出的电磁波传到P点所需时间为R/c

图中 P 点处 t 时刻的场 φ 和 $\boldsymbol{A}$ 与 $t-R/c$ 时刻的源 ρ 和 $\boldsymbol{j}$ 相联系，也就是说，场的变化相对于源的变化"推迟"了 R/c 秒。为什么会推迟呢？一种很自然的解释就是源的扰动不是以无限大速度传播的，所以从源点发出的电磁扰动传到场点 P 需要一定的时间，而且从图中可以看出，$R=|\boldsymbol{r}-\boldsymbol{r}'|$ 是源点和场点之间的距离，那么 c 就应当是电磁扰动或电磁波在真空中传播的速度。利用 $c=1/\sqrt{\varepsilon_0\mu_0}$，并将 $\varepsilon_0=8854187\times10^{-12}\mathrm{C}^2/(\mathrm{N}\cdot\mathrm{m}^2)$ 和 $\mu_0=4\pi\times10^{-7}\mathrm{N}/\mathrm{A}^2$ 代入，便可得到 $c=3\times10^8\mathrm{m/s}$，这恰好就是光在真空中传播的速度！于是，麦克斯韦认为："电磁波的这一速度与光速如此接近，看来我们有充分理由断定光本身 (以及热辐射和其他形式的辐射) 是以波动形式按电磁波的规律传播的一种电磁振动。"这正是麦克斯韦电磁理论最精彩的部分。

20 多年后，德国卡尔斯鲁厄高级技术学校实验物理教授赫兹 (H. Hertz, 1857—1894) 实验证实了麦克斯韦所预言的电磁波的存在。传说，1878 年夏季，柏林大学物理教授亥姆霍兹 (H. Helmholtz，1821—1894) 向他的学生们提出一个竞赛题目，要他们用实验方法来验证麦克斯韦电磁理论。赫兹就是当时在座的学生之一，从此他便开始了这项课题的研究。1886 年 10 月，赫兹在做放电实验时偶然发现近旁的一个线圈也在发出火花，这使他立即敏锐地觉察到，或许这就是他所要寻找的电磁共振。一个月之后，他终于得到了 "在两个振荡电路之间会引起共振现象" 的结论。

赫兹的实验是这样安排的：他用一只感应圈与两根金属杆连接成的一个回路，

如下图所示，每根杆的一端有一块金属板，另一端有一个小金属球。赫兹设计的这个装置实际上就是一个开口的 LC 振荡回路。感应圈现在既是一只电感器，即具有电感 L，又是一只向回路提供高频高压电动势的电源；两根带有金属板和小球的金属杆则构成一只开口的电容器，即具有电容 C。于是，回路中的振荡电流会在电容器的两块极板"之间"产生交变电场，变化电场产生磁场，变化磁场产生电场，因此形成统一的电磁场。这种电磁场以波动形式向外传播，就是电磁波。与此同时，由于感应圈产生的电压很高，在两个金属球 A 和 B 之间会形成火花放电。

赫兹   赫兹实验

为了进一步探测电磁波的存在，赫兹在上述装置附近再放置一个有间隙的金属圆环。他发现，当金属球 A 和 B 之间有火花时，金属圆环间隙里也会有火花发生。赫兹正是通过火花的发生，证实了 20 多年前麦克斯韦所预言的电磁波的存在。图中

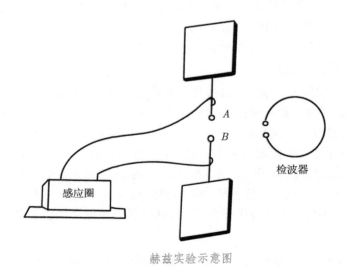

赫兹实验示意图

左边的两个金属球就是电磁波的"发送器"，它们之间的火花放电表明金属杆内有高频振荡电流，正在向四周发射电磁波；而金属圆环间隙里的火花则显示出它已经接收到这种电磁波，所以它就是电磁波的"接收器"。实际上，赫兹实验中的"发送器"就是最早的天线；而接收器则是最早的"检波器"。赫兹把他的重要发现总结在"论绝缘体中的电过程所引起的感应现象"一文中，并把这篇重要论文于 1887 年 11 月 5 日首先寄给他的老师亥姆霍兹。

接着，赫兹又成功地做了一系列实验，证实了电磁波的反射、折射、衍射和干涉等性质，测量了电磁波的波长和速度。他发现电磁波的速度和光的速度相同，从而验证了麦克斯韦有关光是一种电磁波的预言。1888 年 1 月，赫兹将这些重要成果总结在题为"论动力学效应的传播速度"的论文中。

赫兹的发现不仅验证了麦克斯韦电磁理论，而且也为人类利用电磁波奠定了基础。随着无线电通信等各种各样电子技术的发明，特别是电脑和电视等电器走进千家万户，人们的生活质量大大提高，人类开始进入信息化的新时代。

人类进入信息化时代

CHAPTER 3
第三章　爱因斯坦：试图统一电磁力与引力未能如愿

在牛顿统一了天上力和地上力、麦克斯韦统一了电力和磁力之后，电力的库仑公式和磁力的安培公式与牛顿万有引力公式在数学形式上的相似，使人很容易联想到电磁力与引力的统一。爱因斯坦，在 1905 年创建狭义相对论、1915 年创建广义相对论分别改进和完善了麦克斯韦电磁理论和牛顿引力理论之后，试图统一电磁力和引力，花费了后半生近 30 年的时光去建立统一场论，但至死未能如愿。

本章，我们先介绍爱因斯坦生平；然后介绍他的成功之作——狭义和广义相对论；最后介绍他未能完成的统一场论。

第一节　世纪伟人爱因斯坦

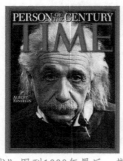

《时代》周刊1999年最后一期封面

新旧世纪交替之时，美国《时代》周刊将著名物理学家爱因斯坦选为世纪伟人，作为该刊 1999 年最后一期封面人物。

◆ 青少年时代

爱因斯坦（Albert Einstein，1879—1955），1879 年 3 月 14 日出生于德国乌尔姆市一个犹太人家庭。在父亲海尔曼·爱因斯坦的数学天赋和母亲保里诺·爱因斯坦的音乐才能的熏陶下，小爱因斯坦幸福地成长。他喜爱音乐，并成为熟练的小提琴手；他热爱大自然，常常坐在河边，抬头遥看天空，遐想联翩。他的母亲曾经深情地对人说："他是沉静的，因为他在思索。等着吧，总有一天，他会成为一个教授。"1889 年，爱因斯坦进入路特波尔德中学，爱独立思考的他，厌恶学校里的军国主义思想灌输和军事操练，以及枯燥乏味的教育方法，把全部精力和时间都用来学习自己所喜爱的自然科学，很快就迷上了欧几里得平面几何学，书中证明几何定理的逻辑推理方法给他留下了深刻的印象；他阅读了毕希纳 (L. Büchner, 1824—1899) 宣扬无神论的著作《力和物质》，认识到存在着独立于人类受自然规律支配的世界，"它在我们面前就像一个伟大而永恒的谜，然而至少部分地是我们观察和思维所能及的"；他还读了伯恩斯坦 (A. Bernstein, 1812—1884) 的《自然科学通俗读本》，对自然科学领域的主要研究成果有了初步的了解。

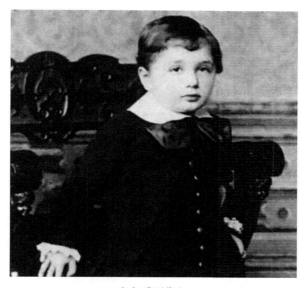

童年爱因斯坦

1894 年，他父亲和叔父合办的工厂倒闭，全家搬到意大利，在米兰附近重新开办小工厂。原本就厌恶中学学习生活的爱因斯坦，趁机做出抉择，放弃取得毕业文凭的机会，离开了路特波尔德中学。在父亲的允诺下，他放弃了德国国籍，前往意大利与家人团聚。正是这一抉择，使他的人生道路发生了重大的转折，使他有机会自学了大量数学、物理学和哲学著作，为探索世界的奥秘、寻求科学的真理，在知识海洋中自由翱翔。

1895 年，16 岁的他，前往瑞士，准备报考苏黎世工学院，但是该校规定参加入学考试的人必须年满 18 周岁，后经他家的一位朋友向院长奥尔宾·赫泽格 (A. Herzog，1852—1909) 教授强烈推荐，院方才允许他参加考试，但却因语言和生物学的成绩不佳，未被录取。同年夏天，爱因斯坦撰写了他的第一篇物理学论文：《在静态磁场中检验以太的状态》，这是一篇检验电力、磁场和以太之间相互关系的文章。用他自己的话说："这篇文章只是对这个难题的几点简单思考，至多是一个计划而不是一篇论文。"但是，正是他对"电磁波在以太中传播"的思考，使他提出了一个后来被人们广泛传播的"追光"的思想实验。60 年后，爱因斯坦回忆这个实验时说："如果一个人以光的速度追逐光波而行，那么在这个人面前就会有一个与时间无关的波场。但是现实似乎并不存在这种情况！这是第一次孩子气的与相对论有关的思想实验。"实际上，这个思想实验提出了一个佯谬：那个以光速追随光波运动的人应该看见电磁驻波，而麦克斯韦方程给不出这样的驻波。在随后的岁月里，正是这个佯谬不断地在爱因斯坦脑海里闪现，使他在 10 年后创建了狭义相对论；20 年后又创建了广义相对论。

提出"追光"思想实验时的爱因斯坦

经过一年的发奋努力，1986 年夏天，爱因斯坦终于考进了苏黎世工学院。在四年的大学生活中，他大量阅读了理论物理学大师们的著作，把研究理论物理学确定为自己终生奋斗的事业；他还把大部分时间花在实验室内进行严密的实验操练和技能训练，为今后从事理论物理学的研究打下了坚实的实验基础。1900 年 8 月，他顺利地通过了国家考试，获得了毕业文凭，并取得了瑞士国籍。1902 年，在他的朋友马塞尔·格罗斯曼 (M. Grossman，1878—1936) 父亲的帮助下，他受聘在伯尔尼的瑞士专利局任审查员。在伯尔尼，他的工作轻松、愉快，使他有更多的时间从事自己喜爱的科学研究，经过多年顽强奋斗、呕心沥血浇灌出的科学花朵，终于结出了丰硕的果实。

1905：物理奇迹年

从 1901 年到 1905 年，爱因斯坦先后发表了约 30 篇科学论文，特别是 1905 年，他在权威性的《物理学年鉴》(*Annalen der Physik*) 上连续发表了五篇重要的科学论文，从三个不同的角度，向传统的物理学观念提出挑战，取得了突破性的进展。

1905 年 3 月，爱因斯坦发表了《关于光的产生与转化的一个启发性观点》一文，提出了关于辐射问题的崭新观念："从点光源发射出来的光束的能量在传播过程中不是连续分布在越来越大的空间之中，而是由个数有限并局限在空间各点的能量子所组成，这些能量子能够运动，但不能再分割，而只能整个地被吸收或产生出来"，从而论证了光的量子性质，解释了实验上发现的"光电效应"，这就是爱因斯坦的光量子理论。它的提出，为揭示光的"波粒二象性"和创立量子力学奠定了基础。为此，爱因斯坦荣获了 1921 年度诺贝尔物理学奖。

4 月和 5 月，爱因斯坦发表了两篇研究布朗运动①的论文：《分子大小的新测定法》和《热的分子运动所要求的静液体中悬浮粒子的运动》。爱因斯坦用统计方法对原子、分子的布朗运动及其与温度之间的关系进行了分析、研究，证明了热的分子运动论，并首创了测定分子大小的方法。他的这套理论，后来被称为布朗运动的爱因斯坦定律。三年后，法国物理学家佩兰 (J. B. Perrin, 1870—1942) 通过实验完全证实了爱因斯坦的理论预测。至此，爱因斯坦以无可置疑的事实证明了原子和分子的客观存在，使否定和怀疑原子论的奥地利物理学家、哲学家马赫 (E. Mach, 1838—1916) 和德国化学家、唯能论者奥斯特瓦尔德 (W. Ostward, 1853—1932) 不得不声称"改信原子论"，佩兰也因此荣获了 1926 年度诺贝尔物理学奖。

6 月，爱因斯坦发表了长达 30 多页，题为《论运动物体的电动力学》的论文，创建了狭义相对论。随后，他又根据相对论推导出物质质量与运动密切相关。在《物质所含的惯性同它们所含的质量有关吗？》一文中，他提出了运动速度增加物质质量也随之增加的观点，并将其写成一个现在已广为人知的公式：

$$E = mc^2 \tag{3.1}$$

式中，E, m 和 c 分别为能量、质量和光速。前者，冲破了旧的牛顿力学体系，从根本上改造了经典物理学，揭开了物理学发展的新的一页；后者，向人们揭示了原子内部蕴藏着巨大的能量，为人类开发利用核能展现了无限广阔的前景。它们是爱因斯坦十年潜心研究牛顿经典力学的心血结晶，我们将在第二节第一部分对其作更为深入的介绍。

---

①布朗运动，指的是英国植物学家布朗 (R. Brown, 1773—1858) 在 1827 年通过观察悬浮在水中花粉的运动而发现的液体中悬浮粒子的无规则运动。

爱因斯坦1921年获得的诺贝尔物理学奖证书和奖章

总而言之，1905 年，对爱因斯坦来说，是不同寻常的一年，在不到四个月的时间里，他就在物理学的三个领域内取得了卓有成效的突破：光电效应理论、布朗运

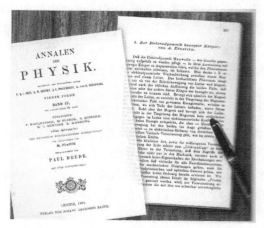

1905年第4期德国《物理学年鉴》封面及《论运动物体的电动力学》首页，这是爱因斯坦发表的关于狭义相对论的第一篇论文

动理论和狭义相对论，创造了科学发展史上的奇迹。为了纪念这一奇迹年，联合国教科文组织特将 2005 年命名为"世界物理年"。

推广狭义相对论 — 创建广义相对论

成就与荣誉，并没有使爱因斯坦陶醉，反而以"科学不是也永远不会是一本写完了的书，它的每一个重大的进展都会带来新的问题，总要揭示出更深层次的矛盾"来要求自己，以更大的热情去进行新的探索。

在 1906—1909 年间，爱因斯坦继续进行量子论和相对论方面的研究，先后发表了 20 多篇论文，解决了低温时固体比热与温度变化的关系问题；提出了著名的"等效原理"，即一个具有加速度的非惯性系等效于含有均匀引力场的惯性系等。1909年以后，爱因斯坦离开了伯尔尼专利局，先后在苏黎世大学、布拉格卡尔–菲迪南大学、苏黎世联邦工业大学（前身为苏黎世工学院）担任理论物理学教授。1913 年，他回到故乡，被选为普鲁士科学院院士，并被聘为凯撒·威廉物理研究所所长兼柏林大学教授。这段时间，爱因斯坦仍在思考他的相对论问题。他深知狭义相对论还不是一个完备的理论体系，虽然它否定了静止的"以太"可以作为特殊的坐标系，

爱因斯坦在柏林住处的书房里

拯救了麦克斯韦电磁理论，但是它把相对性原理局限在两个相对作匀速运动的惯性系里，仍然没有真正解决经典力学的古老难题：为什么惯性系如此特殊？为了揭示经典力学的这一未解之谜，爱因斯坦尝试将相对性原理的应用范围扩大到加速运动的非惯性系，利用前面提到的"等效原理"建立起引力场方程以完善牛顿引力理论。经过多年的辛勤耕耘，在他的老同学、数学家格罗斯曼的帮助下，"十年磨一剑"，爱因斯坦终于在 1915 年创建了广义相对论，并于 1916 年初发表了被誉为"20 世纪理论物理学研究巅峰之作"的总结性论文《广义相对论基础》。我们将在第二节第二部分对"广义相对论"作更为深入的介绍。

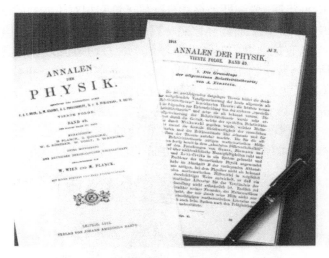

1916年第7期德国《物理学年鉴》封面及《广义相对论基础》首页

 试图统一电磁力和引力未能如愿

广义相对论创立以后，爱因斯坦又为推广、应用广义相对论做出了巨大的努力，在 1915—1918 年间发表了 30 多篇论文。例如，1917 年，他发表了《根据广义相对论对宇宙学所作的考察》，这篇论文后来被认为是现代宇宙学的开创性文献；1918 年，根据广义相对论，他预言了引力波的存在。这段时间，爱因斯坦还在量子理论和其他物理学领域做出了重大贡献：他的《关于辐射的量子理论》，总结了量子论的发展，从玻尔的量子跃迁概念推导出了普朗克的辐射公式，提出了受激辐射概念，成为现代激光技术的理论基础；他设计了回转磁性实验，与荷兰物理学家德哈斯 (W. J. de Haas, 1878—1960) 合作发表了 3 篇论文来描述他们在研究安培分子电流中所观测的现象，后来被称为爱因斯坦–德哈斯效应，这是爱因斯坦从事过的唯一的实验研究课题；他还利用德布罗意提出的"微观粒子的波粒二象性"来研究单原子理想气体的量子理论，并与印度物理学家玻色 (S. N. Bose，1894—1974) 一起创建了玻色–爱因斯坦量子统计理论。

1922年爱因斯坦在法国大学作关于统一场论报告

20 世纪 20 年代以后，爱因斯坦为了进一步推广广义相对论，把主要精力投入统一场论的研究，试图建立一个既包括引力场又包括电磁场的统一场的理论。1933 年，移居美国后，在普林斯顿高级学术研究院，他呕心沥血 30 余年从事统一场论的研究，直到逝世前夕仍然在思索着这一理论问题，但始终未能取得物理意义上的重大突破。

 为人类进步、科学发展和世界和平奋斗终生

爱因斯坦一生热爱科学，同时也以满腔热忱关心着世界和平和人类进步，并为此而勇敢战斗。1914 年 8 月，第一次世界大战爆发，德国 20 所大学 93 位著名学者签署了一份呼吁书《告文明世界宣言》，鼓吹德国高于一切，宣扬全世界都应接受 "真正的德国精神"，为发动这场战争的德国政府辩护。当有人要爱因斯坦签名时，他断然拒绝，却在只有 3 人草拟的反战的《告欧洲人民书》上签上了自己的名字。同年 9 月，他还发起组织 "新祖国同盟"，进行反战活动。1933 年 1 月，希特勒执政。由于德国法西斯对爱因斯坦的迫害不断加剧，他被迫移居美国普林斯顿。为此，他公开发表了不回德国的声明，明确地表示要与法西斯主义战斗到底。1939

年 1 月，在西拉德 (L. Szilard，1898—1964) 的鼓动下，他致信美国总统罗斯福，建议美国应抢在德国法西斯之前研究原子弹。美国政府采纳了他的建议，开始了 "曼哈顿计划"，于 1945 年 8 月制成了原子弹，最终结束了第二次世界大战。爱因斯坦晚年，不断受病魔困扰，但他仍在他工作的 "吸引人的魅力" 中度过，直至 "最后一息"。

爱因斯坦生前的最后一张照片

1955 年 4 月 18 日，爱因斯坦在普林斯顿与世长辞。遵循他的遗嘱，没有发讣告，没有举行任何的葬礼，没有建立坟墓，没有竖立纪念碑。在火葬场的大厅里，只有为数不多的亲近挚友，默默地向他告别，并将其骨灰撒到不为人知的地方。爱因斯坦把一切都奉献给了人类探索自然奥秘的神圣事业，最后连自己的骨灰也回归大自然的怀抱。

爱因斯坦一生的科学成就，特别是他的相对论和量子论，已经成为现代科技，特别是物理学和天文学，以及宇宙航行和核能应用的理论基础。他的科学成就，以及为人类进步而战斗的献身精神，得到了社会的普遍赞扬。英国著名哲学家罗素 (B. Russell，1872—1970) 说："列宁和爱因斯坦是分别代表社会革命和科学革命的 '当代两个伟人'。"2005 年 4 月 15 日，在北京举行的 "世界物理年纪念大会" 上，诺贝尔物理学奖获得者杨振宁教授说："爱因斯坦是 20 世纪最伟大的物理学家，他和牛顿是有史以来人类社会最伟大的物理学家。"

世界物理年宣传画

第二节　狭义和广义相对论

一、狭义相对论

19 世纪末，以牛顿力学和麦克斯韦电磁理论为代表的经典物理学渐趋完善，英国著名物理学家汤姆孙 (W. Thomson，1824—1907) 甚至认为："未来物理学将不得不在小数点后第六位去寻求真理。" 他在 1900 年末为展望 20 世纪物理学而写的一篇文章中说："在已经基本建成的科学大厦中，后辈物理学家只要做一些零碎的修补工作就行了。" 但是，接着他又说："在物理学晴朗天空的远处，还有两朵小小的令人不安的乌云。"[1]这里他指的是当时物理学家无法解释的两个实验：一个是黑体辐射实验；另一个是迈克耳孙-莫雷实验。使他没有想到的是，正是这 "两朵小小的乌云"，不久就发展成为 20 世纪物理学中一场暴风雨般的革命：前者导致普朗克 (M. Planck，1858—1947) 提出量子假说，为量子力学的建立奠定了基础；后者导致爱因斯坦发现狭义相对论，下面我们将对其作较为详细的介绍。

---

①温伯格在其所著《终极理论之梦》一书中说：他曾查阅过汤姆孙的文章，并未见到这段话。但是，"两朵乌云" 流传如此之广，使我们不得不相信它确实存在过，可能是汤姆孙脱稿的即兴发言，也可能是把别人的讲话加在大名鼎鼎的汤姆孙头上。就像 "牛顿的苹果" 一样，"两朵乌云" 已经成为影响极广的一个 "神话"，考证其真伪，实在没有多大意思。

汤姆孙

普朗克和爱因斯坦

 "以太漂移"实验

在第二章里，我们曾经提到：麦克斯韦电磁理论的一个重要成果，就是预言电磁波的存在，同时指出了光也是一种电磁波。人类对波的认识是从机械波开始的，以声波为例，它只能在空气、水和金属等物质中传播，不能在真空中传播，而光波能在真空中传播，于是人们猜测：真空中也许存在着能够传播光波的特殊介质，并将其取名为"以太"。应当指出：以太，原本是亚里士多德引入的一个哲学概念。在希腊神话里，充满宇宙空间的以太是神呼吸的要素，就像空气对于地球上的人一样。1644 年，笛卡儿在其所著的《哲学原理》一书中也引用了以太的观念，他认为，由于太阳周围以太出现旋涡，才造成行星围绕太阳运动。胡克也曾将以太引入力学中，用来解释万有引力的超距作用，认为超距作用力实际上是靠充满空间的以太的运动或弹性形变来传播的。1678 年，惠更斯把光振动类比于声振动看作是在以太中的弹性脉冲，认为来自太阳或其他天体的光是通过以太传播的。光的微粒说取代波动说后，以太理论一度受到压抑。1801 年，托马斯·杨 (T. Young, 1773—1829)的双缝干涉实验支持光的波动说，以太学说重新抬头。19 世纪，物理学家普遍认为：以太充斥全宇宙，传播光波的特殊介质就是以太。例如，荷兰物理学家洛伦兹 (H. A. Lorentz, 1853—1928) 就认为，电场和磁场存在的地方充满了可以渗透在所有物质中且没有任何测量阻力的绝对稳定的以太，并假定以太是绝对静止的，还在相对以太静止的参考坐标系中写出了麦克斯韦方程组。于是，人们试图通过实验来探测地球相对于"以太海"的运动。

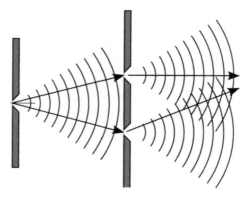

托马斯·杨及其双缝干涉实验

　　法国物理学家阿拉果认为，1728 年英国天文学家布莱德雷 (J. Bradley，1693—1762) 观测到的"光行差"现象，实际上就是一个"以太漂移"实验，可以用来探测地球相对于以太的漂移运动。所谓"光行差"现象，就是观测同一颗恒星的望远镜的倾角要随地球绕日公转作规律性变化。此现象用光的微粒说很容易解释：由于恒星距离我们十分遥远，从它们射来的光可以近似看作平行光，因此，在地球上用望远镜观测星光就像在雨中行走的人斜撑着伞来承接垂直下落的雨滴一样，必须随着地球绕日运动不断改变望远镜的倾角，以便星光落入镜筒之内。1725～1728 年间，布莱德雷用望远镜对恒星方位作了一系列精确测量，发现了上述的光行差现象，并在 1729 年的《哲学杂志》上发表了题为《一种新的恒星运动的说明》的论文，利用光速有限的假设解释了这一现象。他还测出了最早的真空光速：$c = 3.04 \times 10^5 \text{km/s}$。后来，阿拉果从牛顿力学的速度叠加原理出发，认为如果发光体和观测者的运动速度不同，光速应有差别。他重新用望远镜观测了光行差现象，但未发现这一差别，也就是说，地球并不拖曳以太。1815 年，他写信给菲涅尔 (A. J. Fresnel，1788—1827)，征询能否用光的波动学予以解释。但是，菲涅尔认为，阿拉果肉眼观测的结论很难令人信服。1818 年，菲涅尔在给阿拉果的信中提出了部分曳引假设，即在透明物体中以太可以被部分地拖曳，而在真空中则不被拖曳，这样既可解释光行差现象，又可解释阿拉果的实验。1851 年，法国物理学家斐索 (A. H. Fizeau，1819—1896) 做了在静水和流水中比较光速的实验，发现以太既不能保持静止，也不跟随水流一道运动，而是部分地被水流牵动。顺便指出：1846 年英国物理学家斯托克斯 (G. G. Stokes，1819—1903) 就将他提出的黏性流体运动理论应用于以太漂移运动，认为以太在运动物体表面会被完全拖曳。斐索实验既然肯定了菲涅尔的部分曳引假说，也就否定了斯托克斯的完全曳引假说。

布莱德雷与"光行差"现象

阿拉果   菲涅尔

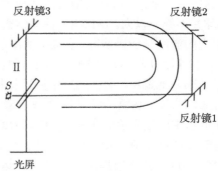

斐索及其流水实验

迈克耳孙–莫雷实验

前面提到，按照菲涅尔部分曳引假说，在真空中，以太不被拖曳，应该处处静止。也就是说，以太相对于牛顿所说的"绝对空间"静止，那么在绝对空间中运动的地球应该能够感受到以太相对于地球有一个"漂移"速度。这样，通过测量以太相对于地球的漂移速度，便可证明以太的存在和探求以太的性质。

直到 1879 年，还没有一个实验能够测出上述的漂移速度。麦克斯韦很关心这件事，他在为《大英百科全书》撰写的"以太"条目中写道："如果可以在地面上从光由一站到另一站所经历的时间测出光速，那么我们就可以比较相反方向所测速度来确定以太相对地球的速度。然而实际上地面测光速的各种方法都取决于两站之间的往返行程所增加的时间，而以太相对于地球的速度 v 就是地球的轨道速度，由此增加的时间 $\left(\sim \dfrac{v^2}{c^2}\right)$ 仅占整个传播时间的亿分之一，所以确实难以观测得到。"1879 年 3 月 19 日，他在给美国航海历书局托德 (D. P. Todd) 的信中再次提到，没有可能测量到精度要求达到亿分之一的上述量。

当时，美国物理学家迈克耳孙 (A. A. Michelson，1852—1931) 正在托德所在的美国航海历书局协助该局局长纽科姆 (S. Newcomb，1835—1905) 测定光速，看到麦克斯韦的信，受其激励，设计出一种光的干涉系统，用两束相干且垂直的光来比较光速的差异。鉴于迈克耳孙擅长光学精密测量，他设计的这种干涉仪灵敏度极高，完全有可能达到麦克斯韦所要求的亿分之一的精度。1881 年，利用自己发明的干涉仪，迈克耳孙先在柏林大学做实验，但因振动干扰太大，无法进行精确观测，后改在波茨坦天文台地下室继续进行，并于同年 4 月完成了实验。出乎他的意料，观测到的干涉条纹的移动远比预期值要小，而且所得结果与地球运动没有固定的位相关系。于是，他大胆地得出结论："干涉条纹没有位移，由此可见，静止以太的假设是不对的。"迈克耳孙的实验遭到人们的怀疑，他自己也对实验结果很不满意，在著名物理学家瑞利 (J. W. S. Rayleigh，1842—1919) 和汤姆孙的鼓励与催促下，他决定跟莫雷 (E. W. Morley，1838—1923) 合作，进一步改进干涉仪实验。1886 年，他们开始在美国克利夫兰州阿德尔伯特学院继续实验。他们把光学系统安装在大石板上，让石板漂浮在水银面上，这样，既可以自由旋转石板以改变光学系统的方位，又可以提高仪器的稳定性和灵敏度，他们还让光路经过多次反射来延长光程至 11m。经过 4 天的观测，他们得到的曲线比预期值仍然小很多：干涉条纹位移不可能大于最大预期值的 1/40，也就是说，仍然没有观测到以太的漂移，仍然是零结果。

迈克耳孙–莫雷实验否定了菲涅尔部分曳引假说，那么它是否验证了斯托克斯的完全曳引假说呢？按照后一种假说，运动物体对以太的拖曳在物体表面应有一个速度梯度的区域。在很靠近物体表面处，应该可以观测到这一效应。1892 年，英国物理学家洛奇 (O. J. Lodge，1851—1940) 做了一个钢盘转动实验，以检测转盘能否拖曳以太，结果是 "以太被转盘携带的速度不大于转盘速度的 1/800"。也就是说，斯托克斯的完全曳引假说也不对。

迈克耳孙　　　　　　　　　　莫雷

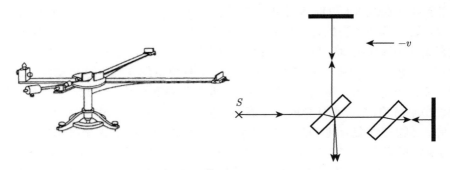

迈克耳孙-莫雷干涉仪及其工作原理

 洛伦兹收缩假说

　　为了解释迈克耳孙-莫雷实验，洛伦兹于 1892 年在《论地球对以太的相对运动》一文中提出了收缩假说。他在文中写道："这个实验长期使我迷惑，后来我终于想出了一个唯一的办法来将其与菲涅尔的结论相协调。这个办法就是：假设固体上两点的连线，开始平行于地球运动的方向，后来，当它转 90° 时就不再保持相同的长度。"他还根据牛顿力学的速度叠加原理推出，只要长度收缩系数为 $v^2/2c^2$，便可在 v^2/c^2 的量级上解释迈克耳孙-莫雷实验的零结果。1895 年，洛伦兹又发表《运动物体中的电和光现象的理论研究》一文，更精确地推出了长度收缩公式：

$$l = l_0\sqrt{1 - v^2/c^2} \tag{3.2}$$

他认为，这一结果不仅能解释迈克耳孙-莫雷实验，而且可以预言在地球上不可能观察到以太风的各种效应，包括各个量级。他把长度收缩效应看成是真实的现象，归之于分子力的作用，并把这些结论纳入他一直在研究的电子理论中。

实际上，爱尔兰物理学家斐兹杰惹 (G. F. Fitzgerald，1851—1901) 早在 1889 年就已提出收缩假说来解释迈克耳孙-莫雷实验的零结果，他在给美国《科学》杂志的信中写道："我很有兴趣地读到了迈克耳孙和莫雷先生极其精密的实验结果，这个实验是要判定地球是如何带动以太的，其结果看来跟其他证明了空气中以太只在不大程度上被带动的实验 (指斐索流水实验) 相反。我建议：唯一可能协调这种对立的假说就是要假设物体的长度会发生改变，其改变量跟穿过以太的速度与光速之比的平方成正比。"然而，由于《科学》杂志不久就停刊了，这封信虽然已经发表，但却鲜为人知，连斐兹杰惹本人也不知道这封信是否问世。两年后，斐兹杰惹去世，只是由于他的学生特劳顿 (F. T. Trouton，1863—1922) 多次提到他的工作，人们才知道他比洛伦兹更早提出了收缩假说，因此，在有些书中，洛伦兹收缩假说又被称为斐兹杰惹-洛伦兹收缩假说。应当指出：斐兹杰惹提出收缩假说很可能是受到赫维赛德 (O. Heaviside，1850—1925) 的启发。赫维赛德曾根据麦克斯韦电磁理论导出了运动电荷所产生的电场的强度与其速度的关系，发现电场的强度在运动中会发生变化，即出现 "电场收缩"。他于 1888 年底将论文寄给斐兹杰惹，并与他就此进行了多次讨论。顺便指出：英国物理学家拉摩 (J. Larmoor，1857—1942) 在 1898 年完成的《以太和物质》一文中也独立地提出了斐兹杰惹-洛伦兹收缩假说。

长度收缩假说提出以后，在世纪之交的年代里，人们用了各种方法，从不同的角度，对它进行了实验验证。1902 年，瑞利提出，长度收缩可能导致透明体的密度发生变化，从而产生双折射现象。瑞利亲自用水和亚硫酸氢碳作为介质做了实验，精确度高达一百亿分之一，远高于所要求的亿分之一，但无论是中午还是黄昏都未观察到双折射。两年后，美国光学专家布雷斯 (D. B. Brace，1859—1905) 以更高的实验精度 ($10^{-12} \sim 10^{-13}$) 重复了瑞利的实验，仍然没有观察到双折射。这类实验还有很多，就不一一列举。这样，长度收缩假说并未得到实验验证，也就是说，迈克耳孙-莫雷实验仍然没有得到解释，于是，它便成为本节开头汤姆孙所说的 "物理学晴朗天空远处" 的 "一朵乌云"。

爱因斯坦创建相对论

　　1905 年，爱因斯坦发表《论运动物体的电动力学》一文，摆脱了以太理论的束缚，用相对时空代替绝对时空，创建了狭义相对论，成功地解释了迈克尔孙-莫雷实验和斐索流水实验。爱因斯坦在其后来发表的《狭义与广义相对论浅说》中对这一理论作了更为清晰的说明。

《狭义与广义相对论浅说》中译本

(1) 运动的相对性

　　在狭义相对论部分，他首先指出："力学的目的在于描述物体在空间中的'位置'如何随'时间'而改变。"但是，在经典力学里，"位置和时间应如何理解是不清楚的"。接着，他举例说，"设一列火车正在匀速地行驶，我站在车厢窗口松手丢下(不是用力投掷)一块石头到路基上，那么，如果不计空气阻力的影响，我看见石头是沿直线落下的。从人行道上观察这一举动的行人则看到石头是沿抛物线落到地面上的。"通过这个例子，他告诉我们："不会有独立存在的运动轨迹，而只有相对于特定的参考物体的轨迹。"也就是说，没有绝对的运动，只有相对的运动。因此，应该引入"坐标系"来描述物体在空间中的位置，并借助于在该坐标系内的观测者手中的"时钟"来度量"时间"。于是，便出现了如何定义坐标系，以及如何来"对"不同观测者手中的时钟，也就是如何来定义"同时"的问题。

(2) 相对性原理和光速不变原理

　　对于"如何定义坐标系"，爱因斯坦认为，"若一个坐标系的运动状态使惯性定律对于该坐标系而言是成立的，该坐标系即被称为'伽利略坐标系'。伽利略-牛顿力学诸定律只有对于伽利略坐标系来说才能认为是有效的"。于是，"若 S 为一伽利略坐标系，则其他每一个相对于 S 作匀速平移运动的坐标系 S' 亦为一伽利略坐标系。相对于 S'，正如相对于 S 一样，伽利略-牛顿力学也是成立的"。这就是我们现在所说的伽利略相对性原理，爱因斯坦将它进一步推广为，"如果 S' 是相对于 S 作匀速运动而无转动的坐标系，那么自然现象相对于 S' 的实际演变将与相对于 S 的实际演变一样依据同样的普遍定律"，并称其为狭义相对性原理。当然，"只要人们确信一切自然现象都能够借助于经典力学来得到完善的表述，就没有必要怀疑这个相对性原理的正确性"。但是，迈克尔孙-莫雷实验的零结果却表明了光的传播不能用经典力学的速度叠加原理来描述。那么，相对性原理和速度叠加原理，究竟是谁出了问题呢？为了解决这个问题，爱因斯坦引入了光速不变原理，即光相对于 S 的传播速度与相对于 S' 的传播速度完全一样，换句话说，就是光的传播不服从经典力学的速度叠加原理。

（3）同时的相对性

至于如何"对钟"，爱因斯坦指出："对于同时性的定义仅有一个要求，那就是在每一个实际情况中这个定义必须为我们提供一个实验方法来判断所规定的概念是否真被满足。"例如，一位站在铁路路基 M 处的观测者说他看到了有一雷电"同时"击中了路基上彼此相距甚远的两处：A 和 B，那就是说，他"同时"看到了击中路基上 A，B 两处闪电的反射光。如果 M 刚好位于 A 和 B 的中间，那么他的说法是准确的。否则，考虑到光的传播速度是有限的，闪电的反射光从 A 和 B 传播到 M 所需的时间是不同的，因此，这位观测者说他"同时"看到雷电击中 A，B 两处并不准确。这个例子告诉我们，可以借助光信号来"对"处在空间不同位置的观测者手中的时钟，或者说，可以借助光信号来定义"同时"这一时间概念。

进一步，让我们设想一列匀速直线运动的火车刚好在闪电发生时从铁路上开过，试问：当火车经过 M 处时，站在窗口的旅客是否也看到了雷电"同时"击中 A，B 两处。要准确地回答这个问题，除了要知道 M 是否刚好位于 A 和 B 的中间，还要弄清光相对于火车的传播速度是否与相对于路基的传播速度完全一样，也就是说，为了给站在路基上的观测者和站在火车窗口的旅客"对钟"，同样需要引入光速不变原理。这里，爱因斯坦通过用光信号分别给处在两个相对作匀速直线运动的坐标系内的观测者"对钟"，首次提出了"同时的相对性"。

（4）洛伦兹变换

前面提到的"光的传播定律与相对性原理的表面抵触"，实际上，是从经典力学的两个不恰当的假设导出的，即两事件的时间间隔（时间）和刚体上两点的空间间隔（距离）均与参考物体的运动状况无关。如果我们抛弃这两个假设，经典力学中的速度叠加原理就失效了，上述的两难局面也就可能消失了。那么，在抛弃上面两个假设之后，如何才能使真空中光的传播定律与相对性原理不相抵触呢？为了回答这个问题，让我们设想："在各个事件相对于一个参考物体 (例如铁路路基) 的地点和时刻与该诸事件相对于另一个参考物体 (例如火车) 的地点和时刻之间存在着这样一种关系，使得每一束光线无论相对于路基还是相对于火车它的传播速度都是真空中的光速 c。" 换句话说，就是要借助于光速不变原理把 "一个事件的空时量值从一个参考物体变换到另一个参考物体"。显然，我们面临的问题可以精确地表述如下：若一个事件相对于参考坐标系 S 的 x, y, z, t 诸量值已经给定，问同一事件相对于另一参考坐标系 S' 的 x', y', z', t' 诸量值为何？若这两个坐标系在空间中的相对取向如下图所示，这个问题便可由下列方程组解出：

$$
\begin{aligned}
x' &= \frac{x - \beta ct}{\sqrt{1 - \beta^2}} \\
y' &= y \\
z' &= z \\
t' &= \frac{t - \dfrac{\beta}{c}x}{\sqrt{1 - \beta^2}}
\end{aligned}
\tag{3.3}
$$

式中，$\beta = v/c$，v 是 S' 相对于 S 运动的速度。实际上，洛伦兹早在 1904 年就提出了这组变换方程，因此，法国科学家庞加莱 (H. Poincare, 1854—1912) 将其称为 "洛伦兹变换"，但是，爱因斯坦一直声称：他当时既不知道洛伦兹 1904 年的文章，也没有看到庞加莱 1905 年的文章。也就是说，这组变换方程是他独立推导出的，而且对于这组方程的论述也是与洛伦兹完全不同的，是爱因斯坦所独有的。顺便指出，佛格特和拉摩也曾经分别于 1887 年和 1898 年提出过与洛伦兹变换相似的变换，并将其分别称为佛格特变换和拉摩变换。

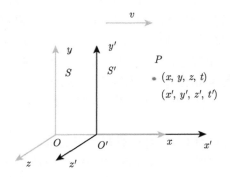

如果采用前面提到的经典力学的两个假设，即在 (3.3) 式中取光速 c 为无穷大，那么我们便可得到另一组方程：

$$x' = x - vt$$
$$y' = y$$
$$z' = z \qquad\qquad (3.4)$$
$$t' = t$$

它就是通常所说的 "伽利略变换"。

显见，按照洛伦兹变换，无论对于参考坐标系 S，还是对于参考坐标系 S'，真空中光的传播定律都是被满足的，也就是说，可由 $x = ct$ 导出 $x' = ct'$，即 "光速不变"。而按照伽利略变换，由 $x = ct$ 导出 $x' = (c - v) t'$，即遵从牛顿力学的 "速度叠加原理"。这就是说，抛弃前面提到的经典力学的两个假设，或者说，抛弃绝对时空观，从狭义相对性原理和光速不变原理出发，便可构建一个逻辑严谨的理论，它就是爱因斯坦的狭义相对论。

顺便指出：在物理教科书中，一般认为爱因斯坦提出 "光速不变原理" 是受到迈克耳孙–莫雷实验结果的启发。但是，爱因斯坦始终没有承认这一点。实际上，在没有弄清如何定义 "同时" 之前，由迈克耳孙–莫雷实验结果并不能导出 "光速不变"，相反，是爱因斯坦借 "光速不变" 给出了 "同时" 的定义，进而从狭义相对性原理和光速不变原理出发创建了狭义相对论，才使迈克耳孙–莫雷实验结果得到了合理的解释。

(5) 尺缩短与钟变慢

爱因斯坦设想 "沿 S' 的 x' 轴放置一根刚性米尺，令其一端 (始端) 与点 $x'_0 = 0$ 重合，另一端 (末端) 与点 $x'_1 = 1$ 重合"，问米尺相对于参考系 S 的长度为何？

根据洛伦兹变换方程，在参考系 S 中，米尺的始端和末端在某一特定时刻 t 的坐标分别为 $x_0 = x'_0\sqrt{1 - \beta^2} + vt = vt$ 和 $x_1 = x'_1\sqrt{1 - \beta^2} + vt = \sqrt{1 - \beta^2} + vt$，也就是说，相对于参考系 S，以速度 v 运动的刚性米尺的长度将缩短为 $\sqrt{1 - \beta^2}$m。显见，刚性米尺在运动时比在静止时要短，而且运动得越快缩得越短。当运动速度 v 趋近真空光速 c 时，刚性米尺的长度将趋近于零。如果 v 超过 c，$\sqrt{1 - \beta^2} = \sqrt{1 - v^2/c^2}$ 就变成虚值，因此，在狭义相对论中，"速度 c 具有极限速度的意义，任何实在物体既不能达到也不能超过这个速度"。类似地，考虑 "永久放在 S' 坐标原点 ($x'_0 = 0$) 上的一个按秒报时的钟"，对于该钟相应于 $t'_0 = 0$ 和 $t'_1 = 1$ 的接连两声嘀嗒，洛伦兹变换方程给出，在参考系 S 中听到这两声嘀嗒的时刻分别为 $t_0 = 0$ 和 $t_1 = 1/\sqrt{1 - \beta^2}$，也就是说，以速度 v 相对于 S 运动的钟两次嘀嗒之间所经过的时间 $\Delta t = t_1 - t_0$，不是 1s，而是 $1/\sqrt{1 - \beta^2}$ s，亦即比 1s 要长一些。显见，该钟运动时比静止时要走得慢，而且运动得越快走得越慢，但是，无论运动得多快，Δt 的符号都不会改变，也就是说，时间的前后次序不会改变，即因果关系保持不变。另外，由洛伦兹变换还可以导出：对两个不同的时空点 $A(x_1, y_1, z_1, t_1)$ 和 $B(x_2, y_2, z_2, t_2)$，$\Delta t = t_2 - t_1$

等于零并不意味着 $\Delta t' = t'_2 - t'_1$ 也等于零，只有当这两个时空点的空间位置完全相同时，才可由 $\Delta t = 0$ 导出 $\Delta t' = 0$，这就是前面提到的"同时的相对性"。

动尺缩短与动钟变慢，又称长度缩短与时间膨胀，是狭义相对论的两个广为人知的结论，分别反映了空间距离的相对性和时间间隔的相对性。

(6) 质能关系式

爱因斯坦在 1905 年发表的"物质所含的惯性同它们所含的质量有关吗？"一文中，提出了运动速度增加，质量也随着增加的观点，并将其写成一个表达式：

$$E = mc^2 \tag{3.1}$$

其中，

$$m = \frac{m_0}{\sqrt{1 - \beta^2}} \tag{3.5}$$

式中，m_0 表示静止物体的质量，通常称其为静质量或固有质量，相应地，$E_0 = m_0 c^2$ 为物体的静能量或固有能量；m 表示运动物体的质量，称为动质量。从 (3.5) 式不难看出，在真空中以光速 c 运动的光子，其静质量一定为零，但因它总携带能量，故其动质量为有限值。(3.5) 式还告诉我们：运动物体的质量 m 随其速度 v 增加而增加，也就是说，在相对论中不仅同时性、时间间隔、空间间隔具有相对性，物体质量也有相对性。应当指出，这个公式最先是由洛伦兹提出的，称为质速关系式，而 (3.1) 式则被称为爱因斯坦质量–能量关系式，简称质能关系式。在为纪念爱因斯坦而命名的 2005 国际物理年的宣传广告上，它是唯一出现的公式。在狭义相对论中，高速运动的粒子的动能可以表示为

$$E_k = E - E_0 = \left(\frac{1}{\sqrt{1 - \beta^2}} - 1 \right) m_0 c^2 \tag{3.6}$$

在非相对论的情况 $(v \ll c)$ 下，上式变为 $E_k = 1/2 m_0 v^2$，即回到牛顿力学的动能公式。

应当强调指出，质能关系式不是告诉我们质量可以转化为能量、能量可以转化为质量；而是告诉我们能量和质量只是物质同一特性的两种表现 —— 凡是有质量的物体都含有能量、凡是有能量的东西也都同时具有质量。而且，静止的物体也含有巨大的能量，即 $m_0 c^2$。根据 (3.4) 式不难算出，1g 物质所蕴藏的能量，如果全部以光和热释放出来，将相当于 2 万吨炸药爆炸所释放的化学能。正因为此，质能关系式为后来核裂变的发现奠定了理论基础，从而开创了核能时代。

有些成名科学家曾误认为质能关系式反映质量可以转变为能量，并以正、负电子湮没成一对光子为例，指出：在这一过程中，正、负电子的质量转变成了一对光子的能量。实际上，光子虽无静质量，但有动质量，在上述过程中，根据能量守恒

定律，由质能关系式给出的与正、负电子动质量相应的能量之和刚好等于所产生的一对光子的能量，或者说，根据质量守恒定律，正、负电子的动质量之和刚好等于所产生的一对光子的动质量，也就是说，质量守恒定律应该是相对动质量而言的。这些成名科学家，之所以产生上述误解，也是有历史原因的：在爱因斯坦的光量子假说提出之前，人们普遍认为，光是一种波动，不是物质，只具有能量，不具有质量。但是，现在再这样看就不对了。

庞加莱的一步之差

据说，爱因斯坦的论文发表后，在当时学术风气最浓的欧洲，也只有 12 个人真正看得懂他的文章。当然，这只是传说。准确地说，1905 年前后，有些人已经"接近"发现相对论，例如，前面提到的，斐兹杰惹和洛伦兹已经提出洛伦兹收缩假说；佛格特、拉摩、斐兹杰惹、洛伦兹已经给出洛伦兹变换；拉摩还给出了运动时钟变慢的公式；洛伦兹则给出了质速关系式等。特别值得一提的还有庞加莱，在 1905 年之前，构成相对论的"组件"："光速不变""同时性""相对性原理"和"牛顿力学的绝对时空"等，在其著作中几乎都被提到了，而就在他进一步指出"应该建立一种新的力学来解释迈克尔孙–莫雷实验"后不久，爱因斯坦的论文发表了。庞加莱似乎只差了一步就发现了相对论，因此，对爱因斯坦发现相对论，他是最不服气的。但是，他所差的一步正是爱因斯坦建立相对论的关键一步，那就是用相对时空取代牛顿力学的绝对时空。

庞加莱

具体地讲，早在 1898 年庞加莱就指出："光具有不变的速度"，"光速在所有方向上都相同是一公理，没有这一公理，就无法测量其速度"。他还在《时间的测量》一文中指出："我们对于两个时间间隔的相等没有直觉"，"要从时间测量的定量问题中分离出同时性的定性问题是困难的"。1902 年，他在其所著《科学与假设》一书中已经对牛顿的绝对时空提出了质疑："i) 没有绝对空间，我们能够设想的只是相对运动，可是通常阐明力学事实时，就好像绝对空间存在一样，而把力学事实归诸于绝对空间；ii) 没有绝对时间，说两个持续时间相等是一种本身毫无意义的主张，只有通过约定才能得到这一主张；iii) 不仅我们对两个持续时间相等没有直接的直觉，而且我们甚至对发生在不同地点的两个事件的同时性也没有直接的直觉；iv) 力学事实是根据非欧几里得空间陈述的，非欧几里得空间虽说是一种不怎么方便的向导，但它却像我们通常的空间一样合理。"1904 年，他在一次演说中第一次提出了 "相对性原理"："不管是对于固定不动的观察者还是一个匀速平移运动着的观察者来说，各种物理现象的规律应该是相同的；因此，我们既没有，也不可能有任何方法来判断我们是否处于匀速运动之中。" 虽然庞加莱早就推测真空中的光速可能是不变的，但他指的是 "光速在所有方向上都相同"，而不是爱因斯坦的 "光速不变原理" 所指的 "光速相对不同惯性系保持不变"；虽然庞加莱早就提出 "同时" 的定义问题，但他并未解决这个问题，而是爱因斯坦提出 "光速不变原理来定义同时" 从而解决了这个问题；虽然庞加莱早就对牛顿力学的绝对时空提出了质疑，并正确

爱因斯坦和洛伦兹

地阐述了相对性原理，还首先将 (3.3) 式命名为洛伦兹变换，但他并未发现可以取代绝对时空的相对时空，还是爱因斯坦将 (3.3) 式视为不同惯性系之间的时空变换，用相对时空代替绝对时空，建立了狭义相对论。因此，爱因斯坦作为相对论缔造者的地位是不容置疑的。无论尺缩短、钟变慢，还是质能关系式，都可直接或间接从洛伦兹变换导出，因此，庞加莱认为，爱因斯坦理论不过是洛伦兹收缩假说的另一种表述。可是，洛伦兹不这么看，虽然他也曾反对过爱因斯坦理论，但后来接受了它，并认为，与他的收缩假说不一样，爱因斯坦理论是一种时空理论。而且，正是他，将爱因斯坦的理论称为相对论。洛伦兹逝世后，爱因斯坦参加了他的葬礼，并在其墓前致词说：洛伦兹的成就"对我产生了最伟大的影响"。

 闵可夫斯基四维时空

德国数学家闵可夫斯基 (H. Minkowski，1864—1909) 是爱因斯坦在苏黎世工学院读书时的数学教授，虽然他当年并不看好这位后来居上的学生，但是对爱因斯坦发现的狭义相对论却仍然给予了高度的评价，他曾这样赞扬爱因斯坦独立导出的洛伦兹变换："从此，单纯的空间和单纯的时间都消失了，只有把它们两个紧密结合在一起，才能保持各自的自由。"他还引入四维时空，并发展一套几何方法，来简洁地表述狭义相对论。

闵可夫斯基

在《狭义与广义相对论浅说》附录 I 中，爱因斯坦介绍闵可夫斯基四维时空说"如果我们引用虚数 ict 代替 t 作为时间变量，我们就能够更加简单地表述洛伦兹变换的特性。据此，如果我们引入 $x_1 = x$, $x_2 = y$, $x_3 = z$ 和 $x_4 = \mathrm{i}ct$，且对坐标系 S' 中带撇号的坐标采取同样的定义"，那么洛伦兹变换便可表示为

$$
\begin{aligned}
x_1' &= \frac{x_1 + \mathrm{i}\beta x_4}{\sqrt{1-\beta^2}} \\
x_2' &= x_2 \\
x_3' &= x_3 \\
x_4' &= \frac{-\mathrm{i}\beta x_1 + x_4}{\sqrt{1-\beta^2}}
\end{aligned}
\tag{3.3$'$}
$$

显见，虚值时间坐标 $x_4(x_4')$ 与实值空间坐标 $x_1(x_1')$，$x_2(x_2')$ 和 $x_3(x_3')$ 在 (3.3$'$) 式中完全处于相同地位。于是，狭义相对性原理可以表述为一切物理定律的数学形式在洛伦兹变换下保持不变，或者说，全部物理规律在洛伦兹变换下是协变的，即具有洛伦兹协变性。

闵可夫斯基将 "坐标" x_1, x_2, x_3 和 x_4 描述的四维连续区称为 "世界"，现在我们称其为闵可夫斯基四维时空，其中的点称为 "世界点"；曲线称为 "世界线"。一个 "世界点" 就表示一个 "事件"，所谓 "事件"，就是在一定的时刻和一定的空间位置发生的一个现象，而一条 "世界线" 就表示 "事件" 的进程，以质点运动为例，它就是牛顿力学中的一组运动方程。在数学形式上，闵可夫斯基四维时空可以看作是 (具有虚值时间坐标的) 四维欧几里得空间，洛伦兹变换就相当于在这个四维时空中的一个 "转动"，正像在三维欧几里得空间中距离平方 $r^2 = \Delta x^2 + \Delta y^2 + \Delta z^2$ 在坐标系的转动中保持不变一样，在四维时空中任意两个世界点的时空间隔的平方 $\Delta s^2 = r^2 - c^2 \Delta t^2$ 在洛伦兹变换下也保持不变，即 $\Delta s'^2 = \Delta s^2$。对于彼此无限接近的两个世界点，用 $\mathrm{d}s(\mathrm{d}s')$ 代替 $\Delta s(\Delta s')$，便得到 $\mathrm{d}s'^2 = \mathrm{d}s^2$，即 $\mathrm{d}s^2$ 在洛伦兹变换下保持不变。

前面提到，狭义相对性原理可以表述为全部物理规律在洛伦兹变换下具有洛伦兹协变性。在这些物理规律中，有些简单的物理量 (例如 $\mathrm{d}s^2$ 和 c) 在洛伦兹变换下保持不变，即为常量。但是，也有许多物理量和物理规律在数学形式上并不具有这种性质，例如力、速度、能量和动量，以及牛顿第二定律和麦克斯韦方程组等。为了使这些物理量或物理规律具有洛伦兹协变性，必须将这些量适当结合成四维的量：四维标量、四维矢量或四维张量。这些量统称为世界张量，它们都是洛伦兹协变量。例如上述的 $\mathrm{d}s^2$ 就是四维标量，$x_\mu = (x_1,\ x_2,\ x_3,\ x_4)$ 就是四维矢量。为了写出协变形式的牛顿第二定律和麦克斯韦方程，我们还将引入四维动量、四维速度、四维力和四维电磁势等四维矢量，以及四维电磁场张量。

类似于四维坐标 $(x_1,\ x_2,\ x_3,\ x_4)$，可以引入四维动量 $(p_1,\ p_2,\ p_3,\ p_4)$，这里 $p_1 = p_x$, $p_2 = p_y$, $p_3 = p_z$ 和 $p_4 = \mathrm{i}/cE$，式中三维动量 $\boldsymbol{p} = m\boldsymbol{v}$，$E = mc^2$，$m$ 是动质量，$\boldsymbol{v}$ 是物体运动的三维速度，在 p_4 中 c 放在分母里是量纲的需要。在洛伦兹

变换下，$p^2 = p_1^2 + p_2^2 + p_3^2 + p_4^2$ 应当保持不变，即 $p'^2 = p^2$。若将坐标系 S' 固结在运动物体上，则有 $p'^2 = -\dfrac{E_0^2}{c^2}$，于是便可得到相对论的能量-动量公式：

$$E^2 = c^2 p^2 - E_0^2 \tag{3.7}$$

其中 $p^2 = p_x^2 + p_y^2 + p_z^2$。借助上述的四维动量，可以定义四维速度为 $u_\mu = \dfrac{p_\mu}{m} = \dfrac{\mathrm{d}x_\mu}{\mathrm{d}\tau}$，式中，$\mu = 1$，2，3，4；$\mathrm{d}\tau = \mathrm{d}t\sqrt{1-\beta^2}$ 为时间坐标间隔。具体地讲，$\boldsymbol{u} = \boldsymbol{v}/\sqrt{1-\beta^2}$，$u_4 = \mathrm{i}c/\sqrt{1-\beta^2}$。鉴于 p_μ 和 $\mathrm{d}x_\mu$ 都具有洛伦兹协变性，$\mathrm{d}\tau$ 应和 m_0 一样是洛伦兹不变量。这样，我们便可写出协变形式的牛顿第二定律：

$$K_\mu = m\frac{\mathrm{d}u_\mu}{\mathrm{d}\tau} \tag{3.8}$$

式中，$K_\mu = F_\mu/\sqrt{1-\beta^2}$ 是四维力。其中，$\boldsymbol{F}$ 是普通的三维力；$F_4 = \mathrm{i}/c\,\boldsymbol{v}\cdot\boldsymbol{F}$，其中 $\boldsymbol{v}\cdot\boldsymbol{F}$ 是力 $\boldsymbol{F}$ 在物体运动方向上的功率。

　　接着，让我们来写出协变形式的麦克斯韦方程。为此，先引入分别由电流密度 $\boldsymbol{j}$ 与电荷密度 ρ 和矢势 $\boldsymbol{A}$ 与标势 φ 组成的四维电流密度 $J_\mu = (\boldsymbol{j}, \mathrm{i}c\rho)$ 和四维电磁势 $A_\mu = (\boldsymbol{A}, \mathrm{i}/c\varphi)$，于是，在第二章中介绍过的关于 $\boldsymbol{A}$ 和 φ 的电磁场方程：

$$\nabla^2 \boldsymbol{A} - \frac{1}{c^2}\frac{\partial^2 A}{\partial t^2} = -\mu_0 \boldsymbol{j}$$

$$\nabla^2 \varphi - \frac{1}{c^2}\frac{\partial^2 \varphi}{\partial t^2} = -\frac{\rho}{\varepsilon_0}$$

便可改写为协变形式：

$$\partial_\mu^2 A_\mu = \mu_0 J_\mu \tag{3.9}$$

式中，$\partial_\mu^2 = \dfrac{\partial^2}{\partial x_1^2} + \dfrac{\partial^2}{\partial x_2^2} + \dfrac{\partial^2}{\partial x_3^2} + \dfrac{\partial^2}{\partial x_4^2}$ 为达朗贝尔算符。进一步，引入由电磁场强度 $\boldsymbol{E}$ 和 $\boldsymbol{B}$ 组成的、在洛伦兹变换下保持协变的电磁场张量：$F_{\mu\nu} = \partial_\mu A_\nu - \partial_\nu A_\mu$，于是，描述电磁场的麦克斯韦方程组便可改写成

$$\partial_\lambda F_{\mu\nu} + \partial_\nu F_{\lambda\mu} + \partial_\mu F_{\nu\lambda} = 0 \tag{3.10}$$

这就是协变形式的麦克斯韦方程。

　　前面提到，在洛伦兹变换下，Δs^2 保持不变，$r^2 = \Delta s^2 + c^2 \Delta t^2$ 便不能保持不变，因此，与 r^2 成反比的牛顿万有引力定律也就不能保持不变，这就是说，牛顿万有引力定律不能像麦克斯韦方程组那样写成协变形式从而纳入狭义相对论的理论框架之中。为了克服狭义相对论的这一局限性，爱因斯坦提出了广义相对性原理，创建了广义相对论，导出了具有协变形式的引力场方程。我们将在下一部分介绍广义相对论，特别是协变形式的引力场方程。

二、 广义相对论

狭义相对论具有两个局限性：一是，它只对那些以恒定速度相对运动的惯性坐标系有效；二是，尽管这个理论与描述电磁场的麦克斯韦方程组是兼容的，但它与牛顿万有引力定律并不兼容。为了克服上述两个局限性，爱因斯坦将相对性原理加以推广，使其不仅适用于惯性坐标系，而且适用于相互间有相对加速度的非惯性坐标系，即将狭义相对性原理推广为广义相对性原理，并引入等效原理以联系引力效应和非惯性坐标系，进而以这两个原理为基本假设，运用几何方法将万有引力定律纳入狭义相对论的理论框架之中，于 1915 年创建了广义相对论。下面，我们仍然依据《狭义与广义相对论浅说》循着爱因斯坦的思路对其作较为详细的介绍。

 引力质量与惯性质量

为了使得狭义相对论不仅能与麦克斯韦方程组兼容而且能与牛顿万有引力定律兼容，爱因斯坦首先类比电场和磁场引入了引力场。

在牛顿力学中，引力被看作是一种超距作用。爱因斯坦不同意这种看法。他认为：就像 "磁石吸铁" 是通过作为 "中介" 的磁场来进行的一样，地球对 "下落石块" 的吸引也不是直接的作用，而是 "地球在其周围产生一个引力场，这个引力场作用于石块，引起石块的下落运动"。接着，他又指出："与电场和磁场对比，引力场显示出一种十分显著的性质，即在一个引力场的唯一影响下运动着的物体得到了一个加速度，这个加速度与物体的材料和物理状态都毫无关系。例如，一块铅和一块乌木在一个引力场中如果都是从静止状态或以同样的初速下落的，那么它们(在真空中) 下落的方式就完全相同。" 实际上，这里说的就是伽利略通过比萨斜塔实验发现的自由落体定律，爱因斯坦重新谈起它只是为了引出有关 "引力质量与惯性质量相等" 的讨论。以 "下落石块" 为例，类比电场和磁场，石块所受 "引力" 与地球周围的 "引力场强度" 可以通过 "引力质量" 相联系：

$$引力 = 引力质量 \times 引力场强度$$

式中，引力质量是物体的一个特征属性，在万有引力定律中，它表征物体产生引力场的能力，与库仑定律中的电荷地位相当。由于 "引力" 又是石块下落加速度的起因，因此，我们又有

$$引力 = 惯性质量 \times 加速度$$

式中，惯性质量同样是物体的一个特征属性，在牛顿第二定律中，它表征物体阻碍其自身在外力作用下获得加速度的能力，有些像欧姆定律中的电阻。从上述两个关

系式，可以得出

$$加速度 = (引力质量/惯性质量) \times 引力场强度$$

前面提到 "这个加速度与物体的材料和物理状态都毫无关系"，而且，在同一个引力场强度下，加速度总是一样的，因此引力质量与惯性质量之比对于任何物体都应该是一样的。只要适当调整万有引力定律中的比例常数，便可使这个比等于 1，即物体的惯性质量与引力质量完全相等。

 厄缶实验

在牛顿力学中，引力质量与惯性质量被认为是相等的，但是，由于引力质量和惯性质量毕竟是两个完全不同的物理概念，它们完全有可能并不严格相等。因此，牛顿曾通过测量不同材料单摆的周期来检验它们是否相等，结果发现在千分之一实验精度内两者相等。匈牙利物理学家厄缶 (B. L. Eötvös, 1848—1919) 持续做了十多年的扭秤实验，证明在 2×10^{-9} 精度范围内两者精确相等，后来的实验更将实验精度提高到 2×10^{-11}。

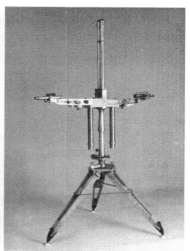

厄缶及其实验装置

厄缶实验装置如上图所示：扭秤悬臂取东西向，水平放置，两端悬挂质量几乎完全相同但材料不同的两个物体，悬臂中点用一根细丝悬挂在与实验室固定的支架上。由于地球表面的物体不仅受到地球与物体之间的万有引力作用，还受到由于地球自转而产生的惯性离心力的作用。前者只与引力质量有关，力的方向指向地心；后者只与惯性质量有关，其方向在物体所在纬度的平面内，沿径向向外，两者的合力并不指向地心。当两种材料的引力质量与惯性质量之比相同时，两物体受力方向一致，扭秤不动。但若两种材料的引力质量与惯性质量之比稍有不同，两物体受力方向就不再一致，扭秤将会发生转动。两种材料的引力质量与惯性质量之比，与 1 相差哪怕只有万亿分之几，都足以使得扭秤的悬丝发生可被观测到的转动。然而，实验中并没有发现悬丝转动，这表明不同物质的引力质量与惯性质量之比在很高精度内是相同的。

虽然厄缶实验极其精确地证明了物体的引力质量确实等于其惯性质量，但是牛顿力学并未从理论上对此给出满意的解释。爱因斯坦正是为了给予这个习以为常的事实一个合理的解释，提出了等效原理，进而创建了广义相对论。

   爱因斯坦升降机与等效原理

1922 年，爱因斯坦在回忆他创建广义相对论的过程时曾经讲到，当他正在思考如何解释 "引力质量与惯性质量完全相等" 这一事实时，脑子里突然闪现了一个念头："如果一个人正在自由下落，他决不会感到他的重量"，"下落的人正在作加速运动，可是在这个加速参考系中，他有什么感觉？他如何判断面前所发生的事情？于是，我决定把相对论理论推广到加速参考系"。设想 "在一无所有的空间中有一个相当大的部分，这里距离众星及其他可以感知的质量非常遥远"，在这部分空间里，"把一个像一间房子似的极宽大的箱子当作参考物体，里面安置一个配备有仪器的观察者。对于这个观察者而言，引力当然并不存在。他必须用绳子把自己拴在地板上，否则他只要轻轻碰一下地板就会朝着房子的天花板慢慢地浮起来"。实际上，这个箱子就是一个惯性坐标系，"对之处于静止状态的物体继续保持静止状态，而对之作相对运动的物体永远继续作匀速直线运动"。如果在箱子盖外面的正中央安装一个系着缆索的钩子，并设想有一 "生物" 开始以恒力拉动这根缆索，使箱子连同观察者开始 "向上" 作匀加速运动，也就是说，现在的箱子已经变成了一个非惯性坐标系，那么其内的观察者如何感知这一过程呢？显然，箱子的加速度会通过箱子地板传递给他，或者说，他会像站立在地球上的一个房间里一样感受到一个 "向下" 的拉力。这时，如果他松开原来拿在手里的一个物体，那么这个物体就不再携带箱子传递给它的加速度，而是以这个加速度落到地板上，就像在地球上的自由落体。这就是说，观察者感到自己以及身边的物体连同箱子好像是处在一个引力场之中。可是，前面交代得很清楚，箱子并不是处在有引力存在的空间之中，它只是被某一 "生物" 拉着 "向上" 作匀加速运动而已。因此，观察者的经验告诉我们：他在 "向上" 作匀加速运动的非惯性坐标系里的感受与在地球上 (即处于引力场中) 的惯性坐标系里的感受几乎一样。这就是 "等效原理"。在一些教科书中，这个 "箱子" 又被称为 "爱因斯坦升降机"。

爱因斯坦升降机

　　回到前面讨论的"下落石块"的例子，按照"等效原理"，石块在地球上惯性坐标系里的自由落体运动与其在以相同加速度"向上"作匀加速运动的没有引力场存在的非惯性坐标系里的运动完全等效，也就是说，石块的引力质量与其惯性质量应该完全相等。这样，爱因斯坦便借助等效原理合理地解释了牛顿未能解释的上述问题。显见，"等效原理"表示加速度与引力密切相关：哪里有加速度，哪里就有等同于真实引力效应的"人造"引力效应。于是，只要在非惯性坐标系中引入"人造"引力场，就可将其等同于惯性坐标系，这样，便可将狭义相对性原理推广为广义相对性原理。

 光线在引力场中的偏转

　　现在，我们设想有一束光线"横向"射入正在"向上"作匀加速运动的"爱因斯坦升降机"，那么，因为光子有（动）质量，它就应该像在地球上水平抛出的石块一样作平抛运动，即向下偏转。根据等效原理，这就是说，光线在引力场中不再直线传播，而是沿曲线行进。爱因斯坦指出："以掠入射方式经过太阳的光线，其曲率的估计值达到 1.75″。"并预言可以通过在日全食时观测邻近太阳的恒星来加以验证，因为"这些恒星当日全食时在天空的视位置与它们当太阳位于天空的其他部位时的视位置相比较应该偏离太阳"。1919 年 5 月 29 日，英国皇家学会和英国皇家天文学会组成的一个联合委员会装备的两个远征观测队：一个在著名天文学家爱丁顿 (A. S. Eddington, 1882—1944) 带领下离开西非海岸到普林西比 (Principe) 岛；另一个在克罗梅林 (A. Crommelin, 1865—1939) 领导下到巴西北部的索布拉尔 (Sobral) 对当天的日全食进行了观测。他们拍摄的星图所给出的曲率分别为 1.61″和 1.98″。显见，爱丁顿队的观测结果更接近爱因斯坦的理论预言。这是广义相对论中第一个被观测证实的预言。

爱丁顿

  既然光线在引力场中会发生偏转，也就是说，光速在引力场中会不断改变方向，即依赖于坐标，这样，作为狭义相对论两个基本假定之一的光速不变原理便不能被认为具有无限的有效性，那么，以这两个基本假定作为柱石建立起来的"狭义相对论大厦"是否会因此而坍塌呢？爱因斯坦指出，"不能认为狭义相对论的有效性是无止境的"，"只有在我们能够不考虑引力场对现象 (例如光现象) 的影响时，狭义相对论的结果才能成立"。

  根据最小作用原理，光线走"捷径"，即沿"短程线"(或称测地线) 行进。所谓"短程线"，就是两点之间的"最短路径"：在平面上，就是直线；在球面上，就是圆心与球心重合的大圆上的弧线。实际上，有关"短程线"的方程就是物体在引力场中的运动方程。既然光线在"横穿"上述非惯性坐标系时不再直线传播而是沿抛物线行进，那么，短程线就是抛物线，也就是说，在上述的非惯性坐标系中时空发生了弯曲。按照等效原理，这就意味着引力效应等效于时空弯曲。

  2011 年 5 月，美国国家航空航天局 (NASA) 的空间探测卫星"引力探针 B"对地球周围空间的形状进行了检测，测量到由于时空弯曲而引起的差异为 28mm，再一次证明了爱因斯坦理论的正确性。

NASA "引力探针B" 卫星对地球周围空间形状检测的示意图

转动圆盘上的钟和尺

"爱因斯坦升降机" 是匀加速运动的非惯性坐标系，为了进一步考察在一般的、变加速运动的非惯性坐标系中的时空特性，让我们跟随爱因斯坦在转动圆盘上用钟和尺来做实验：设想将坐标 S' 固定在一个平面圆盘上，这个圆盘在其本身的平面内围绕其中心作匀速转动。那么，在圆盘上离开盘心而坐的一个观察者将会感受到沿径向向外的一个力，而坐在盘心的另一个观察者则感受不到这个力，便称其为惯性离心力，而前一个观察者可以把圆盘当作一个 "静止" 的参考物体，那么，根据等效原理，他便可把作用在自身的力看作是一个引力场的效应。但是，这个引力场与万有引力场不一样，它的场强随着离盘心距离的增加而不断增强，而且在盘心消失，因此无法用牛顿万有引力定律来描述。为了能够合理地描述上述观察者所感受到的引力场，同时又能解释众星的运动，必须寻找一个更为普遍的引力定律。

由于 "非惯性坐标系等效于一个引力场"，因此，要建立上述的普遍引力定律，就必须分析非惯性坐标系内物体的运动，也就是要知道在非惯性坐标系 (例如上述固定在转动圆盘上的坐标系 S') 中如何定义时间坐标和空间坐标。为此，我们来讨论转动圆盘上的钟和尺。首先，将构造完全相同的两个钟放在圆盘上：一个放在盘心，另一个放在边缘。显然，这两个钟相对于坐标系 S' 是保持静止的，而相对于非转动的伽利略坐标系 S，它们的运动状态却是不同的：位于盘心的钟仍然保持静止；位于边缘的钟则随着圆盘转动。在 "狭义相对论" 部分，我们曾经提到 "动钟变慢"，因此，第二个钟应该比第一个钟走得慢，也就是说，在转动圆盘上，或者说在某一引力场中，一个钟走得快些还是慢些，要看这个钟放在什么位置。加上前面提到的，在引力场中，真空中光速不再保持不变，而是依赖于坐标。于是，时间不再能用 "同步" 的钟来测量，原先有关 "同时性" 的定义也不再适用了，它们都需要重新定义。接着，再来看转动圆盘上的尺。设想其长度 (假定为 1) 远比圆盘半径要短，将其放在圆盘边缘并与圆盘相切，那么，根据 "动尺缩短"，它相对于伽利略坐标系 S 的长度应该小于 1。但是，若将其沿半径方向 (即与转动方向垂直地) 放在圆盘上，则其长度不会缩短，仍为 1。这样一来，如果用这杆尺先去量度圆盘的圆周，再去量度圆盘的直径，然后两者相除，则所得到的商将不会是大家熟知的 π，而是一个大一些的数。但是，对于一个相对于 S 保持静止的圆盘，上述操作和运算则会准确地得出 π。这就是说，在非惯性坐标系 S' 中，或者说在一个引力场中，欧几里得几何学的命题不再严格成立。在狭义相对论中，运动物体的空间坐标 (x, y, z) 通过笛卡儿坐标系来定义的。笛卡儿坐标系包含三个相互垂直的平面，这三个平面与一个刚体牢固地连接在一起。在这个坐标系中，任何事件发生的地点都由从该事件发生的地点向上述三个平面所作垂线的长度来确定。这三条垂线的长度可以按照欧几里得几何学所确立的规则和方法用 "刚性" 的尺来度量，它们就是该事件发生地点的空间坐标 (x, y, z)，又称笛卡儿坐标。既然在非惯性坐标系 S' 中 "尺" 在不同地点有不同的长度，也就是说，它不是 "刚性" 的尺，那么发生在非惯性坐标系 S' 中的事件的空间坐标就不能再用笛卡儿坐标来描述，需要重新定义。

　　然而，只要事件的时间坐标和空间坐标的定义还未给出，我们就不能赋予 (在其中出现这些事件的) 任何自然规律以严格的意义，也就不能给出广义相对性原理的严格表述。那么，在非惯性坐标系中，或者说在一个引力场中，应该如何定义时间坐标和空间坐标呢？

 ## 高斯曲线坐标和黎曼几何学

　　爱因斯坦想到大学时学过的高斯 (C. F. Gauss，1777—1855) 曲线坐标可以用来代替笛卡儿直角坐标来定义非惯性坐标系中的时间坐标和空间坐标。

　　设想在桌面上画两组彼此相交的曲线系 x 和 y，并用一个实数来标明每一根 x 或 y 曲线 (见下图)。应当强调指出：在图中，曲线 $x(y) = 1$ 和 $x(y) = 2$ 之间布满着互不相交的无限多根 $x(y)$ 曲线，这些 $x(y)$ 曲线都分别标注着对应于 1 和 2 之间的实数，使得桌面上每一个点都具有一组完全确定的 (x, y) 值，这组值就被称为该点的高斯坐标，例如，图中 P 点的高斯坐标就是 $(3, 1)$。这样，按照高斯的论述，桌面上无限邻近的两个点：(x, y) 和 $(x + \mathrm{d}x, y + \mathrm{d}y)$ 之间的距离 (或间隔)$\mathrm{d}s$ 的平方可以表示为

$$\mathrm{d}s^2 = g_{11}\mathrm{d}x^2 + 2g_{12}\mathrm{d}x\mathrm{d}y + g_{22}\mathrm{d}y^2 \tag{3.11}$$

式中，$g_{ij}\,(i, j = 1, 2)$ 称为度规，它们 "以完全确定的方式取决于 x 和 y 的量"，或者换句话说，$x(y)$ 曲线在 (x, y) 点的曲率由它们来规定。如果 x 曲线和 y 曲线就

是欧几里得几何学中相互正交的直线, 那么, 高斯坐标也就成为笛卡儿坐标, (3.11)
式便可表示为大家熟知的形式:

$$ds^2 = dx^2 + dy^2 \tag{3.11'}$$

将 (3.11′) 式与 (3.11) 式相比较, 不难发现: 在笛卡儿 (直角) 坐标系中, ds^2 与坐
标 (x, y) 无关, 也就是说, 不论在桌面上什么地方, "尺" 都有一样的长度, 因此,
可以用同一个笛卡儿坐标系来描述发生在桌面上任何地方的所有事件; 而采用高
斯曲线坐标, ds^2 通过度规 g_{ij} 与坐标 (x, y) 有关, 或者说, "尺" 的长度将随它在

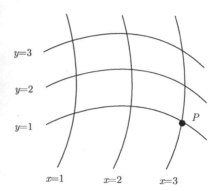

高斯及其曲线坐标

桌面上放在何处而有所不同。后来, 高斯晚年的高才生黎曼 (B. Riemann, 1826—
1866) 将高斯曲线坐标推广到 n 维空间, 使无限邻近的两个点之间的间隔的平方
$ds^2 = \sum_{\mu,\nu=1}^{n} g_{\mu\nu} dx_\mu dx_\nu$ 在高斯曲线坐标的变换下保持不变, 并在此基础上, 引入
与度规张量 $g_{\mu\nu}$ 有关的里奇张量来描述高斯曲面的曲率, 发展了一套几何方法来
研究黎曼空间中各种图形的性质。这套几何方法, 就称为黎曼几何学。具体应用到
四维时空, 两个无限邻近的世界点之间的时空间隔的二次方可以表示为

$$\begin{aligned} ds^2 &= g_{00}dx_0^2 + 2g_{01}dx_0dx_1 + \cdots + g_{33}dx_3^2 \\ &= \sum_{\mu,\nu=0}^{3} g_{\mu\nu} dx_\mu dx_\nu \end{aligned} \tag{3.12}$$

式中, $g_{\mu\nu}$ 称为黎曼时空度规张量。对于闵可夫斯基四维时空, (3.12) 式变为

$$\begin{aligned} ds^2 &= dx_0^2 - dx_1^2 - dx_2^2 - dx_3^2 \\ &= \sum_{\mu,\nu=0}^{3} \eta_{\mu\nu} dx_\mu dx_\nu \end{aligned} \tag{3.12'}$$

式中，$\eta_{\mu\nu}$ 称为闵可夫斯基时空度规 (注意：这里采用现行教科书中的定义，即用 $x_0 = ct$ 代替闵可夫斯基定义的 $x_4 = \mathrm{i}ct$)。

黎曼

应当指出，在平直的闵可夫斯基四维时空中，度规张量 $\eta_{\mu\nu}$ 不随世界点 $x = (x_0,\ x_1,\ x_2,\ x_3)$ 的位置而变，而在弯曲的黎曼空间中，度规张量 $g_{\mu\nu}$ 要随世界点 x 的位置而变，也就是说，放在该世界点的 "尺" 的长度和 "钟" 的读数都将依赖于它的时空坐标，因此，采用高斯曲线坐标来定义非惯性坐标系中的时间坐标和空间坐标，就不能像采用笛卡儿坐标那样只选用一个固定在刚体上的直角坐标系便可描述所有世界点的坐标，而是要像爱因斯坦那样选用 "软体动物" 代替刚体作为参考物体，即在每一个世界点都定义一个无限小的笛卡儿直角坐标系。

在 "狭义相对论" 部分，我们曾经谈到：闵可夫斯基将笛卡儿坐标推广应用于平直的四维时空连续区，发展了一套几何方法，使狭义相对论的数学表述更为简洁。显然，借助于高斯曲线坐标和黎曼几何学应当能够给出广义相对论的更为清晰的数学表述。但是，爱因斯坦对黎曼几何学并不熟悉，于是，他再一次找到老同学、苏黎世工学院数学教授格罗斯曼，上述想法立即引起了格罗斯曼的兴趣。1913年，他们联名发表了《广义相对论和引力理论纲要》一文：爱因斯坦负责物理学部分；格罗斯曼负责数学部分。文中，格罗斯曼应用黎曼几何学将闵可夫斯基平直空间的张量运算推广到黎曼弯曲空间，建立了引力的度规场理论，并首次导出了引力场方程。考虑到对于大多数读者黎曼张量分析显得过于深奥，在下面介绍爱因斯坦引力场方程时将不作推导而直接给出结果，对于一些不得不提到的黎曼几何术语，我们力争说清其物理或数学含义，尽量少用公式表述。至于少数对数学特别感兴趣的读者，建议他们参阅温伯格著，邹振隆等译的《引力论和宇宙论》。

 广义相对性原理的严格表述

　　现在，我们就来介绍爱因斯坦如何借助高斯曲线坐标，运用黎曼几何方法，严格表述广义相对性原理，进而将万有引力定律纳入狭义相对论的理论框架之中，克服了狭义相对论的第二个局限性，实现了相对论从"狭义"到"广义"的拓展。

　　前面提到，爱因斯坦在"引力质量与惯性质量完全相等"的启示下，提出了等效原理，将狭义相对性原理推广为广义相对性原理。所谓广义相对性原理，指的是：对于描述自然现象（或普遍的自然界定律）而言，所有参考物体 S, S' 等都是等效的，不论它们的运动状态如何。但是，在狭义相对论中，S 和 S' 等通常指的是刚性参考物体，而对于非惯性坐标系 S'，根据前面的讨论，应当采用被爱因斯坦称之为"软体动物"的柔性参考物体，即用高斯坐标系代替笛卡尔坐标系。因此，与广义相对性原理的基本观念相一致的表述应当是"所有的高斯坐标系对于表述普遍的自然界定律在本质上是等效的"，或者说，对于从一个高斯坐标系到另一个高斯坐标系的任意坐标变换，所有自然界定律的数学形式都保持不变，即具有协变性。因此，广义相对性原理又称为广义协变原理。

 爱因斯坦引力方程

　　借助黎曼几何方法，根据广义协变原理，爱因斯坦从牛顿引力理论出发，建立起了表征时空性质与物质及其运动相互关系的广义相对论基本方程，即爱因斯坦引力场方程。

　　在牛顿引力理论中，引力场方程就是引力场标量势，即牛顿引力势 φ 所满足的泊松方程：

$$\Delta\varphi = \left(\frac{\partial^2}{\partial x^2} + \frac{\partial^2}{\partial y^2} + \frac{\partial^2}{\partial z^2} \right)\varphi = 4\pi G\rho \tag{3.13}$$

式中，G 是引力常量；ρ 是质量密度。显见，这一方程表示物质能够引起"引力场"。考虑到标量势 φ 与度规 g_{00} 有关，即与时空弯曲有关，这个方程实际上已经将引力场中的时空曲率与物质分布联系了起来。因此，可以将它用来作为推广建立爱因斯坦引力场方程的基础。

　　爱因斯坦认为，物质的存在会使时空几何偏离闵可夫斯基几何，而这种偏离又反过来决定着物质的运动特性，即物质分布决定时空曲率，时空曲率又反过来制约物质的运动。循着这样的思路，他将牛顿引力场方程加以推广：一方面，将 $\Delta\varphi$ 推广为与度规张量 $g_{\mu\nu}$ 的二阶微商或时空弯曲程度有关的二阶对称张量 $G_{\mu\nu}$；另一方面，将质量密度 ρ 推广为描述能量–动量分布的二阶对称张量 $T_{\mu\nu}$，于是便得到了广义相对论的基本方程 —— 爱因斯坦引力场方程：

$$G_{\mu\nu} = R_{\mu\nu} - \frac{1}{2}g_{\mu\nu}R = \kappa T_{\mu\nu} \tag{3.14}$$

式中，$G_{\mu\nu}$ 表示时空的黎曼几何特征，称为引力张量，或爱因斯坦张量；$R_{\mu\nu}$ 是由度规张量 $g_{\mu\nu}$ 的二阶微商线性组合构成的二阶里奇张量；R 为曲率标量；$T_{\mu\nu}$ 表示物质分布及其运动特征，称为能量动量张量，或应力能量张量。它的各个分量的含义分别是 T_{ij} $(i, j = 1, 2, 3)$ 表示动量流密度或应力，$T_{0i} = T_{i0}$ 表示动量密度或能流密度，T_{00} 为能量密度，这些分量的具体形式由物质体系模型决定；$\kappa = 8\pi G/c^4$ 为耦合系数。

与牛顿引力场方程相比，爱因斯坦引力场方程有一个非常特殊的性质：它既包含引力场本身的方程，又能给出物质体系（即引力场源）的运动方程。也就是说，在爱因斯坦引力理论中，时空与物质的存在不再是完全独立的：一方面，时空的弯曲会影响物质体系的能量-动量分布及其在时空中的运动；另一方面，物质体系的能量-动量分布及其在时空中的运动又反过来影响着时空的曲率。这两者必须同时确定，因此在求解爱因斯坦引力场方程时，不能像求解牛顿引力场方程时那样，任意假定物质或能量分布。

爱因斯坦引力场方程是关于 $g_{\mu\nu}$ 的二阶非线性偏微分方程，到目前为止，还没有求解的普遍方法，只有在特定的对称条件下才可严格解出，例如史瓦西静态球对称解、克尔稳态轴对称解等。在弱场（一级线性）近似下，爱因斯坦引力场方程退化为牛顿引力场方程，可以严格解出，实际上，耦合系数 κ 就是据此确定的。

 史瓦西奇异性与黑洞

1916 年，德国天文学家、物理学家史瓦西（K. Schwarzschild，1873—1916）给出了爱因斯坦引力场方程的第一个严格解，即该方程在一个静止的、球对称质量分布的引力场源的外部空间的解，称为史瓦西解，对应的度规称为史瓦西度规。1923年，伯克霍夫（G. D. Birkhoff，1884—1944）证明球对称真空场的解都是史瓦西解，不必有静场条件。因此，沿径向脉动的物质分布，其度规也是史瓦西度规。当引力半径 $r \to 0$ 或 $\to 2GM/c^2$ 时，史瓦西度规出现奇异性（即史瓦西奇异性）：在 $r = 0$ 的中心处，存在一个物质密度为无穷大的奇点；或在 $r = 2GM/c^2$ 处，出现一个奇异球面，称为史瓦西球面，从这一球面的内部不可能有任何讯号传出去，故又称其为史瓦西视界。所谓"视界"，顾名思义，就是可见区域的边界。由于任何信号只能进不能出，因此史瓦西视界内部的时空区域被称为黑洞，即史瓦西黑洞。

按照广义相对论，黑洞是由于时空弯曲得太厉害，致使光跑不出去而形成的。史瓦西黑洞是静止的、不转动的黑洞。从爱因斯坦引力场方程的另一个严格解 ——

克尔解还可以得到稳态 (即不随时间变化) 轴对称的转动黑洞，称为克尔黑洞。另外，还有一种既转动又带电的克尔–纽曼黑洞，它是最一般的稳态黑洞。对于史瓦西黑洞，人们只知道构成它的物质总质量 M，其他什么都不了解；对于克尔黑洞，除了知道 M，还知道总角动量 J；而对于克尔–纽曼黑洞，则不仅知道 M 和 J，而且知道总电荷 Q，除此以外，外部观测者不能从黑洞得到任何其他信息，这就是"黑洞无毛定理"。也就是说，形成黑洞的物质失去了 M，J 和 Q 以外的全部信息，外部观测者无法了解构成黑洞的物质的成分、结构和性质。但是，英国物理学家霍金考虑黑洞附近的量子效应后发现，黑洞存在温度，具有热辐射。霍金的发现使黑洞的理论研究在 20 世纪 70 年代之后又一次成为热门话题，在第六章介绍超弦理论时我们将再次谈及，这里就不赘述。

史瓦西

　　天体物理研究表明，质量大于 3.5 倍太阳质量的致密天体会在自身引力作用下坍缩为黑洞。如果这样的天体碰巧围绕一颗较大恒星旋转而形成双星，它将剥夺伴星的物质，形成一个由向黑洞汇集的热物质构成的吸积盘。这个吸积盘中的温度可以升至极高，以至于能够发射 X 射线，从而使黑洞被间接探测到。下图给出了天文学家根据欧洲南方天文台甚大望远镜和 NASA 钱德拉 X 射线空间望远镜的观测数据发现的一个迄今已知最强大的黑洞喷流。该黑洞属于一个双星系统，它吹出了一个巨大的炽热气泡，直径高达 1000 光年。顺便指出，著名的天鹅座 X-1 就是最早被怀疑有恒星级黑洞的双星系统。

根据欧洲南方天文台甚大望远镜和NASA钱德拉X射线空间望远镜的观测数据，天文学家
发现了一个迄今已知最强大的黑洞喷流

另外，NASA2010 年 11 月 16 日宣布："钱德拉 X 射线空间望远镜的最新观测似乎倾向于认为，31 年前爆发的超新星 SN1979c 最终形成了黑洞。" 天文学家还根据哈勃空间望远镜的观测资料以及其他有关资料认为，几乎任何一个星系的中心都存在着一个巨大的黑洞。例如银河系中心就有一个质量约为太阳质量 260 万倍的巨大黑洞。总之，自 1989 年哈勃空间望远镜升空以来，特别是钱德拉 X 射线

钱德拉X射线空间望远镜拍摄到星系NGC 3115中巨型黑洞吞噬气体

望远镜和斯必泽空间红外望远镜的升空，以及许多地面大型观测设备的启用，大量有关黑洞的观测资料不断涌现，使人们不得不相信黑洞确实存在。

北京时间 2019 年 4 月 10 日 21 时，参与事件视界望远镜（Event Horizon Telescope，简称 EHT）计划的科学家在比利时布鲁塞尔、智利圣地亚哥、中国上海和台北、日本东京和美国华盛顿通过协调召开的全球新闻发布会上以英语、西班牙语、汉语和日语公布了人类历史上首张黑洞视界照片（见下图）。该黑洞位于室女座星系团中超巨椭圆星系 M87 中心，距离地球 5500 万光年，质量为太阳的 65 亿倍。这张由 200 多名科研人员历经 10 余年，从四大洲 8 个观测点"捕获"的超大黑洞的视觉证据，不仅验证了爱因斯坦的广义相对论在极端条件下仍然成立，而且开启了直接观测黑洞的序幕。

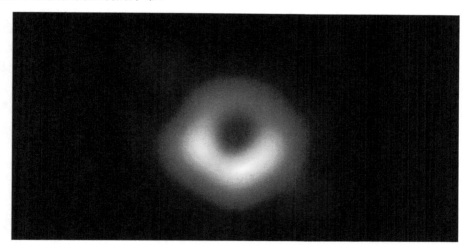

"黑洞无毛"，其引力强大到连光都跑不出来，那么，如何拍到这张照片的呢？

原来，因为黑洞的存在，周围时空弯曲，气体被吸引下落。在气体下落至黑洞的过程中，引力做功产生光和热，使气体加热至数十亿度。于是，黑洞就像沉浸在一片类似发光气体的明亮区域内，其事件视界看起来就像阴影，阴影周围环绕着一个由吸积或喷流辐射造成的如新月状的光环。EHT 拍摄到的就是这样的"圆形阴影+光环"的照片。

为了捕获这样的一张黑洞图像，早在十多年前，麻省理工学院的天文学家就联合其他机构的同行们让世界各地的射电望远镜组成一台口径相当于地球直径的巨大的虚拟望远镜，即 EHT，对银河系中心的黑洞人马座 A* 和 M87 星系中心的黑洞 M87* 展开亚毫米波段观测。由于观测波段在 1.3 毫米，容易受地球大气的水汽影响，因此，这些亚毫米波望远镜安排分布在高海拔地区，包括夏威夷和墨西哥的火山、亚利桑那州的山脉、西班牙的内华达山脉、智利的阿塔卡马沙漠以及南极点。2014 年 12 月，德国马普射电天文研究所（MPIfR）的艾伦·罗伊（A. Roy）带领德国、智利和韩国的天文学家前往智利阿塔卡玛沙漠；亚利桑那大学的丹·马龙（D. Marrone）带领智利和美国的科学家飞往南极，建设人类历史上最大的虚拟望远镜 ——EHT，通过联合、协调上述六地的 8 台射电望远镜①，来拍摄一张黑洞细节的照片。马龙说："建造 EHT 的目的是验证爱因斯坦的广义相对论，了解黑洞如何吞噬物体和喷射喷流，以及证明黑洞的边缘（即黑洞的视界）的存在。"2017 年 4 月启动拍照，"冲洗"照片，即对数据进行后期处理和分析，用了约两年时间，2019 年 4 月 10 日终于公布了人类历史上首张黑洞视界照片。

◆ 水星近日点进动

行星绕太阳公转的轨道，粗略地说，都呈椭圆形，既有近日点，也有远日点。在牛顿力学中，若把行星视为质点，则其轨道是闭合的椭圆，它的近日点和远日点是不变的。但是，行星不是质点，它的自转引起的岁差和邻近行星对它的摄动使其轨道不再是闭合的椭圆，也就是说，行星绕日公转中近日点 (远日点) 都在不停地变化着方位，从一个近日点到下一个近日点，它相对于太阳的矢径所扫过的角度会大于 360°，即近日点向前移动了一个微小的角度，这个变化就称为行星近日点进动。

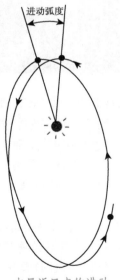

水星近日点的进动

---

① 由于位置的限制，南极的 SPT 望远镜无法观测到 M87*，未能参与观测。因此，实际参与观测的只有 7 台。

早在 18 世纪，天文学家就发现大多数行星都具有这种可观测的效应，其中，水星因距离太阳较近，运行速度较快，这种效应最为显著、最易观测，总的观测值为每百年 5599.74″。1859 年，曾发现海王星的勒威耶根据牛顿力学计算出水星每百年应进动 5557.18″，与观测值相比，有 42.56″ 的剩余。这个牛顿力学无法解释的剩余，虽然甚小，但已是观测误差的数百倍，不容忽视。爱因斯坦在用广义相对论讨论单个质点在球对称引力场中的运动时发现，质点的轨道不是闭合的椭圆，其近日点会进动，把水星的轨道参数代进去，计算得到进动差值为 43.03″。显然，理论值与观测值符合得很好。因此，水星近日点进动便成为支持广义相对论的最强有力的证据之一。

 引力波及其观测

在弱场 (一级线性) 近似下，可将黎曼时空度规张量 $g_{\mu\nu}$ 用闵可夫斯基时空度规张量 $\eta_{\mu\nu}$ 来展开：

$$g_{\mu\nu} = \eta_{\mu\nu} + h_{\mu\nu} \left(|h_{\mu\nu}| \ll |\eta_{\mu\nu}| \right) \tag{3.15}$$

于是，爱因斯坦引力场方程可改写为

$$\left(\frac{\partial^2}{\partial x^2} + \frac{\partial^2}{\partial y^2} + \frac{\partial^2}{\partial z^2} - \frac{1}{c^2}\frac{\partial^2}{\partial t^2} \right) h_{\mu\nu} = 2\kappa T_{\mu\nu} \tag{3.16}$$

在真空情况下，$T_{\mu\nu} = 0$，(3.16) 式变为波动方程：

$$\left(\frac{\partial^2}{\partial x^2} + \frac{\partial^2}{\partial y^2} + \frac{\partial^2}{\partial z^2} - \frac{1}{c^2}\frac{\partial^2}{\partial t^2} \right) h_{\mu\nu} = 0 \tag{3.17}$$

可给出引力波的平面波解。

早在 1916 年，爱因斯坦就根据上述弱场近似预言了引力波的存在，并指出太空灾变 (例如密近双星旋转与并合、超新星爆发、中子星或黑洞形成等) 会发射引力波，但因两个理论上的困难：一是因为引力波方程与坐标选择有关，理论上无法弄清引力波究竟是引力场的固有性质，还是某种虚假的坐标效应；另一是不知引力波是否从发射源带走能量，致使引力波的探测在半个多世纪之后才提到日程上来。

第一个探测引力波的实验是由美国物理学家韦伯 (J. Weber，1919—2000) 设计的，他从 1960 年起开始用 "共振棒" 探测引力波，并于 1969 年宣布已经检测到来自银河系中心的引力波，但是，后人用同样的实验并未探测到这一引力波 [①]；1974 年，美国物理学家泰勒 (J. H. Taylor) 和赫尔斯 (R. A. Hulse) 利用

────────────

①虽然韦伯仍在孤独地继续做探测引力波实验，还不断宣称有新的观测结果，但因无人能够重复他的实验，致使他在学术界声名狼藉。令人唏嘘不已的是，他 2000 年去世的主因，竟然是冬天在他那破旧失修的实验室门口滑倒，连续两天没有获救，身体健康从此每况愈下，最终去世。

射电天文望远镜发现了由两个质量与太阳质量相当的、相互旋绕的中子星组成的脉冲双星 PSR1913+16，并对其周期性的变化连续观测了 14 年，间接证明了引力波的存在，他们俩因此荣获了 1993 年诺贝尔物理学奖；进入 21 世纪，几台大型激光干涉仪引力波探测器 (LIGO) 相继建成并投入运行，以搜寻引力波存在的直接证据，它们是：位于美国路易斯安那州利文斯顿 (Livingston) 的 LIGO(llo)、位于美国华盛顿州汉福德 (Hanford) 的 LIGO(lho)、意大利和法国联合建造位于比萨附近的室女座引力波天文台 (Virgo)、德国和英国联合建造位于汉诺威 (Hannover) 的 GEO 和位于日本东京国家天文台的 TAMA300 等。

       韦伯   泰勒   赫尔斯

       以 LIGO(llo) 为例，它由两个直径超过 1m 呈 "L" 形放置的空心圆柱体组成，其工作原理如下：在两臂交会处，从光源发出的激光束被一分为二，分别进入互相

美国LIGO引力波观测站

垂直并保持超真空状态的两空心圆柱体内，运行 4km 后，被终端的用导线悬挂的带有镜面的重物反射回原出发点，并在那里相互干涉。这时，若有引力波通过，便会引起时空变形，即一臂的长度会略为变长而另一臂的长度则略为缩短，于是，干涉条纹发生变化。只要探测到这种变化，便可证实引力波的存在。

LIGO(llo)，LIGO(lho)，Virgo，GEO 和 TAMA300 等，称为第一代激光干涉仪引力波探测器，灵敏度为 10^{-22}。在它们运行一段时间而未能探测到引力波后，便开始研发第二代激光干涉仪引力波探测器和爱因斯坦引力波望远镜，将灵敏度设计指标分别提高到 10^{-24} 和 10^{-25}。就在改进后的 LIGO，即高级激光干涉仪引力波探测器 (Advanced LIGO) 于 2015 年投入运行后不久，引力波的探测便取得了突破性的进展。

2016 年 2 月 11 日，美国国家科学基金委员会 (NSF) 召集来自加州理工学院、麻省理工学院以及美国的激光干涉引力波探测器 (LIGO) 科学合作组的科学家代表在华盛顿国家新闻中心向世界宣布：加州理工学院、麻省理工学院和 LIGO 科学合作组 SLC 的科学家利用设在华盛顿州汉福德的高级激光干涉仪引力波探测器 H1 和位于路易斯安那州利文斯顿的相同的实验设备 L1 发现了引力波存在的直接证据。具体地讲，就是这两台高级激光干涉仪引力波探测器 (H1 和 L1) 于 2015 年 9 月 14 日同时发现了两个黑洞并合产生的引力波事件 (GW150914)。这一事件发生在距离地球大约 13 亿光年的地方，两个黑洞的质量分别为太阳质量的 36 倍和 29 倍，合并后的黑洞的质量为太阳质量的 62 倍，也就是说，引力波带走了大约 3 倍太阳质量。这样，GW150914 的发现不仅证实了爱因斯坦的预言而且解决了困扰科学家近 100 年的上述两个难题：引力波不是虚假的坐标效应、能够从发射源带走能量。显见，这是一项划时代的科学成就，具有极其深远的意义。

发布会上科学家在欢呼(左起：路易斯安那州立大学的冈萨雷斯(G.González)， 麻省理工学院的韦斯(R.Weiss)，加州理工学院的索恩(K. Thorne))

在 GW150914 被发现之后，又发现了 4 例双黑洞并合引力波事件 (LVT151012, GW151226, GW170104 和 GW170814, 其中 GW170814 是 LIGO 和 Virgo 联合观测到的); 2017 年 8 月 17 日, LIGO 和 Virgo 首次发现了双中子星并合引力波事件 (GW170817), 国际引力波电磁对应体观测联盟还发现了该引力波事件的电磁对应体。这些发现进一步确认了引力波的存在。2017 年 10 月 3 日, 瑞典皇家科学院宣布, 将 2017 年诺贝尔物理学奖授予美国科学家雷纳·韦斯 (R. Weiss)、巴里·巴里什 (B. C. Barish) 和基普·索恩 (K. S. Thorne), 以表彰他们为发现引力波做出的贡献。

双星旋绕与引力波发射示意图

韦斯   巴里什   索恩

对发现引力波的 LIGO 的建造做出重大贡献的, 除了获奖的三位, 还有罗纳德·得雷夫 (R. Drever, 1931—2017), 他与韦斯、索恩共同发起 LIGO 项目, 人称"LIGO 三巨头"。那么, 获奖人为何不是 LIGO 三巨头而是上述三位呢? 要回答这个问题, 还得从头谈起: LIGO 项目启动之后, 得雷夫与同为实验专家的韦斯意见不合，互相攻击，无法合作，索恩是理论家，想尽办法在两者之间斡旋，仍然无济于事。在这种情况下，项目无法取得进展，基金会只好下命令彻底改变项目的管理，加州理工学院指派了一个重量级官员取代他们三位独自管理这个项目。新领导人和得雷夫矛盾更大，只好将其开除，不准他再踏入 LIGO 实验一步，得雷夫不服，到处告状，整个项目团队面临分崩离析，LIGO 实验几乎崩盘！最终，加州理工学院任命了粒子物理学家巴里什担任这个项目的首席科学家。巴里什不负众望，不但重整了 LIGO 项目的管理，而且组建了 LIGO 的科学合作团队，重新向基金会提交了 LIGO 建设方案。虽然经费需求大幅度提高，基金会仍然全盘接受，LIGO 项目终于步入正轨，1994 年正式建造；2002 年开始进行引力波探测。尽管后来加州理工学院认识到，对得雷夫的处理过于严厉而且不公，但是一直没有恢复得雷夫在 LIGO 项目的成员身份，只是想给得雷夫一笔不菲的研究经费让他爱干啥干啥。但是，得雷夫拒绝了，因为 LIGO 是他一生的心血，除了 LIGO，他什么都不想做。在 LIGO 成功地探测到引力波的时候，得雷夫已经得了重度老年痴呆症住院，索恩去医院看他，得雷夫非常高兴，与索恩一起回忆他们当年共同开创 LIGO 的愉快时光。随后 LIGO 项目获得的所有科学大奖的名单上都有得雷夫，尽管得雷夫已经不能亲自出席领奖。更加不幸的是，得雷夫于 2017 年 3 月去世，未能荣获科学的终极荣耀 —— 诺贝尔物理学奖。

广义相对论的实验验证，除了上面提到的 "光线在引力场中的偏转" "水星近日点进动"，以及 "引力波" 和 "黑洞" 的探测外，还有 "光谱线引力红移" "无线电波延迟" 等，限于篇幅，就不再一一介绍。这些实验验证，特别是爱丁顿等的日全食观测，使爱因斯坦一举成为公众瞩目的人物，使狭义和广义相对论终于受到应有的重视。

三、 时空的本性

狭义相对论是关于时间、空间、物体运动及其相互关系的理论；广义相对论是关于时空性质与物质分布及运动相互关系的理论，因此，它们都是与时空的本性密切相关的物理理论。这里，时空是时间和空间的总称。通常，时间用来描述事件的顺序；空间用来描述物体的位形；时空用来描述事物之间的一种次序。人类对时空的认识经历了经典力学时空观、狭义相对论时空观和广义相对论时空观等三个主要阶段。经典力学时空观认为，时间独立于空间而存在，不管物体是静止的还是运动的，空间始终不变，时间始终均匀流逝，因此，它又被称为绝对时空观；狭义相对论的时空观认为，时间和空间不可分离，组成四维时空，运动的尺相对于静止的尺长度会变短、运动的钟相对于静止的钟走得会变慢；广义相对论的时空观认为，时间和空间除了与物体的运动状态有关外，还与物质的分布有关，物质的存在会使周围时空发生弯曲。狭义和广义的时空观又被统称为相对时空观，认为时空与物质及其运动不可分离。顺便指出，在第 2 章提到过的《淮南子》一书中，有一句关于宇宙的论述："天地四方，曰宇；古往今来，曰宙。"这里，天地四方，明指空间，暗含不停运动的物体；古往今来，明指时间，暗含不断演变的事件。因此，宇宙泛指天地万物及其发展、变化。由此可见，我国古代哲学家的宇宙观与时空观是统一的，在想法上与相对论时空观也是一致的。

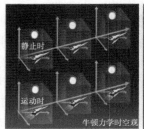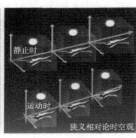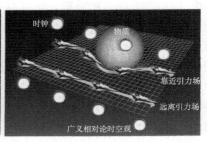

牛顿力学时空观、狭义和广义相对论时空观的图示

 空间与时间

　　空间的概念来自观察者能感受到周围物体具有长、宽、高三个方向上的广延性，也来自观察者无论在哪里都能感受到周围物体可在相对观察者的前后、左右、上下方向上连续移动，而且当没有外力（例如引力）的情况下，这种移动甚至没有一个特别优越的方向。由此可见，空间是均匀、各向同性的三维连续体。

　　时间的概念来自观察者所经历的事件都按"早"和"迟"排成一个序列。为了具体描述这些事件的"早"和"迟"，就用一个称为"时间"的单调变化的数列来指定事件发生的先后顺序，使得较早发生的事件对应一个较小的数，而较晚发生的事件对应一个较大的数。在日常生活中，这种指定的顺序是绝对的，也就是说，两个事件中哪个发生早一些或晚一些，与谁（哪个观测者）看到这两个事件无关。

 绝对时空观

　　绝对时空观认为，空间和时间与物体存在及其运动无关，存在着绝对空间和绝对时间。牛顿在其名著：《自然哲学的数学原理》中写道"绝对空间，就其本性来说，不受外界事物的影响，始终保持着相似和不变"，"绝对的、纯粹的和数学的时间，就其本性来说，自行均匀流逝，而与任何外界事物无关"。物质就是在这不变的空间和均匀流逝的时间中运动。也就是说，绝对时空就是与物体及其运动无关的、时间和空间分离的"3+1"维（三维空间和一维时间）平直时空，服从欧几里得几何学。

　　物体的运动性质和规律与采用怎样的空间和时间来度量有着密切的关系。只有以绝对空间作为度量运动的参考系，或者以相对于绝对空间作匀速直线运动的物体为参考物体，惯性定律才成立，即不受外力作用的物体，总保持静止或者匀速运动状态。这类参考系统称为惯性参考系。任何两个不同惯性参考系的空间坐标与时间坐标之间满足伽利略变换。在这种变换下，位置和速度是相对的，即对于不同参考系其数值不同；长度和时间间隔是绝对的，即相对于不同参考系其数值不变；同时性是绝对的，即相对于某个惯性参考系同时发生的两个事件，相对于其他惯性参考系也必定是同时的。另外，牛顿力学规律在伽利略变换下保持形式不变，即在不同的惯性参考系中具有相同的形式，这就是伽利略相对性原理。

　　如果存在绝对空间，则物体相对于这个绝对空间的运动就应该是可以测量的，就应该存在绝对速度。然而，伽利略相对性原理不允许在物体运动定律中包含绝对速度，亦即绝对速度在原则上是无法测定的。这样，就出现了自相矛盾，而且，绝对空间和绝对时间的存在也缺乏实验证据。

 四维时空观

　　为了克服上述矛盾，爱因斯坦提出相对时空观代替绝对时空观，他在狭义相对论中将伽利略相对性原理作了推广，要求在不同的惯性参考系中，不仅牛顿力学规律，而且其他一切物理规律都具有相同的形式。在狭义相对论中，由于这一推广，加上引入光速不变原理，不同惯性参考系的空间坐标与时间坐标之间遵从洛伦兹变换，空间和时间不再是绝对的，而是相对的，它们都依赖于物体的运动状态；空间和时间不再是相互独立的，而是相互关联地形成四维时空。根据这种变换，同时性也不是绝对的，而是相对的，即相对于某个惯性参考系同时发生的两个事件，相对于另一个惯性参考系可能并不同时发生；空间距离和时间间隔也不再是绝对的，运动的尺相对于静止的尺变短，运动的钟相对于静止的钟变慢。还应指出的是，尽管在不同的惯性参考系中观测到的两个事件之间的时间间隔可以不同，但是前后顺序不会改变，也就是说，因果关系不会颠倒。另外，光速也是绝对量，即相对于任何惯性参考系光速都是一样的。四维时空是平直的，服从欧几里得几何学，它依赖于物体的运动状态，但不依赖于物体存在与否。

 弯曲时空观

　　经典力学与狭义相对论都认为，一个惯性参考系可适用于整个宇宙，相对于某个惯性参考系，宇宙任何范围中的物体运动都遵从惯性定律。如果考虑到物体之间

的万有引力，那么，一个惯性参考系只能适用于一个局部的范围，而不可能适用于整个宇宙。如果对于一个局部范围中的物体来说，某一个参考系是惯性的，那么，对其他范围中的物体运动而言，它一般就不再是惯性的。为了描写大范围中的运动，对不同局部范围要用不同的惯性参考系。物体之间引力的作用，就在于决定各个局部惯性参考系之间的联系。物体的引力与非惯性参考系中的惯性力相似，引力的作用在于使时空弯曲，弯曲时空由非欧几何描述，各个不同局部范围惯性参考系之间的关系可通过时空曲率来规定。这样，通过引入弯曲时空就可将引力和惯性力同时纳入相对性原理。爱因斯坦突破了惯性参考系的局限，提出广义相对性原理：客观的、真实的物理规律在任何参考系中都具有相同的形式。在广义相对论中，时间和空间不仅依赖于物质的运动状态，而且依赖于物质的分布，正是物质的存在使四维时空本身发生弯曲，而所谓引力实际上就是时空弯曲的表现。

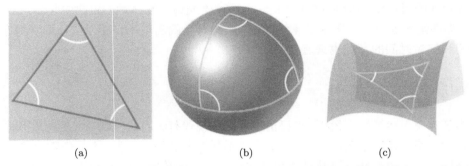

(a)   (b)   (c)

欧几里得几何与非欧几何(黎曼几何和双曲几何)的比较(在欧几里得几何学中，三角形三个内角之和等于180°，如图(a)所示；在黎曼几何学中，三角形三个内角之和大于180°，如图(b)所示；而在双曲几何学中，三角形三个内角之和小于180°，如图(c)所示)

 时空对称性

　　所谓时空对称性，就是在空间、时间和时空的某种坐标变换下的不变性。例如，所有物理规律在洛伦兹变换 (即四维时空的转动变换) 下保持形式不变，就是洛伦兹不变性，也就是狭义相对性原理。因此，物理学的基本规律大多都与时空对称性有关，都相应于时空的某种不变性。例如，空间平移不变性导致动量守恒；时间平移不变性导致能量守恒；空间转动不变性导致角动量守恒，以及时空转动不变性，即洛伦兹不变性，导致狭义相对性原理，等等。

　　时空对称性，除了上述几种，还有左右对称性，也称空间反射不变性，是指把空间坐标轴的方向反过来。这种一下子就使空间反向的变换，不能一点点连续地变过来，故称分立变换。像空间平移和转动那样的变换，能够通过变动任意大小的长度或转角来连续地实现，因而叫连续变换。表征空间反射变换 (简称 P 变换) 性质的物理量叫做空间宇称，简称宇称，它只有正负而没有大小之分。力学和电磁学规律都具有空间反射不变性，人们一度以为所有物理学规律都具有这种不变性，或者说，保持宇称守恒，但是，1956 年美籍中国物理学家李政道和杨振宁预言：在弱相互作用过程中宇称不守恒，翌年，吴健雄等便通过 β 衰变产物左右不对称实验证实了他们的预言，李、杨因此荣获了 1957 年度诺贝尔物理学奖，我们将在下一章对此作更为详细的介绍。另一种分立变换叫时间反演变换 (简称 T 变换)，它是一种将时间逆转的变换，例如，将 "产生一个粒子" 变成 "消灭一个粒子"，在这种变换下的不变性叫做时间反演对称性，没有表征它的相应物理量。还有一种与 P、T 不变性并列的 C 不变性，全称是正反粒子共轭对称性或电荷共轭对称性，用来表征它的物理量叫 C 宇称，与宇称一样，它也只有正负之分，而且也是在强力和电磁力的情况下才守恒，在弱力下不守恒。C 和 P 联合起来的变换叫电荷共轭和空间反射联合变换，绝大多数弱力过程的物理规律在 CP 变换下都具有不变性，但也有个别弱衰变过程的 CP 对称性有轻度破坏。电荷共轭 C、空间反射 P 和时间反演 T 联合起来的变换叫 CPT 变换，现代物理学基本原理可以导出 CPT 不变性，而且这是自然界的一个十分精确的对称性。

应当指出：C 不变性，与 P、T 不变性不一样，不属于时空对称性。在随后几章里，我们还将遇到并谈及其他一些非时空对称性，例如，与前面提到过的规范变换有关的、分别导致自旋、同位旋 (包括电荷) 和幺旋等守恒的规范不变性，以及导致重 (或轻) 子数守恒的内禀不变性，它们都不是时空对称性，这里暂先按下不表。

第三节　未完成的统一场论

从电力的库仑定律和磁力的安培定律与牛顿的万有引力定律一样都服从 "平方反比率"，到麦克斯韦电磁场方程和爱因斯坦引力场方程都具有洛伦兹协变性，数学形式上的这种类同使爱因斯坦确信：定能找到适当的几何方法来进一步推广广义相对论，使其既能描述电磁场又能描述引力场，甚至还可以涵盖量子论，解释电子和质子的存在及其性质，导出电子电荷 (e)、真空光速 (c) 和普朗克常量 (h) 等基本物理常量，也就是说，寻求建立一个可以统一描述电磁力和引力的场论。但是，经历了一次又一次挫折，花费了后半生 30 多年的时间，爱因斯坦至死未能如愿。

爱因斯坦获诺贝尔奖

爱因斯坦在 1895 年撰写了第一篇有关 "以太" 的论文并提出 "追光" 的思想

实验之后，经过十年酝酿，创建了狭义相对论；又过十年，再创广义相对论。其间，他还成功地解释了布朗运动和光电效应，并将广义相对论应用于宇宙学。爱因斯坦在这 20 多年里的创造性工作，极大地改变和丰富了物理学。1922 年 11 月 9 日，瑞典科学院在斯德哥尔摩宣布：爱因斯坦因 "对理论物理的贡献，特别是发现了光电效应定律"，荣获诺贝尔物理学奖。

　　瑞典科学院早就意识到爱因斯坦应该获奖，但是他们不清楚应该从哪方面给爱因斯坦授奖。按照设奖人诺贝尔 (A. B. Nobel, 1833—1896) 的要求，一个原理或理论不是一项 "发现"。早在 1910 年，奥斯特瓦尔德就根据爱因斯坦在相对论方面所取得的杰出成就提名他获诺贝尔奖，就因诺贝尔的上述要求，物理学评奖委员会建议将奥斯特瓦尔德的提议暂时放在一边，等到相对论获得实验验证后再加以考虑。1912 年以后，爱因斯坦曾被更多的人多次提名获奖，提名的内容不仅包括狭义相对论，还有布朗运动和光电效应；1917 年以后，更有与广义相对论和水星近日点进动有关的成就，但是仍然有人反对。直到 1919 年，爱丁顿等的日全食观测验证了广义相对论的预言，爱因斯坦成为家喻户晓的新闻人物，加上评委会成员、瑞典乌普萨拉大学物理学教授奥西恩 (C. W. Oseen, 1879—1944) 建议根据光电效应的理论工作推荐爱因斯坦，才使爱因斯坦终于荣获了推迟颁发的 1921 年度诺贝尔物理学奖。

　　按照常规，诺奖得主的演讲应该围绕他获奖的题目，但是，评委会主席阿瑞尼阿斯告诉爱因斯坦："如果你能讲一下相对论，人们一定会更为感激。"1923 年 7 月 11 日，在哥德堡，爱因斯坦给包括国王在内的两千多名观众作《相对论基本思想和问题》的演讲。爱因斯坦曾想讲一讲他正在思考的关于引力和电磁力的统一场理

1923年7月11日，爱因斯坦在瑞典哥德堡作诺贝尔奖演讲

论，但是感到这个问题过于复杂，很难通俗地讲清楚，因此，只是对技术大学的少数专家讲述了他的想法："一个寻求统一理论的人绝不会满足于存在两个性质上完全独立的场。"

 ## 又一个十多年的酝酿

　　爱因斯坦，究竟何时开始考虑统一场论，文献上没有明确的记载，只是知道他在 1909 年 1 月发表的论文《辐射问题的现状》结尾中说："寻找一个在我看来可以适合于构造电的基本量子和光量子的方程组，未获成功。"1913 年，他在苏黎世时曾经思考过"引力效应是否与电磁感应相似"，那时，可能他并不知道，早在半个多世纪之前，法拉第就研究过电力和重力的统一性，希望从实验上找到它们在物理本质上的类同。广义相对论的论文发表后，就在爱因斯坦忙于完善和发展广义相对论，特别是将其应用于宇宙学的时候，黎曼几何学在广义相对论中的成功应用，引起了一些数学家对发展黎曼几何来建立统一场论的兴趣：1915 年 11 月 13 日，著名德国数学家希尔伯特 (D. Hilbert, 1862—1943) 在给爱因斯坦的信中谈到："在数学上，电磁方程 (普适的麦克斯韦方程组) 可以看作是引力方程的延伸，也就是说，引力和电磁没有实质上的差别。"两天后，爱因斯坦回信给他说："我对你的研究极有兴趣，因为我在心里也一直想为引力和电磁之间的空隙搭一座桥，你在来信中的暗示给我带来了极大的期望。"有迹象表明：1916 年初，爱因斯坦在写《广义相对论基础》时，已经开始统一场论的研究，只是未向外界透露任何信息。在 1917—1919 年间，一些年轻数学家曾设法将电磁场也和时空的黎曼几何特性联系起来，以便建立电磁场和引力场的统一理论。1917 年 11 月 11 日，鲁道夫·弗尔斯特 (R. Foerster) 化名"巴赫"给爱因斯坦写信谈了自己引入反对称度规和协变六矢量建立统一场论的想法，爱因斯坦于 16 日回信告诉他：自己也在忙这件事，只是结果令人失望。但是，爱因斯坦对希尔伯特的高足、著名数学家外尔 (H. Weyl, 1885—1955) 的工作相当重视。

　　外尔是一位数学天才，继海森伯格 (G. Hessenberg，1874—1925)、利维 - 薛维塔 (T. Levi-Civita，1873—1941) 和肖顿 (J. A. Schouten，1883—1971) 之后，通过引入平行移动和协变导数并将其普遍化，发展了黎曼几何，创建了"仿射联络"数学，并写出了《空间、时间、物质》一书。1918 年春天，躺在病床上的爱因斯坦在阅读了该书的校样后，热情称赞道："这本书像一篇精美的交响乐章，……其中的基本观念十分了不起。"后来，外尔将与该书同时完成的有关统一场论的文章《引力与电力》寄给爱因斯坦，请他转交普鲁士科学院，在《普鲁士科学院会议报告物理-数学部分》(以下简称《年报》) 上发表。在这篇文章里，外尔从推广"联络"入手，设法将电磁场和四维时空的黎曼几何特性联系起来，进而建立了电磁场与引力场的统一理论。所谓 "联络"，就是由度规张量及其一阶偏微商构成的 $\Gamma^{\lambda}_{\mu\nu}$：

$$\Gamma^{\lambda}_{\mu\nu} = \frac{1}{2} g^{\lambda\sigma} \left(\frac{\partial g_{\sigma\mu}}{\partial x^{\nu}} + \frac{\partial g_{\mu\nu}}{\partial x^{\sigma}} + \frac{\partial g_{\nu\sigma}}{\partial x^{\mu}} \right) \tag{3.18}$$

希尔伯特和爱因斯坦

外尔

注意：从现在开始，上下指标 (在黎曼几何学中，指标放在上面或下面分别表示张量是协变的或逆变的) 相同意味着对其求和，例如，在上式中，就是要对 σ 求和，称为 "缩并"。在爱因斯坦引力场方程中出现的里奇张量 $R_{\mu\nu}$ 就是由联络 $\Gamma^{\lambda}_{\mu\nu}$ 定义的曲率张量：

$$R_{\mu\nu\rho}^{\lambda} = \frac{\partial \Gamma_{\mu\nu}^{\lambda}}{\partial x^{\rho}} - \frac{\partial \Gamma_{\mu\rho}^{\lambda}}{\partial x^{\nu}} + \Gamma_{\mu\nu}^{\sigma}\Gamma_{\sigma\rho}^{\lambda} - \Gamma_{\mu\rho}^{\sigma}\Gamma_{\sigma\nu}^{\lambda} \tag{3.19}$$

缩并而得：$R_{\mu\nu} = R_{\mu\lambda\nu}^{\lambda}$。外尔的工作就是通过引入规范变换[1]在联络 $\Gamma_{\mu\nu}^{\lambda}$ 中附加一线性项将其加以推广，进而设法通过推广得到的广义联络将分别用度规场和矢量场描述的引力场和电磁场统一起来。同年 3 月，爱因斯坦看到他的文章后，写信表示祝贺："现在，你实际上已经得出我没能产生的结果，用 $g_{\mu\nu}$ 解释了麦克斯韦方程。"但是，没过多久，爱因斯坦就发现，在外尔的文章中，有一个明显的错误：理论给出的氢原子光谱与其过去的历史有关，与"所有氢原子都具有同样光谱"这一实验事实相抵触。4 周后，爱因斯坦的表扬变成了善意的讽刺："你的文章很精彩，是纯粹思维的巨大成就，只是与物理现实不符。"外尔回信说："这使我很困扰，因为经验告诉我：应该相信你的直觉。"尽管如此，爱因斯坦还是支持外尔发表这篇文章。那时，正值欧战期间，稿源稀缺，虽然有些科学院院士反对，文章还是在《年报》上发表了，只是在文章的结尾处爱因斯坦加上了他的批评意见。顺便指出：因日全食观测验证光线在引力场中偏转而名声大振的爱丁顿，出于对爱因斯坦物理直觉的尊重，曾运用数学技巧修改、发展了外尔理论。他的工作主要是在里奇张量 $R_{\mu\nu}$ 中引入反对称项，以便修改后的外尔理论能够满足爱因斯坦的客观标准。

1930年，爱因斯坦与爱丁顿在一起

---

[1]在第五章谈及杨-米尔斯规范场理论时，我们将较为详细地介绍什么是规范变换，以及描述强力和弱力的规范场理论。

　　另外，受到外尔文章的鼓舞，德国数学家卡鲁扎 (T. Kaluza，1885—1954) 于 1919 年首先想到把四维时空扩展为五维流形来使电磁场和引力场达到统一。他引进不变线元：$\mathrm{d}s^2 = g_{\mu\nu}\mathrm{d}x^\mu\mathrm{d}x^\nu(\mu,\ \nu = 1,2,\cdots,5)$，并让度规张量 $g_{\mu\nu}$ 满足两个约束条件：一是 $g_{\mu\nu}$ 只取决于时空坐标 $x^k(k = 1,2,3,4)$，即 $\dfrac{\partial g_{\mu\nu}}{\partial x^5} = 0$；另一是 $g_{55} = 1$，即他要处理的只是五维柱体世界。他还假设 g_{5k} 或 g_{k5} 与电磁势成正比，这样便写出了在数学形式上与爱因斯坦引力场方程完全类似的五维场方程：

$$R_{\mu\nu} - \frac{1}{2}g_{\mu\nu}R = \kappa T_{\mu\nu} \tag{3.20}$$

式中，里奇张量 $R_{\mu\nu}$ 是联络 $\Gamma^\lambda_{\mu\nu}$ 及其一阶偏微商的函数；曲率标量 R 是度规张量 $g_{\mu\nu}$ 与里奇张量 $R^{\mu\nu}$ 缩并的结果：$R = g_{\mu\nu}R^{\mu\nu}$；在只考虑具有质量 m 和电荷 e 的点粒子源的情况下，$T^{\mu\nu} = m\dfrac{\mathrm{d}x^\mu}{\mathrm{d}s}\dfrac{\mathrm{d}x^\nu}{\mathrm{d}s}$，其中 $m\dfrac{\mathrm{d}x^\mu}{\mathrm{d}s}$ 是描述"动量-能量-电荷"的 5 矢量；$\dfrac{\mathrm{d}x^5}{\mathrm{d}s}$ 与 $\dfrac{e}{m}$ 成正比。卡鲁扎证明：当 $\mu,\nu = k = 1,2,3,4$ 时，(3.20) 式就是爱因斯坦引力场方程；$\mu,\nu = k,5$ 或 $5,k$ 时，给出麦克斯韦方程组；$\mu,\nu = 5,5$ 时，简化为与电荷守恒有关的恒等式。另外，五维柱体世界的短程线就是一个带电点粒子在一个引力-电磁组合场中的运动轨迹。同年 4 月，爱因斯坦写信给卡鲁扎："通过五维柱体世界来实现统一场理论的思想是我未曾想到的，粗略一看，我非常喜欢你的思想。"几星期后，他又写信给卡鲁扎："你的理论在形式上的统一是令人惊叹的。"1921 年，爱因斯坦将不知何故推迟发表的卡鲁扎的第一篇论文寄给了普鲁士科学院。有一段时间，他甚至认为卡鲁扎的想法比其他任何方法都要现实，但是，

爱因斯坦：重要的是，要不断提问，决不要丧失好奇心

他很快就发现：采用这种方法，在理论上得出的仍然是"外来之物"；这个五维流形虽然在数学上是优美的，但从物理上讲，却没有任何意义。后来，爱因斯坦与格罗默 (J. Grommer，1879—1933) 合写了一篇文章，证明了"卡鲁扎理论不存在无奇点的中心对称解"，而爱因斯坦一直希望在他试图建立的统一场论中能够得到可以用来表示粒子的没有奇点的解。1922 年夏天，爱因斯坦批判地回顾了这段时间在统一场论方面的所有尝试，他写道："为了取得真正进展，我认为一个人必须从自然界中找到一个普适的原理。"为此，他曾想说服因发现空间量子化而出名的格拉赫 (W. Gerlach，1889—1979) 通过在水流和瀑布上做实验来检验运动物体能否产生磁场，只是因为格拉赫不愿让这个想法干扰自己的学术研究而未能实现。显见，直到此刻，爱因斯坦仍寄希望于从物理上获得解决问题的灵感，尚未把数学看作是寻找统一场论过程中的"唯一路标"。

屡遭挫败的不倦探索

(1) 与外尔–爱丁顿理论相关的工作

1923 年 2 月 2~14 日，在从日本访问回来的旅途中，爱因斯坦在轮船上完成了《关于广义相对论》一文。船靠岸后，他立即将文章寄往柏林，2 月 15 日，普朗克替他把文章交给了普鲁士科学院。对这篇"把外尔理论的爱丁顿形式和哈密顿原理结合起来"的文章，爱因斯坦相当重视，高兴地认为："这篇文章所描述的理论没有武断，符合我们目前所知道的引力和电力知识，非常完美地统一了这两种场。"回到柏林后，他亲自在科学院介绍了他的观点，又写了两篇相关的文章。实际上，他当时已经意识到：他的新思想在物理上不会带来任何有意义的结果，他曾向外尔报告说："整个数学方法是完美的，但是自然界使我们走了很多冤枉路。""概括地说，对于整个问题，我只能采取听任的态度。"接着又说："面对自然的冷酷微笑，我们必须坚持这个思想，毕竟，它的美妙使我们产生更大的动力。"正是在这一年，爱因斯坦的思维方式发生了很大的转变，逐渐由"从自然界中寻找真理"转向"把数学思维当作是认识的根源"。

1925 年夏天，他正式宣布："1923 年的理论并不是这个问题的真正答案，经过两年的不断探索，现在我相信自己发现了真正答案。"这个"真正答案"就在他的另一篇关于统一场论的文章里，这篇题为《引力和电力的统一场理论》的文章仍以仿射联络为基础，只是现在的基本张量包括对称和反对称两部分：对称部分描述引力场；反对称部分描述电磁场。爱因斯坦在给挚友贝索 (M. A. Besso，1873—1955) 的信中说道："这篇文章有极大可能性与事实相符……至少在客观上我认为它是正确的。"仅仅 8 周后，这种乐观便消失了，他告诉埃伦费斯特 (P. Ehrenfest，1880—1933)："现在，我又开始怀疑我的这项工作了。"两天后又说："我去年暑期的工作完全是错的。" 之所以如此，是因为他发现上述理论存在一个难以解决的问题。1925年秋天，爱因斯坦在一篇短文《电子与广义相对论》中提出了这个问题：任何相对论场论，在空间反射和时间反演变换下，都应该保持不变，具体到上述的统一场理论，这将导致以下结论：对应于任何一个与带正电荷的基本粒子有关的场，总会存在一个具有同样静态质量、带负电荷的基本粒子的场。用现在的话说，就是对应于任何一个质量为 m，电荷为 e 的基本粒子，一定存在一个质量为 m，电荷为 $-e$ 的 "反粒子"。而在当时，物理学家只知道两种基本粒子，即带负电荷的电子和带正电荷的质子。后者的质量大约是前者的 2000 倍，显然，不能把电子看作是质子的 "反粒子"。爱因斯坦再一次陷入他的统一场论与物理现实矛盾的困惑之中，他没有想到，数年之后，这个问题却让一位年轻物理学家一举成名：1930 年，狄拉克创建了相对论量子力学，预言了电子的 "反粒子"——正电子的存在。两年后，美国物理学家安德森 (C. D. Anderson, 1905—1991) 从宇宙射线中发现了正电子，证实了狄拉克的理论预言。

1928 年，爱因斯坦开始写纯粹数学的文章，连续在《年报》上发表了两篇论文。在这两篇文章中，他引入了 "远平行性" 的概念①，并试图证明：如果四维连续区不仅具有黎曼度规而且还具有 "远平行性"，那么便可以得到引力和电力的统一理论。1929 年初，他在《年报》上又发表了题为《关于统一场论》的六页文章，并于 1 月 11 日向报界发表了一个简短的声明："这项工作的目的是要用统一的观念写出引力定律和电磁场方程。" 1929 年 2 月 3 日，《纽约泰晤士报》在星期天专栏通篇登载了爱因斯坦相对论的早期发展，并在结束语里提到了 "远平行性"。但是，

爱因斯坦和贝索　　　　　　　　　　　　　　　　埃伦费斯特

---

① 远平行性，简单地说，就是外尔 "平行移动" 的一种推广，要说得更清楚一些，那就不是几句话能办到的了。应当指出的是，这个概念是由法国数学家嘉当 (E. Cartan, 1869—1951) 首先提出来的。

外尔和爱丁顿都对其持批评态度，泡利则要爱因斯坦回答：水星近日点进动、光线在引力场中偏转和能量–动量守恒定律在新的理论中变成了什么？后来，爱因斯坦在给迈尔 (W. Mayer，1887—1948) 的信中说："几乎所有的同事都尖酸刻薄地反对这一理论"。1931 年，他在给《科学》杂志的信中承认"这是一个错误的方向"，最终放弃了这一理论。随后，他写信给泡利说："终究你是对的，你这个淘气包。"

(2) 与卡鲁扎–克莱因理论相关的工作

卡鲁扎　　　　　　　　　　　　　克莱因

　　1926 年 4 月，瑞典物理学家克莱因 (O. Klein，1894—1977) 发表文章对卡鲁扎五维统一理论作了改进，顺便指出：曼德尔 (H. Mandel) 也在同一年独立地改进了五维统一理论。原先，卡鲁扎只在弱场和低速近似下证明了他的结果，克莱因进一步证明不用加上"弱场和低速"这两个约束条件，而且相信对与电荷有关的第五维可以量子化，从而完善了卡鲁扎理论，因此现在人们将其称为卡鲁扎–克莱因理论。同年 8 月 23 日，爱因斯坦在给埃伦费斯特的信中提到，格罗默已经注意到克莱因的文章，10 天后，他又说："克莱因的文章给我留下了好的印象，只是我总感到卡鲁扎的原理太不自然。"1927 年 2 月，爱因斯坦发表了两篇关于五维统一理论的简短通讯。然后，他在给洛伦兹的信中写道："看来统一引力定律和麦克斯韦方程的理论可以通过五维理论以完全令人满意的形式得到。"那么，在给埃伦费斯特的信中爱因斯坦提到的"太不自然"又指的是什么呢？在他和迈尔于 1931 年发表的文章中，找到其答案：原来，他认为，卡鲁扎理论不应把物理连续推广到五维上去。同年，在《科学》上发表的文章中，他进一步指出："用五维流形代替四维连续，然后，为了说明连续的第五维并不出现，又人为地将其冻结起来，显然是不正常的。

我们通过引入一个完全新颖的数学概念已经成功地运用公式表达出形式上近似于卡鲁扎理论而又不出现上述异议的一种理论。"但是，爱因斯坦–迈尔方程不能从变分原理推导出来。不知是因为这个原因，还是其他原因，1932 年以后，在爱因斯坦的工作中，就再未见到这个理论的踪影。

1938~1941 年间，爱因斯坦在老朋友、长期合作者埃伦费斯特自杀离世后，先与伯格曼 (P. Bergmann, 1915—2002)，后与巴格曼 (V. Bargmann, 1908—1989) 合作，对五维理论作了最后一次尝试，试图用其解释量子现象，特别是海森伯不确定关系，但是未能成功，于是便永远地放弃了五维方法。

20 多年来，爱因斯坦几乎每五年试验一次五维方法，中间和随后，便用四维联络来实现他的目的。先是一种方法，然后再试探另一种方法，一次又一次的挫折，总是不停地用"真正答案"取消以前的声明，直到他的晚年。虽然在 1945 年和 1954 年又曾取得过一些进展，但是没有突破性的，都只停留在数学形式的改进上，并没有得到有物理意义的结果，甚至很少发表论文。

 未能如愿的原因何在

临终前，爱因斯坦还让人把统一场论的最后计算结果拿到病床边，可见，直到生命的最后一刻，爱因斯坦仍在想着他的统一场论，⋯⋯ 但终究未能如愿。那么，究竟是什么使这位旷世天才未能实现自己的伟大梦想呢？

主要原因大致有二：

一是，进入中年以后，爱因斯坦的物理直觉完全埋没于他所欣赏的数学思维的美妙之中，再也没有像以往那样设计出可供实验和观测检验的、闪现智慧火花的思想实验。无论是狭义相对论还是广义相对论的创建，都是先有物理概念上的突破，后有数学方法上的创新，虽然黎曼几何学在广义相对论中的成功应用，确实让爱因斯坦看到了数学的微妙之处，但是，一有机会，爱因斯坦还是要提醒数学家："除非与事实相结合，否则他们的抽象艺术只是纯粹思维，而不是物理学。"在1919—1922 年间，无论是在给外尔的信和明信片中，还是在对外尔和卡鲁扎等工作的评价中，爱因斯坦都一再强调物理的重要性，仍然不太重视纯粹的数学思维。

但是，不知是因为已经发表的有关统一场论的工作总是脱离物理现实，还是媒体过分渲染这些数学方法的神妙之处，1923 年，爱因斯坦的思维方式发生了很大的转变：以前数学只是他研究物理的工具，现在却变成了认识的根源。就在那年的诺贝尔奖报告中，爱因斯坦首次指出："在寻找统一场论的过程中，数学是唯一的路标"，"非常不幸，我们不能像推导引力理论那样完全以'引力质量与惯性质量相等'这一经验事实为基础，必须以数学的简洁性作为判断标准，这难免有些武断"。1928年以后，他更转入了纯粹数学的探索。1933 年，在英国牛津大学斯宾塞讲座中，他进一步将数学提到了创造性原理的高度，他说："在某种意义上，纯粹思维是可以理解现实的"，并认为"数学标准是真理的唯一可靠来源"。几年后，他把思想上这种转变概括成一句话："引力问题把我变成一位虔诚的唯理主义者，变成在数学简单性中寻找可靠根源的人。"费曼则说他"后期不再从具体的物理图像思考问题，成了一个专门摆弄方程的人"。

年轻时，爱因斯坦清楚地知道：物理学是一门实验科学，物理学的研究应该摸着自然现象或实验数据的"石头"过"河"。但是，一次又一次的挫折，终于使他不再凭自己的物理直觉从"自然界中寻找原理"，反而坚信"能用纯粹数学的构造来发现概念以及把这些概念联系起来的定律"。爱因斯坦晚年一直带着这种信念寻求统一场论，终究一无所成。

二是，爱因斯坦晚年完全沉迷于经典的统一场论之中，始终不愿接受量子力学的统计解释，致使他的研究偏离了物理学发展的主流方向。爱因斯坦创建统一场论的伟大梦想，实际上，是要建立一个可以解释"所有事情"的终极理论。20世纪初，爱因斯坦刚刚考虑这个问题的时候，物理学家只知道有电力和引力，只知道存在两个既有质量又带电荷的基本粒子——电子和质子，甚至发现原子核并将最轻原子核——氢核命名为质子的卢瑟福（E. Rutherford，1871—1937）也曾认为"原子核虽小，但它本身却是由强大的电力紧密地结合在一起的带正负电的物体"，他还曾推测"核结合能是一种电磁效应"；爱因斯坦也曾指出"有些迹象表明组成原子基本结构的基本粒子是由引力结合在一起的"。因此，当时爱因斯坦认为只要找到统一电磁场和引力场的理论，就一定能解释电子和质子的存在和性质，是很自然的。

但是，在爱因斯坦寻求统一场论的漫长过程中，从20世纪30年代开始，特别是在查德威克（J. Chadwick，1891—1974）发现中子和泡利（W. Pauli，1900—1958）提出中微子假说以后，物理学家逐渐认识到：将组成原子核的中子和质子结合在一起的力要比电力和引力强得多，而在原子核β衰变过程中将中子衰变成质子、电子和中微子的力虽比引力要强得多但比电力要弱，也就是说，除了电力和引力，自然界还存在强核力和弱核力，现在我们称其为强力和弱力，而且知道描述强力和弱力的理论都是量子场论。虽然爱因斯坦曾提出光量子假说，成功地解释了光电效应，为量子力学的建立奠定了基础，但是，他始终不愿接受德布罗意（L. de Broglie，1892—1987）关于微观粒子的"波粒两象性"，并与丹麦物理学家玻尔（N. Bohr，1885—1962）就"量子力学的统计解释"争论不休，致使他一直不能融入20世纪物理学研究的主流之中，始终坚持他的统一场论所追求的只是引力场与电磁场的统一，而未能与时俱进地修改、扩充自己的奋斗目标。

现在我们知道：引力场是时空度规场；电磁场是量子规范场，从物理上讲，两者是有所不同的。例如，电磁场源为电荷，可正可负，电磁力既包括吸引力又包括排斥力，而引力场源为物质，呈中性，只有引力、没有斥力。因此，不可能在四维时空中，仅仅凭借几何方法的改进，就能实现引力场与电磁场的统一，很可能要引入多维空间。例如，对于电磁场，还要引入同位旋空间；如果进一步考虑强力场和弱力场以及与之有关的基本粒子场，还要引入自旋空间以及轻子数、重子数等自由度。因此，要建立涵盖所有这些场的统一理论，就必须要用包含自旋、同位旋等在内的多维空间的规范场理论。虽然外尔理论提到了规范变换；在卡鲁扎理论中也引入了第五维，但是他们的理论都是经典的，不是量子的，而作为描述强力和弱力理论基础的杨-米尔斯规范场理论是杨振宁 (C. N. Yang, 1922—) 和米尔斯 (R. L. Mills, 1927—1999) 于 1954 年才提出的，那时，爱因斯坦已经躺在病床上，显然未能注意这个当时尚有争议后来却很成功的理论。

爱因斯坦一生的最后 30 年完全沉迷于寻求描述宏观 (引力和电磁) 现象的经典统一场论，并期望能够用它为量子力学提供合理的理论基础，他的保守与固执致使许多年轻有为的物理学家离他而去或不屑与他合作，就连早期甚为关心他的工作并及时给予批判的、被人们戏称为 "上帝的鞭子" 的泡利后来也不再搭理他。因此，晚年的他只能与少数几个青年数学家合作，而这些人又未必能够确切领会他的物理想法。历史上，常有物理学家对数学发展做出重要贡献，例如牛顿发现微积分、狄拉克发现 δ 函数等，但是，甚少有纯粹数学家创建重要的物理理论。

当然，创造力衰退、老年人的固执，乃至孤独，也是史学家和传记作者经常提及的原因。确实，有一段时间，爱因斯坦不得不承认："在年轻时，大部分的智力结果都已耗尽了。" 但是，这并不妨碍他仍然执着地寻求他的统一场论。说到固执，它本来就是爱因斯坦的最强个性之一。正是这一个性，成就了他创建相对论，可能也是这一个性，导致他未能完成统一场论，真可谓 "成也固执，败也固执"。不过，爱因斯坦成名之后，过多的社会活动，使他用来思考科学问题的时间越来越少，也影响他发挥创造性完成自己的心愿。直到现在，仍有许多人，包括大学教授、中学教师，乃至业余物理爱好者，还在采用类似爱因斯坦的方法或比其更为简单的数学方法试图统一电磁力与引力，希望他们接受爱因斯坦的教训，或者放弃这一努力，或者改换一个思路，去寻求强力、弱力和电磁力与引力的统一。

CHAPTER 4
第四章　弱电统一

　　弱核力，后称弱力，又称弱相互作用或弱作用①，因其强度，在微观世界起作用的三种基本相互作用中，比强作用和电磁作用都要弱，故而得名。

　　认识弱力是从研究原子核 β 衰变开始的。β 衰变是一种放射性衰变过程，在此过程中原子核放出一个电子，或者吸收一个在轨道上的电子而衰变成另一种原子核。描述弱作用的第一个理论是费米为了解释 β 衰变而提出的"β 衰变理论"，他在这一理论中首先指出：弱作用和电磁作用一样，是矢量相互作用，也就是说，传递弱作用的粒子和传递电磁作用的光子一样，都是自旋为 1 的矢量粒子。但是，按照相对论，普适弱相互作用应该包含五种相互作用，即标量相互作用 (S)、矢量相互作用 (V)、张量相互作用 (T)、赝标量相互作用 (P) 和赝矢量相互作用 (A)。后来，经过许多科学家近 30 年的实验和理论研究，终于证明了弱作用确实和电磁作用一样是矢量相互作用。费米的这一想法最终导致温伯格、格拉肖和萨拉姆借助杨-米尔斯规范场创建了"弱电统一理论"。随后，这个理论得到了实验验证：由鲁比亚领导的 UA1 实验组和由德勒拉领导的 UA2 实验组在欧洲核子研究中心的质子-反质子对撞机上发现了理论上预言的传递弱作用的中间玻色子 $W^{\pm}$ 和 Z^0。

　　本章，我们介绍弱力和电磁力走向统一的研究历程。

---

　　①弱作用，其作用范围小于 10^{-18}m，比强作用还要小，它有两种类型：一是有轻子参与的反应，例如 β 衰变、μ 子的衰变以及 π 介子的衰变等；二是奇异粒子 K 介子和 Λ 超子的衰变。这两种过程中弱作用的强度相同，都比强相互作用弱 10^{14} 倍，相互作用时间为 $10^{-6} \sim 10^{-8}$s。通常，相互作用的性质是由它的强度 (即耦合常数的大小) 和作用类型 (如矢量型、标量型等) 来表征的。在正文里，我们将就弱作用的作用类型和耦合常数来讨论其普适性以及与电磁作用的类似性。

第一节   β 衰变研究两次冲击物理学基本规律

通过 β 衰变揭示弱力物理本质的实验和理论研究曾对原子核物理和粒子物理的发展做出过重大贡献，特别是，它曾两次冲击物理学基本规律：一次是在查德威克发现 β 射线能量的连续分布以后，玻尔怀疑在 β 衰变中能量是否守恒，后来，泡利提出中微子假说，成功地解释了 β 连续谱，"挽救"了能量守恒定律；另一次是在 1956 年，为了解释 "θ-τ" 之谜，李政道和杨振宁提出了在弱作用中宇称不守恒的假说，随后吴健雄等通过极化 ^{60}Co 衰变实验证实了李、杨的预言。

下面，我们较为详细地介绍这两次冲击。

一、 第一次冲击

 天然放射性的实验发现

1896 年，法国物理学家贝克勒尔 (A. H. Becquerel, 1852—1908) 在研究铀盐的荧光现象时，发现含铀物质能够发射穿透力很强的不可见射线。这些射线不仅能贯穿不透光的黑纸，而且能穿透 0.1mm 厚的铜片，使照相底片感光。这种现象被称为天然放射性。随后，玛丽·居里 (M. S. Curie, 1867—1934) 和她的丈夫皮埃尔·居里 (P. Curie, 1859—1906) 在极端困难的条件下，花了整整 3 年时间，从天然沥青铀矿中分离出放射性比铀强得多的两种新元素：钋和镭。由于镭的放射性强度比铀高 200 万倍，它的发现有力地推动了放射性现象的研究。因此，居里夫妇与贝克勒尔一起荣获了 1903 年度诺贝尔物理学奖。

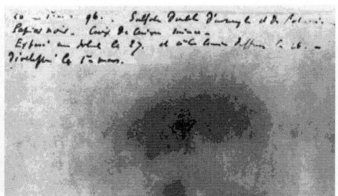

贝克勒尔及其第一张放射性照片

为了进一步弄清这些不可见射线是什么，卢瑟福和居里夫妇等进行了 10 多年的研究，终于发现它们是由三种成分组成的：①高速运动的 α 粒子（即氦核）流，称为 α 射线；②高速运动的电子流，称为 β 射线；③能量比 X 射线还要高的电磁波，称为 γ 射线。有趣的是，这三种射线刚好分别是原子核内强、弱和电磁相互作用过程的产物。因此，天然放射性的发现，打开了微观世界的大门，为原子核物理和粒子物理的诞生及发展奠定了基础。

居里夫妇在测试镭盐的放射性

卢瑟福在演讲

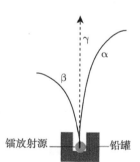

磁场中镭源发射的α, β, γ射线

发现 β 射线连续谱

早期 β 衰变的实验研究主要是测定 β 放射性原子核的半衰期和 β 射线的能谱。最先测得 β 放射性原子核半衰期的是哈恩（O. Hahn，1879—1968）和迈特纳（L. Meitner，1878—1968），1908 年，他们发现物质对 β 粒子的吸收遵循指数法则，并由此得出 β 射线具有确定的能量。但是，1909 年，威尔逊（W. Wilson，1875—1965）却得出了相反的结论：β 射线具有参差的能量，也就是说，β 衰变不具有确定的能量。随

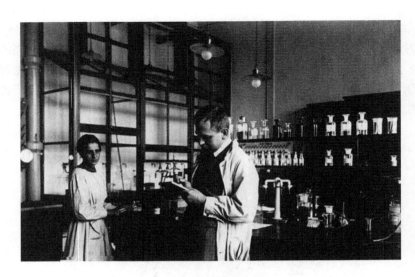

哈恩和迈特纳在做实验

查德威克

后不久，冯·拜尔 (O. von Baeyer，1877—1946) 和哈恩利用磁偏转谱仪发现了 β 射线能谱中的线谱，证实了 β 射线确实具有参差能量。后来知道，这些单值能量的 β 射线不是从原子核里发射出来的，而是从原子的电子轨道上发射出来的，它们是伴随 β 射线从原子核里发射出的 γ 射线在核外敲出的轨道电子。实际上，它们只是一小部分的 β 射线，而大部分真正来自原子核内部的 β 射线在照相底板上难以看到。一直到 1914 年，查德威克才用计数器和电离室观测到这一部分 β 射线，并发现它们的能谱呈连续分布。难道原子核发射的电子的能量是可变的吗？

 迈特纳和埃利斯的争论

β 连续谱的发现给物理学带来了危机。当时，量子理论，特别是分立能级的观念，已经深入人心。因此，迈特纳在 1922 年提出，量子化的原子核不应当发射具有可变能量的电子。那么，β 射线能量的连续分布是怎么引起的呢？一种可能的解释是，β 射线在离开原子核后与其他电子碰撞而失去了能量，当时包括迈特纳在内的大多数物理学家都倾向于这种解释。但是，埃利斯 (C. D. Ellis, 1895—1980) 坚持认为，β 连续谱是由原子核 β 衰变的初级电子引起的。究竟孰是孰非，显然只能通过实验来裁决。按照前一种解释，所有衰变电子在离开原子核时都应该具有相同的能量，即 β 连续谱中的能量上限，而按照埃利斯的看法，电子从原子核里衰变出来时就带有不同的能量。这样，只要测量一个能谱已知的 β 放射源的平均衰变能便可判断上述两种看法哪一种正确。埃利斯和伍斯特 (W. A. Wooster) 做了这样的实验：他们将一定数量的 ^{210}Bi 原子放在一个量热器里，这个量热器的壁相当厚，可以吸收掉 ^{210}Bi 原子发射出的全部 β 射线。然后，他们测量因 β 射线被吸收而产生的热量。这热量当然就是衰变电子的平均能量。他们得到的结果是 (350±40)keV，与 ^{210}Bi 的 β 能谱的平均能量 (350±60)keV 符合得甚好。而按照迈特纳等的看法，结果应为 1050keV。显然，实验结果支持埃利斯的看法。但是，迈特纳并不服输。泡利在 1958 年给吴健雄 (C. S. Wu, 1912—1997) 的信中曾经生动地描述了迈特纳当时的态度，他说：“我们的好莉泽 (迈特纳的名字叫莉泽) 在谈及埃利斯和伍斯特的实验结果时说：‘我不相信它，我将更好地重做这个实验。’”3 年后，迈特纳与奥斯曼 (W. Orthmann) 发表了他们的实验结果，这个结果与埃利斯和伍斯特得到的完全一样。它表明，衰变电子在离开原子核时就带有不同的能量。这场争论至此才得以平息。

 ## 玻尔质疑能量守恒定律

埃利斯和伍斯特的实验，以及后来的迈特纳与奥斯曼的实验，虽然结束了有关 β 连续谱来源的争论，但是仍然没有弄清衰变电子为什么会有不同的能量。一个令人困惑的问题是，既然衰变电子带有不同的能量，而 β 衰变前后原子核的能级又是确定的，那么能量如何守恒呢？为了解答这个问题，1930 年，玻尔在他的法拉第讲座中对 β 衰变中能量是否守恒提出了质疑，他说：“在原子理论的现阶段，我们可以说，无论是从经验上还是从理论上，都没有理由坚持在 β 衰变中能量一定守恒。原子的稳定性迫使我们放弃的也许正是能量平衡的观念。”

当时，原子核物理可以说是危机重重，不仅能量守恒受到了冲击，原子核组成的质子–电子假设也受到了冲击。以原子核 ^{14}N 为例，按照原子核是由质子和电子组成的假说，它应该包含 14 个质子和 7 个电子。这 21 个粒子都服从费米–狄拉克统计，根据埃伦费斯特–奥本海默定理，包含奇数个粒子的原子核 ^{14}N 也应当服从费米–狄拉克统计。可是，在 1928—1929 年间，实验上发现 ^{14}N 服从玻色–爱因斯坦统计。这些实验迫使人们不得不放弃质子–电子假说。虽然早在 1920 年卢瑟福就猜测，在原子核里存在一种由质子和电子组成的中性复合粒子，他的追随者也曾经在氢原子中寻找过这种粒子，但是却一直没有发现。

 ### 泡利提出中微子假说

　　玻尔的上述看法遭到了当时年仅 30 岁的泡利的反对。泡利在 1930 年 12 月给正在德国图宾根参加物理会议的盖革 (H. Geiger，1882—1945) 和迈特纳的公开信中写道：在 β 衰变中不仅能量看来不守恒，角动量 (或者说自旋和统计[①]) 也不守恒。在同一封信中，他还提出了一个在当时看来相当古怪的观念，即只要在 β 衰变过程中不仅放出电子，同时还放出一个穿透力极强、质量与电子同数量级、自旋为 1/2(即服从费米–狄拉克统计) 的中微子[②]，问题便可迎刃而解。以著名的原子核 ^{210}Bi 衰变为 ^{210}Po 的 β 衰变为例：^{210}Bi → ^{210}Po + e，衰变前后的原子核 ^{210}Bi 和 ^{210}Po 都有确定的能量。如果在衰变过程中只放出一个电子，它的能量又是可变的，那么在上述衰变过程中能量显然是不守恒的。同样，原子核 ^{210}Bi 和 ^{210}Po 的总角动量 (也就是核自旋) 也是确定的，分别为 1 和 0，在衰变过程中核自旋的改变应当为 $\Delta J = 1$，而电子的内禀自旋为 1/2，其轨道角动量又只能为整数，因此，在上述衰变过程中，角动量 (或者说自旋和统计) 显然也是不守恒的。但是，如果在 β 衰变过程中不只放出一个电子，还有另一个穿透力极强、质量几乎为零和内禀自

---

　　① 自旋，与质量、电荷等一样，是反映微观粒子内禀性质的物理量，其值 (以 $\hbar = h/2\pi$ 为单位) 只能取半整数或整数，例如：质子和电子的自旋均为 1/2；光子的自旋为 1 等。研究发现：自旋为半整数的粒子服从费米–狄拉克统计；自旋为整数的粒子服从玻色–爱因斯坦统计。

　　②"中微子"这个名字是费米后来起的。在泡利最初的论文中，把他所预言的在 β 衰变过程中与电子一同放出的粒子称为"中子"。后来，费米在写"β 衰变理论"论文时，真正的中子已经被查德威克发现，因此他不得不寻找一个新的名词。在意大利文中，中子叫做"neutrone"，即大的中性粒子。为了开玩笑，费米的同事庞蒂科夫 (B. Pontecorvo，1913—1993) 建议把泡利预言的粒子称为"neutrino"，即小的中性粒子，其中文译名为"中微子"。顺便指出，在我国台湾地区，人们将其译为"微中子"，似乎更贴切原意。由于中微子不带电，而且与物质相互作用属于弱作用，因此穿透力极强。例如，中微子能轻易穿透地球，只有十亿分之一的中微子会与地球物质中的质子和中子发生反应，故实验上极难捕捉到。我国物理学家王淦昌 (1907—1998) 曾建议：利用原子核 ^{7}Be 的电子俘获，即 ^{7}Be 俘获其原子最内层 (K 层) 电子变成原子核 ^{7}Li 并放出中微子的过程，通过测量 ^{7}Li 的反冲来检验中微子的存在。1941 年 1 月，他的文章在美国《物理评论》(Physical Review) 上发表后，6 月该刊就发表了美国物理学家艾伦 (J. S. Allen) 根据他的方案测量 ^{7}Li 的反冲能量所取得的肯定结果，但是，由于所用样品较厚以及存在孔径效应，没有观察到单能的 ^{7}Li 反冲。后来，又有几次实验，均未获成功。1952 年，罗德拜克 (G. W. Rodeback) 和艾伦终于从 ^{37}Ar 的 K 俘获实验中测到了 ^{37}Cl 的单能反冲；同年，戴维斯 (R. Davis，1914—2006) 测出了 ^{7}Li 的单能反冲能量，与王淦昌的预期相符，间接地证实了中微子的存在。一直到 1956 年，美国洛斯阿拉莫斯国家实验室柯温 (C. L. Cowan，1919—1974) 和莱因斯 (F. Reines，1918—1998) 才从实验上直接观测到泡利所预言的"中微子"，现在我们称其为反电子中微子 ($\bar{\nu}_e$)。他们的实验是通过反电子中微子吸收反应：$\bar{\nu}_e + p \rightarrow n + e^+$，测量正电子 ($e^+$) 湮灭所放出的两个光子，以确定反电子中微子的存在。这个实验在 1955—1956 年间做了好几个月，每小时最多只能测量到 (2.88 ± 0.22) 个反电子中微子。由此可见，观测中微子是何等困难！40 年后，莱因斯因此荣获 1995 年度诺贝尔物理学奖；50 年后，戴维斯荣获 2002 年度诺贝尔物理学奖和美国国家科学奖。

旋为即服从费米-狄拉克统计) 的中性粒子的话，能量以及自旋和统计不守恒的问题便可迎刃而解，这就是泡利当时的想法。现在，我们很容易接受他的看法，但是，在 80 多年前，人们关于基本粒子的知识是很有限的，只知道有质子和电子，1/2

(而泡利所预言的 "中微子" 又是穿透力极强的、实验上难以捕捉到的粒子，因此，1931 年 6 月，当泡利在美国物理学会的帕萨迪纳会议上公开提出他的这一假说时，大多数物理学家都持怀疑的态度。1932 年，查德威克发现了卢瑟福猜测的 "中子"，随后，伊万年科 (D. D. Ivanenko，1904—1994) 和海森伯 (W. K. Heisenberg，1901—1976) 分别提出了原子核是由质子和中子组成的假说，成功地解释了原子核的自旋和统计性质。这一重大发现激励泡利在 1933 年的索尔维会议上再次提出了他的中微子假说，这次到会的物理学家讨论并接受了他的假说。

泡利

1933 年的索尔维会议 (这是被引用最多的一张照片)

泡利的中微子假说成功地解释了 β 连续谱，"挽救" 了能量守恒定律。正是在泡利提出中微子假说以后，费米提出了他的 β 衰变理论，开始了 β 衰变和弱相互作用的理论研究。

二、 第二次冲击

 马赫原理与宇称守恒定律

历史上有很长一段时间，人们相信物理学规律显示出左右之间的完全对称，这就是马赫原理。这种对称，用现代物理的术语来说，就是空间反射不变。它在量子力学中可以形成一种守恒定律，即宇称守恒定律。1924 年，拉波特 (O. Laporte, 1902—1971) 在研究铁原子辐射光谱时发现：铁原子的能级可以分为两类，他将其称为受折 (gestrichene) 和不受折 (ungestrichene) 能级，也就是现在所说的偶能级和奇能级。他还发现：在原子吸收或放出一个光子的电磁跃迁中，能级的改变总是从偶到奇，或从奇到偶。为了解释拉波特发现的这个经验规律，1927 年，维格纳 (E. P. Wigner，1902—1995) 引入了宇称的概念。用现在的说法，就是拉波特定义的偶能级带有正宇称、奇能级带有负宇称，而在原子的允许 (电偶极) 跃迁中吸收或放出的光子带有负宇称，因此，拉波特发现的经验规律正好反映了在原子的电磁跃迁过程中宇称是守恒的。维格纳当时就指出，宇称守恒正是左右对称或空间反射不变的直接结果。宇称的概念和宇称守恒定律在原子物理中取得的成功，促使人们将其进一步应用到原子核物理、介子物理和奇异粒子物理的现象中去。在这些领域中，宇称的概念和宇称守恒定律都被证明是非常有效的。这些成功使人们确信，宇称守恒定律是物理学中的一个基本规律。

 "θ-τ" 之谜

在 1954—1956 年间，出现了一个令人困惑的问题，即所谓的 "θ-τ" 之谜。人们发现：有一种粒子衰变为两个 π 介子，另一种粒子衰变为三个 π 介子，它们分别被称为 θ 介子和 τ 介子。由于 π 介子带有负宇称，所以这两种粒子分别带有正宇称和负宇称。后来，随着实验精确度的提高，人们进一步发现，θ 和 τ 除了宇称不相同外，其他物理性质 (例如质量和寿命) 都完全相同。这就出现了一个疑难：如果说它们是不同的粒子，它们的物理性质又如此相似；如果说它们是同一种粒子，那么一会儿衰变为两个 π 介子，一会儿衰变为三个 π 介子，又违背宇称守恒定律。这就是 "θ-τ" 之谜。

 李、杨提出弱作用中宇称不守恒

为了揭开 "θ-τ" 之谜，物理学家们产生了很大的争论。许多物理学家想在不违背宇称守恒定律的前提下解答这个难题，李政道和杨振宁就曾设想每一种奇异粒子都是宇称的双子，形成一种他们称之为"宇称共轭"的对称性，并认为 θ 和 τ 就是某种奇异粒子的宇称双子，但是，不久实验就发现另一种奇异粒子 Λ^0 并不存在这种宇称双子。就在第六届罗彻斯特会议上，李、杨提出宇称双子的建议后，费曼发言说，他和同室的布洛克 (M. Block) 讨论过好几夜，布洛克提出了一个想法：θ 和 τ 会不会是同一种粒子但具有不同的宇称态。杨振宁回答说，他和李政道也曾考虑过，但还未做出定论。与会的维格纳也表示或许一种粒子就会有两种宇称。这两位著名物理学家的热情鼓励使李、杨意识到：问题或许并不在 θ 和 τ，而在宇称守恒定律本身。假如宇称守恒定律有时也可以违背的话，"θ-τ" 之谜便可迎刃而解了。1956 年夏天，李、杨在检查了当时已有的关于宇称守恒的实验基础以后，得到了下述结论：虽然在强相互作用和电磁相互作用中宇称守恒已为实验所证实，但是，在弱相互作用中宇称守恒定律仅仅是一个推广的"假设"而已，并没有被实验所证实。如果左右对称在弱作用中并不成立，那么宇称的概念就不能应用在 θ 和 τ 的两种衰变机制中。这样，θ 和 τ 就可以是同一种粒子 (即 K 介子[①]) 的两种弱作用衰变方式，"θ-τ" 之谜也就不复存在了。显然，问题的关键在于如何从实验上去证实，在弱作用中左右对称是可以不成立的。

杨振宁和李政道

[①] K 介子是罗彻斯特 (G. Rochester，1908—2001) 和巴特勒 (C. Butler，1922—1999) 于 1947 年在云室里发现的第一个也是最轻的一个奇异粒子。

吴健雄等实验证实李、杨预言

　　为了从实验上证实弱作用中宇称不守恒，李、杨建议人们测量由实验可以测量的物理量所组成的在空间反射 $(r \to -r)$ 变换下改变符号的赝标量。例如，可以测量极化原子核在 β 衰变时放出的电子的角分布。如果 θ_β 表示原子核自旋的取向和电子动量之间的夹角，那么 θ_β 处和 $180° - \theta_\beta$ 处分布的不对称性，就将是 β 衰变中宇称不守恒的无可置疑的证据。根据李、杨的建议，吴健雄等做了 β 衰变实验。这个实验是在极化 ^{60}Co 的 β 衰变中看向两边发射的电子数目是不是对称。他们采用戈特–罗斯方法来极化 ^{60}Co，即先用绝热退磁方法把含有放射性的 ^{60}Co 的顺磁盐冷却到热力学温度 0.01° 左右，以尽量减少破坏极化的热运动，然后用弱磁场把 ^{60}Co 的顺磁盐离子中电子的自旋排列起来。这些未满壳层的电子可以产生一个很强的内磁场 (约 105Gs[①])，使原子核 ^{60}Co 的自旋随着电子自旋取向。由于温度对物体的放射性是没有什么影响的，因此那些冷却了的整齐排列的 ^{60}Co 仍旧继续衰变和发射电子。根据宇称守恒定律，这些电子应该沿着原子核的取向以同样数目朝着上、下两边发射。他们用电子闪烁计数器记录了向上、下两边发射的电子数目，结果发现上、下两边的

吴健雄在做实验

――――――――――――――――
①1Gs=10^{-4}T。

电子数目是不相等的。这样，吴健雄等便通过实验发现了 β 衰变中的宇称不守恒，首次成功地证实了李、杨的预言。随后不久，伽温 (R. L. Garwin) 等测量了 π 介子弱衰变中放出的电子的角分布，发现在这些弱衰变中宇称也不守恒，于是再次证实了李、杨的预言。李、杨因此荣获了 1957 年度诺贝尔物理学奖。

◆ 发现宇称不守恒的重要意义

　　长期以来，人们一直把与对称性相应的各种守恒定律视为毋庸置疑的普遍规律。李、杨的发现首次打破了这一观念，推翻了多年来一直奉为物理学基本规律的宇称守恒定律，把它下降为只适用于强作用和电磁作用的一般规律。李、杨的发现表明，在弱作用中不存在左右对称，这说明了对称性不是普遍的。因此，李、杨的发现促使人们重新检查在弱作用中其他守恒定律是否仍然有效。首先受到怀疑的是电荷共轭 (C) 不变性 (即物理规律在粒子 → 反粒子变换下不变) 和时间反演 (T) 不变性 (即物理规律在时间倒向变换下不变)。实际上，吴健雄等的实验不仅证实了 β 衰变中宇称 (P) 不守恒，而且证实了 C 也不守恒。但是，当时人们以为 CP 混合宇称是守恒的。后来，克里斯坦森等在 1964 年又发现，在长寿命的中性 K 介子的弱衰变中混合宇称也不守恒。根据粒子物理中的 CPT 守恒定律 (即物理规律在 C，P，T 同时变换下保持不变)，由 CP 不守恒可以导出 T 也不守恒。到了 1970 年，T 不守恒也得到了实验证实。这样，在弱相互作用中只剩下 CPT 守恒了。另外，李、杨的发现对 β 衰变实验和理论的研究工作也是一个促进，它加快了人们认识 β 衰变基本规律和揭示弱作用物理本质的进程。

第二节　　揭示弱作用的物理本质

　　β 衰变的研究对揭示弱力的物理本质起了主要的，甚至可以说是决定性的作用。这一讲主要介绍通过 β 衰变实验和理论研究揭示弱力物理本质的过程：从费米提出 β 衰变理论到普适 (V-A) 费米相互作用的确立。

一、　费米 β 衰变理论及其实验验证

◆ 理论和实验全才 —— 费米

　　恩里科·费米 (Enrico Fermi，1901—1954)，美籍意大利物理学家。1901 年 9 月 29 日出生于罗马，1918 年进入比萨大学，1922 年获得博士学位。随后，前往德国哥廷根大学师从著名物理学家玻恩教授，至 1926 年已发表论文 30 余篇，年仅 27 岁就被选为林赛科学院院士。1938 年意大利颁布了法西斯种族歧视法，费米的

妻子是犹太血统，于是，1938 年底，他趁去瑞典领取诺贝尔物理学奖的机会携全家逃离法西斯统治下的意大利，移居美国，先后任教于哥伦比亚大学和芝加哥大学。1954 年 11 月 28 日因患癌症在芝加哥逝世。

恩里科·费米

费米被誉为"物理学史上最后一位理论和实验全才"，他既是伟大的理论物理学家，又是杰出的实验物理学家。

在理论方面，他研究了分子、原子、辐射以及气体的统计特性，发现了服从泡利不相容原理的新型统计，后人称之为费米–狄拉克统计，并将服从这种统计的自旋为半整数的粒子称为费米子。他还凭借物理直觉最先指出：β 衰变与原子发光类似，也是一种跃迁，并引入四费米子相互作用，建立了 β 衰变理论。后来，经过杨振宁、李政道、吴健雄、费曼 (R. P. Feynman, 1918—1988)、盖尔曼 (M. Gell-Mann)、格拉肖 (S. L. Glashow)、温伯格 (S. Weinberg) 和萨拉姆 (A. Salam，1926—1996) 等理论和实验物理学家近半个世纪的努力，终于建立了弱电统一理论，实现了弱力和电磁力的统一。

在实验方面，他用中子轰击了周期表中的所有元素，并发现由此产生的新放射性元素。他还发现慢中子与重原子核的反应截面比快中子大得多，并研究了慢中子引起的核反应。因"发现用中子产生新的放射性元素和开展慢中子核反应的研究工作"，他荣获了 1938 年度诺贝尔物理学奖。鉴于慢中子核反应后来在军、民两用的核能领域产生了深远的影响，费米被人们誉为"中子物理学之父"。在移居美国后，他还实现了铀核裂变的自持链式反应，并领导建造了世界上第一座受控链式核反应堆。这一成就是核能时代的一个重要里程碑，为制造原子弹迈出了决定性的一步，也为和平利用核能奠定了基础。随后，费米参加了原子弹的研制工作，到美国新墨西哥州的洛斯阿拉莫斯实验室任理事会委员。第二次世界大战后，费米转向粒子物理的研究，成绩斐然。

费米不仅是一位卓越的物理学家，还是一位诲人不倦的导师，他培养了不少著名的物理学家，诺贝尔物理学奖获得者张伯伦 (O. Chamberlain，1921—2006)、李政道和斯坦博格 (J. Steinberger) 等都是他的学生。他还曾建议迈耶 (M. G. Mayer，1906—1972) 根据实验需要来确定核壳层模型中自旋–轨道耦合力的强度，后来，迈耶因发现核壳层模型与维格纳和延森 (J. H. D. Jensen，1907—1973) 分享了 1963年的诺贝尔物理学奖。

为了表彰他在科学上的重大贡献，他曾被授予美国科学院院士和英国皇家科学院院士头衔。物理学家还用各种方式来纪念他：将人工产生的 100 号元素以他的名字命名为镄 (fermium，元素符号为 Fm)，还将长度单位 10^{-15}m 称为费米 (fm，我国大陆地区将其译为飞米)，芝加哥附近的美国加速器研究中心被称为费米国家实验室，芝加哥大学还命名了费米研究所。另外，以他的名字命名的还有费米黄金定则、费米–狄拉克统计、费米子、费米面、费米能级、费米液体、费米常数以及费米悖论等等。费米的物理才华是多方面的，他不仅治学极广，且均出类拔萃。1954年，为纪念费米对核物理学的贡献，美国原子能委员会专门设立了"费米奖"，以表彰为和平利用核能做出贡献的各国科学家，费米荣获了首次颁发的费米奖。

费米创建 β 衰变理论

费米在参加 1933 年的索尔维会议以后，根据泡利的中微子假说提出了他的 β衰变理论。他认为，与原子发光类似，β 衰变也是一种跃迁过程。原子发光，是电子从原子的较高能态跃迁到较低能态；而 β 跃迁，则是原子核内的一个中子转变为质子、电子和中微子[①]。在原子发光过程中，跃迁是通过电磁作用发生的；而在β 衰变过程中，跃迁是通过上述四个费米子之间的一种直接作用发生的，人们后来称其为费米相互作用。现在我们知道，这是一种弱作用。费米认为，可以像狄拉克处理原子自发辐射那样，直截了当地假设：从一个中子态跃迁到"质子 + 电子 +中微子"态的概率正比于波函数 ψ_n，ψ_p，ψ_e 和 ψ_ν 乘积的平方，这里 ψ_n，ψ_p，ψ_e 和

---

① 应当指出：原子核 β 衰变一共有三种类型：i) β⁻ 衰变 —— 原子核 (母核) 放出一个电子和一个反电子中微子，转变为原子序数大 1、质量数相同的另一种原子核 (子核)，其基本过程是原子核内的一个中子衰变成一个质子并放出一个电子和一个反电子中微子；ii) β⁺ 衰变 —— 母核放出一个正电子和一个电子中微子，转变为原子序数小 1、质量数相同的子核，其基本过程是原子核内的一个质子衰变成一个中子并放出一个正电子和一个电子中微子；iii) 电子俘获 —— 母核吸收一个在原子轨道上的电子，转变为原子序数小1、质量数相同的子核，并发射一个电子中微子，其基本过程是原子核内的一个质子俘获在原子轨道上的一个电子转变为一个中子并放出一个电子中微子，最常见的是，俘获原子最内层 (K 层) 的一个电子，称为 K俘获。费米提出 β 衰变理论时，人们只知道一种类型的 β 衰变，就是 β⁻ 衰变，因此他在这里说："β 跃迁是原子核内的一个中子转变为质子、电子和中微子。" 现在我们知道，他所说的中微子应该是反电子中微子。

ψ_ν 分别是描述原子核内中子和质子以及逸出核外的电子和中微子的状态的量子力学波函数[1]。由于波函数 ψ 是具有 4 个分量的旋量，因此有各种各样的组合方式可以把它们相乘在一起。一般地讲，由这四个波函数可以组成五种相对论不变的组合，即标量耦合、矢量耦合、张量耦合、轴矢耦合和赝标耦合，对应于五种相互作用，即标量作用 (S)、矢量作用 (V)、张量作用 (T)、轴矢作用 (A) 和赝标作用 (P)，但是费米本人从来不喜欢由这五种作用的线性组合构成普遍的四费米子相互作用的想法。他在建立 β 衰变理论时只选用了矢量作用，甚至当实验数据不利于这种选择时，他仍然说："我还是相信它是矢量作用。" 下面，我们将会看到，人们在 25 年后确定的普适 (V-A) 费米相互作用与费米当初的选择并没有多大区别。虽然如此，费米理论在刚提出时并没有很快为人们所接受。1933 年 8 月当费米把论文送到英国《自然》(*Nature*) 杂志去发表时，遭到了拒绝。理由是，太抽象，没有实用价值。后来，他又把它送到意大利的一家科学杂志和德国《物理杂志》(*Zeitschrift für Physik*)，才被接受发表。

 β 衰变理论的实验验证

　　费米的 β 衰变理论早期的不幸遭遇主要在于没有及时得到实验验证。按照跃迁的快慢和不同的选择规则，β 跃迁可分为允许跃迁、第一级禁戒跃迁和第二级禁戒跃迁等。根据费米理论，允许 β 跃迁的能谱分布应该给出线性的库里标绘[2]。但不幸的是，当时人工放射性原子核还应用得很少，天然放射性原子核 ^{210}Bi 仍然是研究 β 能谱形状的唯一 β 放射性源，而这个原子核的 β 能谱形状极其特殊，它的特性一直到 20 世纪 60 年代才弄清楚。原来，^{210}Bi 的 β 衰变不是单纯的允许跃迁，而是混有几种 β 跃迁。因此，早期 β 能谱的实验研究没有给出线性分布，也就是说并不支持费米理论。为了解释实验数据，科诺宾斯基 (E. J. Konopinski) 和乌伦贝克 (G. E. Uhlenbeck, 1900—1988) 对费米理论进行了修正，在费米理论的框架

---

　　[1] 狄拉克是相对论量子力学的奠基人，我们将在第五章详细地介绍量子力学及其描述微观粒子状态的波函数。

　　[2] 根据费米理论，允许 β 跃迁的能谱分布可以写成：

$$\left[\frac{N_\pm (W)}{F(\pm Z, W)PW}\right]^{\frac{1}{2}} = K(W_0 - W)$$

式中，$N_\pm (W)$ 表示单位时间内所发射的能量在 W 和 $W + dW$ 之间的 $\beta^\pm$ 粒子数；$F(\pm Z, W)$ 一般称为费米函数，表示原子核库仑场引起的修正，其中 Z 为原子核的电荷数；P 为 $\beta^\pm$ 粒子的动量；K 为一个与能量无关的常数；W_0 为衰变能量。显见，$\left[\frac{N_\pm (W)}{F(\pm Z, W)PW}\right]^{\frac{1}{2}}$ 对 W 的标绘应该是一条直线。这种标绘是库里 (F. N. D. Kurie) 发现的，故称为库里标绘，也有人称其为费米标绘。

里加进包含中微子波函数导数的相互作用项[①]。根据他们的理论，允许 β 跃迁的能谱分布不应给出线性的库里标绘。当时有些实验数据支持科诺宾斯基–乌伦贝克理论，后来发现，这些实验数据并不可靠。1939 年，劳森 (J. L. Lawson) 和科克 (J. M. Coke) 研究了 ^{114}In 的 β 能谱；泰勒 (J. C. Taylor) 研究了 ^{64}Cu 的 β 能谱，都得到了大体上是线性分布的能谱，只是在低能部分 (< 200keV) 往往出现偏离。直到第二次世界大战后，吴健雄和艾伯特 (R. D. Albert) 才解释了低能部分的偏离。他们仔细地研究了 ^{35}S 和 ^{64}Cu 的 β 能谱，发现这种偏离主要是由于 β 粒子在有一定厚度的不均匀的放射源及其衬托中的吸收和散射引起的，放射源越薄越均匀，偏离越小。他们用薄放射源测量的结果和直线偏离很小。另外，他们还发现，由于 ^{64}Cu 既可发射 β$^+$ 粒子 (即正电子)，又可发射 β$^-$ 粒子 (即电子)，两者的强度和衰变能量都一样，因此可以用测量 $N_{\beta+}/N_{\beta-}$ 来很好地检验费米理论的预言，这里 $N_{\beta+}$ 和 $N_{\beta-}$ 分别是 ^{64}Cu 发射的 β$^+$ 和 β$^-$ 粒子数。他们的实验结果与理论预言符合得很好，从而验证了费米理论，抛弃了科诺宾斯基–乌伦贝克修正。

二、 普适 (V-A) 费米相互作用

 S, T 优惠

　　前面已经讲过，费米相互作用的普遍形式应该包含五种基本相互作用，即 S，V，T，A 和 P。在这五种基本相互作用中，实验上已经发现 P 的贡献极小，其余四种可以根据它们的选择规则分为两类：表征 S 和 V 的选择规则称为费米选择规则，S 和 V 称为费米型相互作用；表征 T 和 A 的选择规则称为伽莫夫–特勒选择规则，T 和 A 称为伽莫夫–特勒 (G-T) 型相互作用。在允许 β 跃迁的情况下，费米选择规则是 $\Delta J = 0$，宇称不变；G-T 型选择规则是 $\Delta J = 0, \pm 1$，宇称不变，但 $0^+ \to 0^+$ 跃迁除外。这里 $\Delta J = J_i - J_f$，其中 J_i 和 J_f 分别表示衰变前后原子核的自旋；$0^+ \to 0^+$ 跃迁表示 $J_i^P = 0^+ \to J_f^P = 0^+$ 的 β 跃迁[②]。1936 年，伽莫夫 (G. Gamow，1904—

　　[①] 根据科诺宾斯基–乌伦贝克理论，应该是 $\left[\dfrac{N_\pm(W)}{F(\pm Z, W) PW}\right]^{\frac{1}{4}}$ 而不是 $\left[\dfrac{N_\pm(W)}{F(\pm Z, W) PW}\right]^{\frac{1}{2}}$ 对 W 的标绘是直线，也就是说，库里标绘不应是直线。

　　[②] 在 β 跃迁过程中，不仅能量守恒，而且角动量也守恒，即 $J_i = J_f + L + S$，这里 J_i 和 J_f 分别是母核和子核的自旋，L 和 S 分别是放出的两个轻子的总轨道角动量和总自旋，它们只取整数值。β 跃迁的快慢与 L 的取值有关：$L = 0, 1, 2, \cdots$ 分别对应于允许跃迁、第一级禁戒跃迁和第二级禁戒跃迁等。前一级跃迁比后一级跃迁快 v/c 倍，这里 c 是光速，v 是原子核内核子的速度。由于两个轻子的自旋都是 $1/2$，S 只能取两个值：如果它们的自旋方向相反 (或者说自旋反平行)，则 $S = 0$，相应的 β 跃迁称为费米型跃迁；如果它们的自旋方向相同 (或者说自旋平行)，则 $S = 1$，相应的 β 跃迁称为伽莫夫–特勒 (G-T) 型跃迁。显见，在允许跃迁的情况下，费米型跃迁要求：$L = 0$，$S = 0$，$J_i = J_f$，即 $\Delta J = J_i - J_f = 0$，宇称不变，称为费米选择规则；G-T 型跃迁要求：$L = 0$，$S = 1$，$J_i = J_f + 1$，即 $\Delta J = 0, \pm 1$，宇称不变，但 $J_i^P = 0^+ \to J_f^P = 0^+$ 跃迁除外，称为伽莫夫–特勒 (G-T) 选择规则。

1968) 和特勒 (E. Teller,1908—2003) 首先在 ^{6}He 的 β 衰变中确认存在 G-T 型相互作用，因为 ^{6}He 的 β 衰变是服从 G-T 选择规则的宇称不变的 $0^+ \to 1^+$ 跃迁。后来，谢尔 (R. Sherr) 和格哈特 (J. B. Gerhart)，以及阿尔伯 (W. Arber) 和斯特哈林 (P. Stähelin) 在 1953 年又从 ^{14}O 和 ^{10}C 等原子核的 β 衰变中发现了 $0^+ \to 0^+$ 跃迁，从而确定了费米型相互作用的存在，因为只有在费米型相互作用中才允许出现 $0^+ \to 0^+$ 跃迁。那么，在费米型相互作用中 S 和 V，以及在 G-T 型相互作用中 T 和 A，是否同样重要呢? 回答是否定的。实验上已经发现不存在菲尔兹干涉项①。这表明，在 S 和 V 或 T 和 A 中只能有一个为主，另一个很弱。结合 β 能谱形状的一些其他实验证据，在这四种基本相互作用中只允许有两种组合，即 ST 和 VA。1953 年拉斯塔德 (B. M. Rustad) 和鲁比 (S. L. Ruby) 做了纯 G-T 型 $β^-$ 放射源 ^{6}He 的 β-v 角关联实验②，从 G-T 型相互作用 T 和 A 中选出 T。这样，就确定了在 β 衰变中起作用的费米相互作用是 ST。

 普比三角形

实验发现，μ 衰变: $\mu^- \to \nu_\mu + e^- + \bar{\nu}_e$ 和 μ 俘获: $\mu^+ + n \to p + \bar{\nu}_\mu$，与原子核里中子的 β 衰变 $(n \to p + e^- + \bar{\nu}_e)$ 十分类似，它们构成所谓的普比三角形 (见下图) 的三条边; 它们的相互作用强度，即耦合常数，与强作用相比都极小，而且彼此几乎相等。人们直觉地感到，这种类似一定反映了某种内在的联系。1950 年，费米在美国耶鲁大学的西尔曼讲座中曾经一再强调:"这三种耦合常数之间的类似不是偶然的，而是有深刻含义的，只是目前尚不清楚。" 接着，他又说:"克莱因、蒂欧姆诺 (J. Tiomno) 和惠勒 (J. A Wheeler, 1911—2008)，李政道、罗森布拉斯 (M. Rosenbluth) 和杨振宁，以及其他一些人都注意到了这个事实，这不可能是一种偶然的巧合，尽管目前尚不清楚它的含义。" 普适费米相互作用的概念就是那时产生的。人们希望能够找到一种可以同时描述上述三种弱作用过程的普适费米相互作用。当然，这不仅要求耦合常数相同，而且要求相互作用有类似的结构。前面已经

---

① 用五种基本相互作用 (S，V，T，A 和 P) 的线性组合构成的费米相互作用的普遍形式代替费米当初选用的矢量相互作用，则允许 β 跃迁的能谱分布变为:

$$\left[\frac{N_\pm (W)}{F(\pm Z, W) PW} \right]^{\frac{1}{2}} = K (W_0 - W) \left(1 \pm \frac{b}{W} \right)^{\frac{1}{2}}$$

由此给出的 $\left[\dfrac{N_\pm (W)}{F(\pm Z, W) PW} \right]^{\frac{1}{2}}$ 对 W 的标绘称为菲尔兹 (M. Fierz) 标绘，其中非线性项称为菲尔兹干涉项。前面已经讲过，吴健雄等对能谱形状的实验研究表明 $\left[\dfrac{N_\pm (W)}{F(\pm Z, W) PW} \right]^{\frac{1}{2}}$ 对 W 的标绘基本上是直线，也就是说不存在菲尔兹干涉项，即 $b = 0$。后来知道，在费米型相互作用和 G-T 型相互作用中菲尔兹干涉项的上限分别为 $b_F = 0.00 \pm 0.10$ 和 $b_{G\text{-}T} = -0.01 \pm 0.02$。

② β-v 角关联实验测量的是 β 衰变放出的电子和反电子中微子之间的夹角。

提到，在 20 世纪 50 年代初，人们已经确定在 β 衰变中起作用的费米相互作用是 ST。那么，在 μ 衰变和 μ 俘获中起作用的费米相互作用是不是 ST 呢？这个问题一直到宇称不守恒发现以后才得到解决。

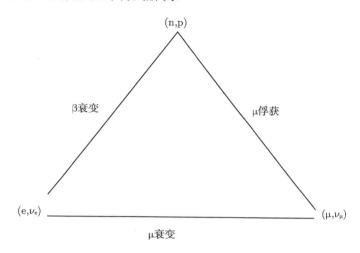

普比三角形

◆ 普适 V-A 费米相互作用的确立

　　　弱作用中宇称不守恒的发现，使基本相互作用由五种增加到十种，增加的五种是破坏宇称守恒的 S，V，T，A 和 P。虽然验证宇称不守恒的 β 衰变实验同时也确定了 SV 和 TA 两类相互作用相对权重之间的关系，但是它们并没有改变以前得到的 ST 优惠的实验结论。另一方面，宇称和电荷共轭不守恒的发现，促使朗道 (L. D. Laudau, 1908—1968)、萨拉姆、李政道和杨振宁分别独立地提出了中微子的二分量理论。实验上发现，中微子是左旋的，反中微子是右旋的，因此可以用二分量的旋量代替四分量的旋量来表示中微子的波函数，这就是中微子的二分量理论 (顺便指出：早在 1929 年，外尔就从数学上证明了用二分量旋量描述无质量狄拉克粒子[①]的可能性，但因违背宇称守恒而遭到泡利的反对)。作为这个理论的一个必然结果，就是在 μ 衰变中起作用的费米相互作用只能是 VA。与此同时，艾伦和他的合作者做了人们期待已久的纯费米型放射源 ^{35}Ar 的 β-ν 角关联实验，发现在费米型相互作用 S 和 V 中应选择 V 而不是 S。这就与以前得到的在 β 衰变中 ST 优惠的实验结论发生了矛盾。1958 年初，吴健雄和施瓦兹希尔德 (A. Schwartzschild) 重新检查了以前确认 ST 优惠的 ^{6}He 的 β-ν 角关联实验，发现有很大的系统误差。

　　　[①] 外尔这里所说的狄拉克粒子指的是满足狄拉克方程的自旋为 1/2(即服从费米–狄拉克统计) 的粒子，现在我们称其为费米子。

随后，艾伦小组重新做了 ^{6}He 的 β-v 角关联实验，发现在 G-T 型相互作用 T 和 A 中应选择 A 而不是 T。进一步，伯吉 (M. T. Burgy) 等通过极化中子 β 衰变实验又弄清了 V 和 A 有相反的位相，即 V-A。这样，就确定了普适 (V-A) 费米相互作用。应当指出：由中子衰变的比较半衰期，即 ft 值，和 $0^+ \to 0^+\beta$ 跃迁的平均 ft 值导出 A 和 V 的相对权重之比：$|C_A/C_V| = 1.18$，而不是严格等于 1，因此，(V-A) 定律与实验数据之间还是稍有分歧的，但是，由于它的简单性和普适性，它仍受到普遍的重视。后来，电子俘获、μ 俘获、μ 衰变，特别是弱相互作用 π-e 衰变方式的发现和引入卡比博角后奇异粒子的半轻子弱衰变等方面的实验，也都证实了 (V-A) 费米相互作用的普适性。

　　吴健雄教授来华讲演时曾用下图简明扼要地描述了确定普适 (V-A) 费米相互作用的上述过程。

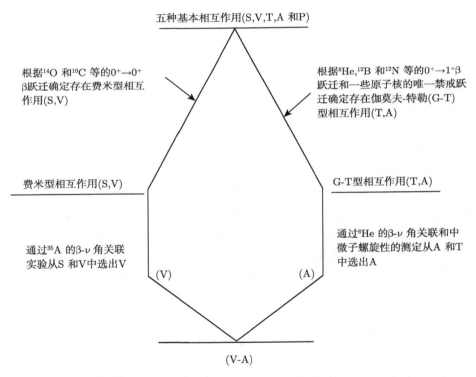

普适 V-A 费米相互作用确立的过程

虽然普适 (V-A) 费米相互作用既包含矢量相互作用 (V) 又包含膺矢相互作用

(A)，但是研究发现，只要假设参与相互作用的四个费米子都是无质量的狄拉克粒子，像中微子一样，可以用二分量的旋量代替四分量的旋量来表示它们的波函数，那么普适 (V-A) 费米相互作用就变成了费米当初建议的矢量相互作用①。当年，费米在没有任何实验事实的情况下，单凭他的物理直觉，就给出了如此准确的 β 衰变相互作用形式，不能不令人钦佩。

那么，从理论上讲，普适费米相互作用为什么是 (V-A) 呢？

为了回答这个问题，苏达珊 (E. C. G. Sudarshan) 和马夏克 (R. E. Marshak) 大胆地假设：总的四费米子相互作用在手征变换 ($\Psi \to \gamma_5 \Psi$) 下应当是不变的。作为这个假设的一个有趣的结果，就是四费米子相互作用被唯一地确定为 (V-A)。另外，费曼和盖尔曼用狄拉克旋量的二分量公式、樱井 (J. J. Sakurai, 1933—1982) 用狄拉克方程在组合变换 ($\psi \to \gamma_5 \psi$ 和 $m \to -m$) 下的不变性，即所谓质量改号不变性，也给出了类似的结果。

第三节　弱电统一理论及其实验验证

前面提到，在揭示弱力物理本质的过程中，费米在他的 β 衰变理论中首先指出，弱力和电磁力一样，是矢量相互作用。经过许多科学家近 30 年的实验和理论研究，终于证明了弱力确实是矢量相互作用。费米的这一想法，后来被费曼和盖尔曼进一步推广为守恒矢量流理论，并最终导致温伯格、格拉肖和萨拉姆建立了弱力与电磁力的统一理论。这一节，我们介绍这两个理论及其实验验证。

一、守恒矢量流理论及其实验验证

新的疑难：$g_V^\beta = g_\mu$

实验上发现，β 衰变中的矢量耦合常数 g_V^β 不仅在所有超允许跃迁 $0^+ \to 0^+$ 中有惊人的相同。而且与 μ 衰变中费米型相互作用耦合常数 g_μ 也几乎一样，误差不

---

① 普适 (V-A) 费米相互作用的哈密顿量可以写成：

$$H = g \sum_{\lambda=V,A} C_\lambda \left[\psi_p^+ \gamma_4 O_\lambda \psi_n \right] \left[\psi_e^+ \gamma_4 O_\lambda (1+\gamma_5) \psi_v \right] + 厄米共轭项$$

式中，g 为普适的耦合常数，用来表征相互作用强度；C_λ 为相对权重，$C_A = -C_V$，以及 $\psi_{n(p)}$ 和 $\psi_{v(e)}$ 分别为中子 (质子) 和电子中微子 (电子) 的波函数；$O_V = \gamma_\mu$, $O_A = i\gamma_\mu$ 这里 $\gamma_\mu(\mu=1,2,3,4)$ 和 γ_5 都是 2×2 的厄米矩阵，称为狄拉克矩阵。利用 γ 矩阵的性质，上式可改写为

$$H = G \left(\Psi_p^+ \gamma_4 \gamma_\mu \Psi_n \right) \left(\Psi_e^+ \gamma_4 \gamma_\mu \Psi_v \right) + 厄米共轭项$$

式中，$G = 4gC_V$, $\Psi = 1/2(1+\gamma_5)\psi$，具体地讲，$\Psi_{n(v)}$ 表示中子和电子中微子的左旋波函数；$\Psi_{p(e)}^+$ 表示质子和电子的左旋波函数的厄米共轭。显见，除了用 Ψ 代替 ψ. 外，上式就是费米当初建议的矢量耦合 β 衰变相互作用。

超过 1% ～ 2%。这种极好的一致，本来正是普适费米相互作用所要求的。但是，进
一步考虑却出现了新的疑难。因为核子不同于 μ 子，它可以发射或吸收虚 π 介子，
因此在它的周围好像包着一层介子云。这层介子云对核子的 β 衰变必然要产生影
响，那么，为什么包着介子云的核子会与裸 μ 子有相同的弱作用呢？这显然是一个
令人困惑的问题。

 费曼和盖尔曼提出守恒矢量流理论

费曼   盖尔曼

　　为了解决这个疑难，费曼和盖尔曼对照电磁学理论提出了守恒矢量流 (CVC)
假说。在下图 (a) 中，我们看到：在电磁跃迁中，由于电荷守恒，物理质子、裸质
子和 π 介子云与电磁场相互作用的耦合常数都是 e，也就是说，包着介子云的物理
质子和裸质子与电磁场的相互作用是相同的。由连续性方程可以知道：电荷守恒意
味着电流的散度等于零，也就是说，电流是无散流或守恒流。从图中可以看到，电
流是由裸质子和 π 介子云贡献的，严格地讲，应称为电磁流。对照下图 (a) 和 (b)，
可以看到，在 β 衰变中，情况是类似的：只要由裸中子和 π 介子云贡献的弱矢量流
是守恒流，包着 π 介子云的物理中子就会与裸中子有相同的弱矢量相互作用，这
就是费曼和盖尔曼提出的 CVC 假说。
　　进一步，费曼和盖尔曼又对 CVC 假说加以发展，引入同位旋三重态来统一地
描述 β± 跃迁和电磁跃迁，提出了同位旋三重态矢量流假说。

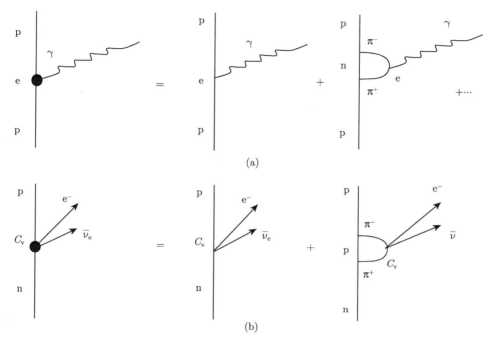

CVC 理论中的电磁跃迁和 β 衰变 (a) 物理质子的电磁跃迁是裸质子和 π 介子云贡献之和;(b) 物理中子的 β 衰变是裸中子和 π 介子云贡献之和

　　同位旋这个概念是海森伯于 1932 年首先引入的[①]，鉴于质子和中子的质量以及它们在原子核中的性质十分相似，海森伯认为可以把它们看作是同一种粒子——核子的两种不同的荷电状态，并引入同位旋来描述核子的这两种电荷态。同位旋与自旋类似，也是一个抽象空间中的物理量，通常用符号 T 表示。以核子为例，其同位旋 $T = 1/2$，它在上述抽象空间中某一特定方向上的投影 T_z 可取两个值：+1/2("向上" 或 "同向") 和 −1/2("向下" 或 "反向")，它们分别对应于核子的两种电荷态：质子和中子。后来，在粒子物理中，同位旋得到了更为广泛的应用。例如，π 介子有三种电荷态 π^+，π^0 和 π^-，它的同位旋 $T = 1$，其投影 T_z 有三个值 +1，0 和 −1，分别对应于上述三种电荷态，称为同位旋三重态；又如，η 介子只有单个电荷态：η^0，它的同位旋及其投影都为 0，称为同位旋单态。

　　费曼–盖尔曼同位旋三重态矢量流假说，就是把电磁跃迁中的电磁矢量流和 $\beta^{\pm}$ 衰变中的弱矢量流看作是同位旋三重态矢量流的三个分量：

$$\beta^- \text{衰变} \quad J_\mu^+ = \psi_N^+ \gamma_4 \gamma_\mu \tau_+ \psi_N + i[\phi_\pi^* T_+ \nabla_\mu \phi_\pi - (\nabla_\mu \phi_\pi)^* T_+ \phi_\pi]$$

　　[①] 应当指出：同位旋的概念，也有学者认为，是卡森 (B. Cassen) 和康登 (E. U. Condon) 为了解释核力的电荷无关性于 1936 年引入的。

电磁跃迁 $J_\mu^Z = \psi_N^+ \gamma_4 \gamma_\mu \tau_Z \psi_N + i[\phi_\pi^* T_Z \boldsymbol{\nabla}_\mu \phi_\pi - (\boldsymbol{\nabla}_\mu \phi_\pi)^* T_Z \phi_\pi]$

β^+衰变 $J_\mu^- = \psi_N^+ \gamma_4 \gamma_\mu \tau_- \psi_N + i[\phi_\pi^* T_- \boldsymbol{\nabla}_\mu \phi_\pi - (\boldsymbol{\nabla}_\mu \phi_\pi)^* T_- \phi_\pi]$

式中，ψ_N 和 ϕ_π 分别为核子和 π 介子的波函数；τ 和 T 分别为核子和 π 介子的同位旋矢量：$\tau_\pm = 1/2\,(\tau_x \pm i\tau_y)$，$T_\pm = 1/2\,(T_x \pm iT_y)$；$\boldsymbol{\nabla}$ 为梯度算符。由同位旋三重态矢量流守恒可以给出弱矢量流守恒，但是应当注意，仅仅弱矢量流守恒和电荷守恒并不意味着同位旋三重态矢量流守恒。顺便指出：无论是守恒矢量流假说，还是同位旋三重态矢量流假说，都只涉及弱作用的矢量耦合部分，轴矢流并不守恒。因为如果轴矢流也守恒，那么 $\pi \rightarrow \mu + \nu_\mu$ 和 $\pi \rightarrow e + \nu_e$ 这两个弱衰变过程就不可能发生，而这是与实验事实相矛盾的。

 ^{12}B 和 ^{12}N 能谱形状的精确测量

对于电磁作用，虽然 π 介子云引起的修正并不改变耦合常数 (即电荷 e)，但是它可以明显地改变核子的磁矩。在物理上，这是由于裸 π 介子具有较小质量而携带较大的磁矩，核子反常磁矩正是因此而产生的。根据 CVC 理论，在 β 衰变中也应有类似的反常磁矩项，盖尔曼称其为弱磁项。由于弱磁项的存在，β 能谱的库里标绘将会偏离直线性。因此，通过实验测量这种偏离便可验证理论的预言。作为一个例子，盖尔曼建议测量 ^{12}B 和 ^{12}N 的 $\beta^\pm$ 衰变能谱。从下图可以看到，^{12}B 的基态、^{12}C 的能量为 15MeV 的激发态和 ^{12}N 的基态正好组成一个同位旋三重态 (同位旋 $T = 1$，T_z 分别为 $+1, 0$ 和 -1，自旋和宇称 $J^P = 1^+$)。它们通过发射 β^-，γ 和 β^+ 粒子跃迁到 ^{12}C 的基态 ($T = 1$，$T_z = 0$ 和 $J^P = 0^+$)。考虑到弱磁项的存在，$\beta^\pm$ 衰变的能谱可以写成 $N_\pm(W) \approx PW(W_0 - W)^2(1 + 8/3a_\pm W)$，式中，$PW(W_0 - W)^2$ 是给出直线性库里标绘的统计因子；$(1 + 8/3a_\pm W)$ 为谱形因子，$a_\pm$ 可由理论算出：CVC 理论给出的结果是 $a_\pm$(CVC) $= \mp(0.55 \pm 0.09)\,\%\,(\text{MeV})^{-1}$；不考虑 π 介子云修正的费米理论给出的结果是 $a_\pm$(费米) $= \mp 0.05\%\,(\text{MeV})^{-1}$，两者明显不同。因此，通过实验测量 $a_\pm$ 便可知道哪一种理论更正确。但是，由于谱形因子与 1 相差极小，做这样的实验测量是很困难的。

1962 年，梅耶–库库克 (T. Mayer-kuckuk) 和米歇尔 (F. C. Michel) 首先测量了 ^{12}B 和 ^{12}N 的 β 能谱，得到 $a_- = (+1.82 \pm 0.08)\,\%\,(\text{MeV})^{-1}$，$a_+ = (+0.52 \pm 0.20)\,\%\,(\text{MeV})^{-1}$ 和 $a_- - a_+ = (1.30 \pm 0.31)\,\%\,(\text{MeV})^{-1}$。虽然他们得到 $(a_- - a_+)$ 的值与 CVC 理论预言值 $(1.10 \pm 0.17)\,\%\,(\text{MeV})^{-1}$ 符合得甚好，但是 $a_\pm$ 值与 CVC 理论预言值符合得并不好。随后，吴健雄等在 1963 年用他们的无铁中间聚焦磁谱仪，更精确地测量了这两个 β 能谱，结果得到 $a_- = (+0.55 \pm 0.10)\,\%\,(\text{MeV})^{-1}$，$a_+ = (-0.52 \pm 0.06)\,\%\,(\text{MeV})^{-1}$ 和 $a_- - a_+ = (1.07 \pm 0.24)\,\%\,(\text{MeV})^{-1}$，与 CVC 理论的预言值符合得极好，从而成功地验证了 CVC 理论。还有一些其他实验，例如

$\pi^+ \rightarrow \pi^0 + e^+ + \nu_e$ 绝对衰变概率的测量和 ^{8}Li，^{12}B 的 β-α 角关联的测量等，它们的实验结果也都支持 CVC 理论。另外，这个实验还告诉我们：$\beta^{\pm}$ 跃迁和电磁跃迁确实可用同位旋三重态来统一描述。

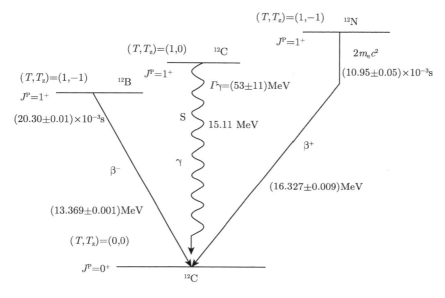

$(T, T_z)=(1,-1)$　　^{12}N

$J^P=1^+$

$2m_e c^2$

$(10.95\pm0.05)\times10^{-3}$s

$(T, T_z)=(1,0)$　　^{12}C

$J^P=1^+$

$\Gamma_\gamma=(53\pm11)$MeV

$(T, T_z)=(1,-1)$　　^{12}B

$J^P=1^+$

$(20.30\pm0.01)\times10^{-3}$s

S

15.11 MeV

β^-

γ

β^+

(16.327 ± 0.009)MeV

(13.369 ± 0.001)MeV

$(T, T_z)=(0,0)$

$J^P=0^+$

^{12}C

A=12 的原子核的同位旋三重态

卡比博角

CVC 理论要求 $g_V^\beta = g_\mu$，但实际上 g_V^β 与 g_μ 并不严格相等，精确的实验测量表明，$(g_\mu-g_V^\beta)/g_\mu = (2.2\pm0.15)\%$。耦合常数之间的这种差别显然是与 CVC 理论的要求相矛盾的，在比较奇异数 (S) 守恒和不守恒的半轻子衰变概率时，这种矛盾变得更加突出。例如，奇异数守恒 $(\Delta S = 0)$ 的介子的半轻子衰变 $(\pi^+ = \mu^+ + \nu_\mu)$ 的衰变概率要比相应的奇异数不守恒 $(|\Delta S| = 1)$ 的弱作用过程 $(K^+ = \mu^+ + \nu_\mu$ 和 $K^+ = \pi^0 + e^+ + \nu_e)$ 大 20～30 倍。另外，$\Delta S = 0$ 的中子衰变 $(n \rightarrow p + e + \bar{\nu}_e)$ 的概率也要比超子的半轻子衰变 $(\Lambda \rightarrow p + e + \bar{\nu}_e$ 和 $\Sigma^- \rightarrow n + e + \bar{\nu}_e)$ 的概率大 20～30 倍。

卡比博

为什么 $|\Delta S|=1$ 的弱作用过程的衰变概率会如此之小呢？为了回答这个问题，卡比博 (N. Cabibbo，1935—2010) 根据强子的 $SU(3)$ 群分类提出了一个很吸引人的假说。以 $K^+ = \mu^+ + \nu_\mu$ 和 $\pi^+ = \mu^+ + \nu_\mu$ 为例，他认为，耦合常数 g_K 和 g_π 之所以不一样，是因为人们把 K^+ 介子和 π^+ 介子看作是基础粒子。实际上，K^+ 和 π^+ 是有内部结构的。按照强子结构的夸克模型，它们同属于一个八重态介子族，这个介子族包含 π^+, π^0, π^-, η, K^+, K^-, K^0 和 $\bar{K}^0$ 等 8 个粒子。在 $SU(3)$ 群对称性不破坏的情况下，这 8 个粒子的任何线性组合都可看作是这个介子族的基础粒子。如果取 K^+ 和 π^+ 的线性组合：$\phi'_{\pi^+} = (g_\pi\phi_{\pi^+} + g_K\phi_{K^+})/g_0$ 和 $\phi'_{K^+} = (g_K\phi_{\pi^+} + g_\pi\phi_{K^+})/g_0$(其中 $g_0^2 = g_\pi^2 + g_K^2$ 称为"弱荷")，用 $K^{+'}$ 和 $\pi^{+'}$ 代替 K^+ 和 π^+ 当作基础粒子，那么 $K^{+'} \to \mu^+ + \nu_\mu$ 和 $\pi^{+'} = \mu^+ + \nu_\mu$ 的耦合常数将完全一样，都是 g_0，这里 g_K 和 g_π 可通过一个角度 θ_c 由 g_0 给出：$g_K = g_0\sin\theta_c$；$g_\pi = g_0\cos\theta_c$，θ_c 就称为卡比博角。一般地讲，$\theta_c = \arctan g_{|\Delta S|=1}/g_{\Delta S=0}$，它可由实验数据定出：$\theta_c = 0.26\mathrm{rad}$，对矢量耦合和轴矢耦合都一样。利用卡比博角，不仅成功地解释了奇异粒子 (包括 K 介子、Λ 和 Σ^- 超子等) 的半轻子衰变，而且在考虑 $SU(3)$ 群对称性破坏引起的修正后，也能很好地解释 g_V^β 和 g_μ 之间的细微差别。

二、 弱电统一理论及其实验验证

 普适 (V-A) 费米相互作用存在的问题

在低能情况下，普适 (V-A) 费米相互作用可以很好地解释 β 衰变和 μ 衰变等弱作用过程。在引入卡比博角后，又可以很好地解释奇异粒子的半轻子衰变过程。但是，当将其推广到高能情况时，就遇到了很大的困难。首先，是在一些计算中出现了无穷大，而且这些无穷大不能像在电磁作用理论中那样可以通过重正化消除掉。其次，用它算出的轻子散射截面不符合从概率守恒要求推算出的结果，即破坏所谓的幺正性条件。

 李、杨提出中间玻色子的概念

为了克服这些困难，李政道和杨振宁对照核力的汤川理论 (该理论认为核子之间的相互作用 —— 核力是通过介子来传递的)，提出四费米子弱作用是通过中间玻色子 $W^\pm$ 来传递的，这里 W 取自英文 "weak(弱)" 的首字母。在核力介子理论中，为了解释核力的短程性，传递核力的介子，不同于传递电磁力的光子，必须具有静止质量，而且就因其静止质量介于质子与电子之间，故而得名。鉴于弱力几乎是直接作用，即力程极短，因此，$W^\pm$ 应是质量很大的粒子。在对有关的实验事实进行分析以后，李、杨提出：$W^\pm$ 是一种带电的自旋为 1 的矢量粒子，寿命很短，质量很大。因此，在低能极限下，相互作用力程与粒子的德布罗意波长相比可以忽略不计，于是便可以回到不需要通过第三者来传递的普适 (V-A) 费米相互作用。但是，由于 $W^{\pm}$ 的质量太大，估计为 $30\mathrm{GeV}/c^2 < M_{W^{\pm}} < 300\mathrm{GeV}/c^2$，因此，在当时的实验条件下，很难观察到。

 弱电统一理论的建立和初步的实验验证

前面已经讲过，费米提出 β 衰变理论以及费曼和盖尔曼提出 CVC 理论时，都将四费米子弱作用与电磁作用作了类比，这反映出两种作用非常相似。但是，它们的耦合方式不一样。四费米子弱作用，即普适 (V-A) 费米相互作用是直接作用，而电磁作用是通过电磁场来传递的。李、杨的中间玻色子理论的提出消除了这一差别，使人们猜测弱作用和电磁作用可能像电和磁一样是一种作用的两种表现，它们的原始耦合常数可能是一样的，只是中间传递粒子的质量不一样才在低能时显示出不同的力程和强度。这种猜测促使美国物理学家格拉肖、温伯格和巴基斯坦物理学家萨拉姆分别独立地提出了弱电统一理论。考虑到 CVC 理论中统一描述 β± 跃迁和电磁跃迁的同位旋三重态满足 $SU(2)$ 群的对称性，以及电磁流中不仅包含同位旋三重态的分量而且包含同位旋单态，他们认为：可以应用杨振宁和米尔斯于 1954 年提出的规范场理论，选用 $SU(2) \times U(1)$ 群作为规范群，来统一地描述弱作用和电磁作用。按照杨振宁和米尔斯的定义，与这种规范群相应的四个规范场的量子是没有静止质量的，都不能作为弱作用的中间玻色子。因此，温伯格和萨拉姆又进一步引入希格斯机制使这四个规范场重新组合成三个有静止质量的规范场，其场量子为中间玻色子 $W^{\pm}$ 和 Z^0，和一个没有静止质量的规范场 —— 电磁场，其场量子为光子。这样，他们便统一地描述了弱作用和电磁作用。温伯格和萨拉姆的弱电统一理论预言，中间玻色子 $W^{\pm}$ 和 Z^0 的质量分别约为 $83\mathrm{GeV}/c^2$ 和 $93\mathrm{GeV}/c^2$。由于这些中间玻色子的质量太大，当时世界上所有的加速器的能量都不足以产生它们，因此实验上没有能够立即发现。但是，由于弱电统一理论不仅预言存在李、杨提出的中间玻色子 $W^{\pm}$，而且预言存在一种新的中间玻色子 Z^0，因此，只要找到交换 Z^0 的中性流反应，例如，$e + \nu_{\mu} \rightarrow e + \nu_{\mu}$，$\mu + \nu_e \rightarrow \mu + \nu_e$ 和 $n + \nu \rightarrow n + \nu$ 等，便可检验理论的预言。这是因为，在这些反应中，实验测量不到的中间过程，即 Z^0 粒子产生和衰变的过程 (见下图) 是不必要求能量守恒的，因此反应前两个粒子的总能量也就不必一定要大于 Z^0 粒子的静止能量。1973 年，在欧洲核子研究中心的一个实验组利用庞大的重液泡室和能量为 28GeV 的加速器所产生的中微子束流，找到了中性流反应 $e + \nu_{\mu} \rightarrow e + \nu_{\mu}$ 的第一个事例，从而间接地证明了 Z^0 的存在，验证了理论的预言。另外，弱电统一理论还预言，在正负电子对撞机的实验中，既可以通过电磁作用产生 $\mu^+\mu^-$ 对，也可以通过弱作用产生 $\mu^+\mu^-$ 对。因此，通过实验观察这两种反应之间的弱电干涉现象也可以检验理论的预言。

格拉肖　　　　　　　　　温伯格　　　　　　　　　萨拉姆

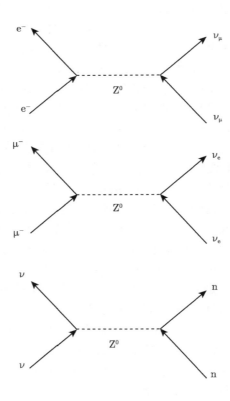

中性流反应

　　1978 年，在美国斯坦福直线加速器中心 (SLAC) 由泰勒领导的实验组做了一个纵向极化电子在氘核上散射的实验，得到了与弱电统一理论预言相符合的实验结果，再次证实了弱电统一理论的正确性。中性流的发现促成温伯格、格拉肖和萨拉姆因对弱电统一理论做出贡献而共同获得 1979 年度的诺贝尔物理学奖。应当指出：格拉肖获奖，是因为他首先提出弱电统一理论，并预言了中性流存在，但是他的理论未能解决中间玻色子没有静止质量的问题，后来温伯格和萨拉姆引入希格斯机制解决了这个问题。因此，弱电统一理论应当是温伯格、格拉肖和萨拉姆共同的研究成果。

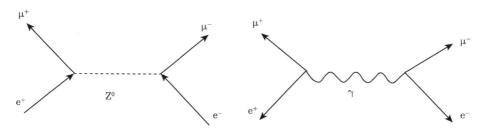

产生 μ⁺μ⁻ 对的反应

中间玻色子 $W^\pm$ 和 Z^0 的实验发现

　　为了能够直接观测到中间玻色子 $W^\pm$ 和 Z^0，必须提高加速器的能量。有人建议，将欧洲核子研究中心的 270GeV 质子同步加速器改造成质子–反质子对撞机，使其质心能量提高到 540GeV 以便产生这样重的粒子。这项工程由意大利物理学家鲁比亚 (C. Rubbia) 和荷兰物理学家范德梅尔 (S. van der Meer，1925—2011) 等负责实施。由于反质子在自然界里不能自然地产生，而且产生以后也极易与质子发生湮灭反应，因此要得到高强度的反质子束是很困难的。欧洲核子研究中心的反质子束是在另一台加速器 (PS) 上产生的，产生后的反质子束被存储在一个特制的储存环中，这个储存环就是由范德梅尔负责建造的。他借鉴苏联西伯利亚核子研究所在 1974—1976 年间试验成功的 "电子冷却" 技术，提出了 "随机冷却" 方法，解决了约束并提高反质子束流强度的难题。所谓 "电子冷却"，就是利用电子流，通过碰撞来减弱质子、反质子或其他重离子束流中粒子的不规则运动，降低束流的 "温度"。所谓 "随机冷却"，则是通过测量确定粒子束流的重心线，然后再用校正 (或冷却) 装置的电场使重心线逐渐恢复到设计轨道上去，总的效果是减少粒子束在加速过程中的横向发散度和能散度，以提高束流密度，进而提高对撞机的亮度。1980年，范德梅尔领导的小组建成了反质子储存环，使实现质子–反质子对撞进而实验

发现 $W^\pm$ 和 Z^0 粒子成为可能。

鲁比亚　　　　　　　　　　　　　　　　　　　范德梅尔

　　1981 年 10 月，欧洲核子研究中心的质子– 反质子对撞机 (SPS) 投入运行。两束粒子在质子系中的能量高达 $540\mathrm{GeV}/c^2$，使实验上发现中间玻色子 $W^\pm$ 和 Z^0 成为可能。1983 年 1 月 20 ～ 21 日，在这台对撞机上工作的两个实验组分别宣布发现了 $W^\pm$。其中，由鲁比亚领导的 UA1 实验组在 10 亿次质子–反质子碰撞中观察到 5 个 $W^\pm$ 事例，确定 $M_{W^\pm} = (81.70 \pm 6.44)\,\mathrm{GeV}/c^2$；另一个由德勒拉领导的 UA2 实验组在相同数目碰撞中观察到 4 个 $W^\pm$ 事例，确定 $M_{W^\pm} = (83.05 \pm 7.05)\,\mathrm{GeV}/c^2$。这两个组定出的 $M_{W^\pm}$ 值都与弱电统一理论预言值符合得很好。由于产生 Z^0 的机会要比产生 $W^\pm$ 机会小 10 倍，因此它没有能够与 $W^\pm$ 一同被发现。欧洲核子研究中心的科学家为了发现 Z^0，花了 4 个月的时间将束流的亮度提高了 10 倍。UA1 组终于在 5 月 4 日找到了 Z^0 的第一个事例，到 6 月 1 日欧洲核子研究中心总所长朔佩尔宣布这一发现时，一共找到了 5 个 Z^0 事例，确定 $M_{Z^0} \cong 100\mathrm{GeV}/c^2$，这与弱电统一理论预言值符合得很好。中间玻色子 $W^\pm$ 和 Z^0 的发现验证了温伯格、格拉肖和萨拉姆提出的弱电统一理论，因此，鲁比亚和范德梅尔共同荣获了 1984 年度诺贝尔物理学奖。

　　弱电统一理论的建立和中间玻色子 $W^\pm$ 和 Z^0 的发现是物理学上一个划时代的事件，其重要性可以与电磁学理论的建立和电磁波的发现相比拟。虽然目前还无法估量它是否会像电磁学理论那样对人类生活产生巨大的影响，但是，理论上的意义是很清楚的：从电磁统一到弱电统一，反映了基本相互作用之间有某种内在的联系，它将促使人们进一步去探索统一弱电作用和强作用的可能性①。

---

① 我们将在第五章讨论强力、弱力和电磁力的大统一，从规范场理论的角度详细地介绍杨–米尔斯规范场理论和弱电统一理论，包括希格斯机制及其实验验证。

C HAPTER 5
第五章　规范统一

　　杨振宁，受外尔规范变换的启发，认识到"对称性支配相互作用"、电磁力可用 $U(1)$ 规范场来描述，并与米尔斯一起创建了 $SU(2)$ 规范场理论，接着格拉肖、温伯格和萨拉姆等创建了弱电统一理论，即 $SU(2) \times U(1)$ 规范场理论；格罗斯、维尔切克和波利策等创建了描述强力的量子色动力学，即 $SU(3)$ 规范场理论，于是，$SU(3)$ 和 $SU(2) \times U(1)$ 规范场理论便成为粒子物理的标准模型，随后，格拉肖和乔治又提出 $SU(5)$ 模型来统一地描述与规范对称性相关的强力、弱力和电磁力，实现了规范统一。

　　本章第一节通过引入量子概念、建立量子力学，进而介绍能够完善描述电磁力的 $U(1)$ 规范场理论——量子电动力学 (QED)；第二节，首先阐明什么是相位，进而介绍杨-米尔斯规范场，即 $SU(2)$ 规范场，以及用来统一地描述弱力和电磁力的弱电统一理论——$SU(2) \times U(1)$ 规范场理论；第三节通过介绍夸克模型与量子色动力学 (QCD) 来说明什么是 $SU(3)$ 规范场理论以及粒子物理标准模型，进而讨论什么样的规范场可以涵盖 $SU(3)$ 和 $SU(2) \times U(1)$ 规范场来给出强力、弱力和电磁力的大统一。

第一节　量子·量子力学·量子电动力学

一、量子

　　在第三章中，我们曾经提到，著名英国物理学家 W. 汤姆孙在 19 世纪末为展望 20 世纪物理学而写的一篇文章中说："在物理学晴朗天空的远处，还有两朵小小的令人不安的乌云。" 在那里，我们讨论了其中的一朵：迈克耳孙–莫雷实验，它导致爱因斯坦创建了狭义相对论；现在我们来讨论另一朵：黑体辐射实验，它导致普朗克提出能量子假说，为玻尔建立量子论奠定了基础。

 ## 黑体辐射实验与普朗克能量子假说

　　19 世纪末，工业发展的需要促进了对热辐射的研究，特别是对辐射能量随波长的分布进行了细致的研究：继德国人夫琅禾费 (J. von Fraunhofer，1787—1826) 定性观测了太阳光谱的能量分布、英国人丁铎尔 (J. Tyndall, 1820—1893) 和美国人克罗瓦 (A. P. P. Crova, 1833—1907) 等测量了热辐射能量分布曲线之后，德国物理学家基尔霍夫 (G. R. Kirchhoff, 1824—1887) 对热辐射进行了理论研究，并于 1859 年提出热辐射定律：任何物体发射和吸收辐射的本领之比与物体特性无关，只是波长和温度的普适函数。1862 年，他又提出了绝对黑体的概念。所谓 "黑体"，就是一种特殊的高温坩埚，它在加热后能发出自身辐射但不反射入射辐射，实验上起先用的是涂黑的铂片，后来改用加热的空腔，腔内辐射经过不断反射达到热平衡，便被称为黑体辐射。1879 年，奥地利物理学家斯特藩 (J. Stefan, 1835—1893) 总结出：黑体辐射总能量 E 与热力学温度 T 的四次方成正比，即 $E = \sigma T^4$。5 年后，他的学生、著名物理学家玻尔兹曼 (L. Boltzmann，1844—1906) 从电磁理论和热力学出发证明了这一关系。1886 年，曾经发明灵敏的热辐射计的美国人兰利 (S. P. Langley, 1834—1906) 测量到了相当精确的热辐射能量分布曲线，发现辐射能量的最大值随温度增高向短波方向转移。1893 年，在德国帝国技术物理研究所 (PTR) 从事热辐射实验和理论研究工作的物理学家维恩 (W. Wien, 1864—1928) 提出了黑体辐射能量分布定律，即维恩辐射定律：

$$u(\lambda) = b\lambda^{-5}e^{-a/\lambda T}$$

式中，$u(\lambda)$ 为能量随波长 λ 分布的函数，称作能量密度；T 表示黑体的热力学温度；a, b 为两个任意常数。进而，他还导出了维恩位移定律：对应于能量分布函数 $u(\lambda)$ 的最大值的波长 λ_{max} 与温度 T 成反比，成功地解释了兰利的热辐射曲线。

　　在维恩离开 PTR 后，接替他工作的普朗克认为，维恩的推导引入了太多假设，不能令人信服。从 1897 年起，他便试图从基本理论出发，以尽量少的假设，用更系统的方法来推导维恩公式。经过两三年的努力，他将电磁理论用于热辐射和谐振子的相互作用，通过熵的计算，终于得到了维恩分布定律。但是，就在这时，维恩在 PTR 从事热辐射实验研究的同事卢梅尔 (O. Lummer，1871—1937) 和鲁本斯 (H. Rubens，1865—1922) 等通过空腔辐射实验测出了更为精确的辐射能量分布曲线，发现维恩分布定律在长波方向与他们的实验数据有系统偏差。具体地讲，根据维恩公式，$\ln u \sim \dfrac{1}{T}$ 应为一条直线，然而新实验得到的却是偏离直线的曲线，温度越高，偏离得越厉害。得知这一实验偏离，英国物理学家瑞利提醒人们：在高温和长波的情况下，麦克斯韦–玻尔兹曼能量均分原理似乎有效。于是，他假设：在辐射空腔中，电磁谐振的能量按自由度平均分配，并得出：$u(\lambda) \propto \lambda^{-4}T$ 或 $u(\nu) \propto \nu^2 T$，还于 1905 年计算出比例常数，但计算中有错，英国物理学家金斯 (J. H. Jeans, 1877—1946) 随即撰文予以纠正，得出 $u(\nu) = \dfrac{8\pi\nu^2}{c^3} \cdot kT$，式中，$u(\nu)$ 为能量随频率 ν 分布的函数；k 是玻尔兹曼常量。后来，这个公式便被称为瑞利–金斯定律。

普朗克

　　就在普朗克得知新的实验结果后准备重新研究维恩分布定律时，他的好友鲁本斯告诉他，自己新近红外测量的结果确证长波方向能量密度 u 与热力学温度 T 有正比关系：$u \propto T$，说明瑞利定律是正确的。于是，普朗克试图在维恩公式和瑞利公式之间寻求协调统一，他借助于内插法找到了与实验结果符合得很好的黑体辐射公式：$u(\lambda) = b\lambda^{-5} \cdot \dfrac{1}{e^{a/\lambda T} - 1}$，这就是普朗克辐射定律，和维恩辐射定律相比，仅在指数函数后多了一项：-1。鲁本斯得知这一公式后，立即把自己的实验结果与它作了比较，发现完全符合。于是，普朗克和鲁本斯在 1900 年 10 月 19 日向德国物理学会作了汇报：以"维恩光谱方程的改进"为题，介绍了普朗克得到的经验公式。

作为理论物理学家，普朗克当然不满足于找到一个经验公式，实验结果越是证明他的公式与实验相符，就越促使他致力于寻求这个公式的理论基础。经过两三个月的紧张工作，他终于在 1900 年底用一个能量不连续的谐振子的假设解决了这个问题。借助玻尔兹曼统计方法，他把能量分成一份一份的能量单元，并按不同比例将这些能量单元分配给有限个数的谐振子，然后通过熵的运算，推导出了上述的经验公式。关于这个过程，普朗克后来回忆道："即使这个新的辐射公式证明是绝对精确的，如果仅仅是一个侥幸揣测出来的内插公式，它的价值也只能是有限的。因此，从 10 月 19 日提出这个公式开始，我就致力于找出这个公式的真正物理意义。这个问题使我直接去考虑熵和概率之间的关系，也就是说，把我引向了玻尔兹曼的思想。"普朗克于 1900 年 12 月 14 日在德意志物理学会作了题为"论正常光谱中的能量分布定律"的报告，介绍了这个公式的推导，并指出能量单元 ε 和辐射频率 ν 成正比：$\varepsilon = h\nu$，还根据黑体辐射的测量数据计算出：$h = 6.65 \times 10^{-27}$erg·s（1erg=10^{-7}J）或 6.65×10^{-34}J·s。普朗克将 h 称为"作用量子"，现在我们称其为普朗克常量，并将能量单元 ε 称为能量子。于是，普朗克提出能量子假设的这一天，即 1900 年 12 月 14 日，就被人们看成是量子物理学的诞生日。因发现能量子，普朗克荣获了 1918 年度诺贝尔物理学奖。

能量子假说的提出，首次揭示了在连续的物理世界中存在着不连续的图景，，具有划时代的意义。但是，不论是普朗克还是与他同时代的人，当时都没有充分地认识到这一点。在爱因斯坦提出光量子假说之前，普朗克的工作几乎无人问津，他自己也感到不安，总想回到经典理论的体系之中，企图用连续性代替不连续性。为此，他花费了许多年的精力，最后还是证明这种企图是徒劳的，但这却使他认知了一个事实："能量元素（就是前面所说的能量子）在物理学中扮演着远比我当初猜测的要重要得多、有意义得多的角色。这一认识使我清楚了，考虑原子问题时，必须引进全新的分析方法和思维逻辑。"

 ## 光电效应与爱因斯坦光量子假说

光，是波动，还是粒子？在爱因斯坦提出光量子假说弄清这个问题之前，历史上，曾就光的"波动说"和"微粒说"展开过两次论战。

先是胡克在 1665 年出版的《显微术》一书中提出了光的"波动说"，一时甚为风行。接着，1672 年，刚刚当选英国皇家学会会员、年仅 30 岁的牛顿发表了他的第一篇正式论文，把光的分解和复合比喻成不同颜色微粒的分开和混合，提出了光的"微粒说"，随即遭到了以胡克为首的几位大师的批驳。就在这时，惠更斯参加了进来，他继承和发扬了胡克的思想，提出将以太作为光振动的媒介，把媒介的每一个质点都看成一个中心，在每个中心的周围形成一个波。利用这个物理图像，惠更斯导出了光的反射、折射定律，并于 1690 年出版了《光论》一书，使"波动说"得以完善。但不幸的是，1704 年，牛顿出版了他的辉煌巨著《光学》，详尽地论述了光的色彩叠合与分散，从光的"粒子说"的角度解释了薄膜透光、牛顿环，以及衍射实验中发现的种种现象，毫不留情地驳斥了"波动说"。而在这时，"波动说"却因惠更斯于 1695 年去世而陷入群龙无首的状态，使"微粒说"在第一回合的"波粒"论战中占据了上风，取得了在物理学上被普遍公认的地位。

一百多年后，英国物理学家托马斯·杨于 1801 年演示了他的双缝干涉实验，为光的"波动说"提供了新的实验验证，挑起了第二回合的"波粒"论战。接着，年轻的菲涅尔在他的论文《关于偏振光线的相互作用》中，提出光是一种波，但不是胡克所说的纵波，而是横波，并从这个观念出发，以严密的数学推理，圆满地解释了光的衍射和长期困扰"波动说"的偏振问题，为"波动说"建立了完整的体系。托马斯·杨和菲涅尔合力给予了"微粒说"致命的一击，使"波动说"终于取代"微粒说"重新占据了物理学的统治地位。

又过了一百年，德国物理学家勒拉德 (P. Lenard，1862—1947) 于 20 世纪初实验发现光电效应的基本规律：电子的最大速度与光强无关。实际上，早在 1887 年，赫兹就在研究电磁场的波动性时发现紫外光照射到负电极上会使其更易于放电；1888 年，德国物理学家霍尔瓦克斯 (W. Hallwachs) 证实"放电间隙"内出现的是荷电体；1899 年，J. J. 汤姆孙通过实验进一步证实该荷电体与阴极射线一样是电子流，并测出了电子的荷质比；1899—1902 年间，勒拉德对这种现象进行了系统研究，发现了上述的基本规律，并将其命名为"光电效应"。虽然勒拉德竭力维护经典电磁理论，但是他的这一发现终究不能用光的"波动说"来解释。按照"波动说"，紫外光照射到金属表面就像海浪冲击海滩，金属表面的电子就像海滩上的小石子，紫外光越强，冲击力越大，石子飞出的速度应越快，而不是像勒拉德所发现的那样："电子的最大速度与光强无关"。顺便指出：进一步的实验研究还发现"光电效应"具有另外一些无法用经典电磁理论来解释的特性：其一是"光的频率低于某一临界值时，不论光有多强，也不会产生光电流"；另一是"光照到金属表面，立即产生光电流，不需要一个能量积累过程"。

　　1905 年，爱因斯坦在著名论文 "关于光的产生和转化的一个试探性的观点" 中，借助普朗克的能量子概念，提出了他的光量子假说，成功地解释了 "光电效应" 的那些无法用经典电磁理论解释的物理特性，并因此荣获了 1921 年度诺贝尔物理学奖。

　　在上述论文中，爱因斯坦总结了光学发展中 "微粒说" 和 "波动说" 长期论争的历史，针对光电效应实验与经典电磁理论的矛盾，提出只要把光的能量看成不是连续分布的，而是一份一份地集中在一起，就可以给予光电效应现象一个合理的解释。他写道："确实，在我看来，关于黑体辐射、光致发光、紫外光产生阴极射线 (即光电效应) 以及其他一些有关光的产生和转化的现象的观察，如果用光的能量在空间中不是连续分布的这种假说来解释，似乎就更好理解。按照这里所设想的假设，从点光源发射出来的光束的能量在传播中不是连续分布在越来越大的空间之中，而是由个数有限的、局限在空间各点的能量子所组成，这些能量子能够运动，但不能再分割，而只能整个地被吸收或产生出来。" 也就是说，光不仅在发射中，而且在传播过程中，以及在与物质的相互作用中，都可以被看成是能量子。爱因斯坦将其称为 "光量子"，现在我们称之为 "光子"。应当指出："光子" 一词是由美国物理化学家刘易斯 (G. N. Lewis，1875—1946) 于 1926 年 12 月 18 日在给《自然》杂志的信中创造出来的："我冒昧地提议将这个假设性的新原子命名为 '光子 (photon)'，它并非是光，但在每一个辐射过程中都扮演着重要的角色。" 按照他的原意，光子是 "辐射能" 的一个载体，而不是光粒子本身，与爱因斯坦的光量子 (light quantum) 并非同一概念，但是，现在大家都用它来称呼爱因斯坦的 "光量子"。

　　爱因斯坦还成功地运用数学公式将表征光的粒子特性的能量 E 和动量 p 与表征光的波动特性的频率 ν 和波长 λ 通过普朗克常量 h 联系了起来，建立了所谓 "爱因斯坦关系"：

$$E = h\nu$$

$$p = \frac{h}{\lambda}$$

将光的 "波动性" 和 "粒子性" 统一成了光的 "波粒二象性"。后来，德布罗意进一步将其推广应用于微观粒子，提出了微观粒子的 "波粒二象性"，最终导致了量子力学的建立。因此，爱因斯坦对作为 20 世纪物理学两大支柱的 "相对论" 和 "量子论"，都做出了极其重要的贡献：既是 "相对论" 的创建人，又与普朗克同为 "量子论" 的奠基人。顺便指出：今天，我们能够享受电影、电视带来的乐趣，能够用电脑办公、写作和游戏，都应归功于爱因斯坦揭示了光电效应的物理本质，使人们能够借助于光电效应将光信号变为电信号以便传输，然后再将接收到的电信号变为光信号让人们看到原来的画面。

玻尔原子模型与量子论的建立

　　19 世纪末，X 射线、天然放射性和电子的三大实验发现，特别是爱因斯坦于 1905 年发表的《分子大小的新测定法》和《热的分子运动所要求的静液体中悬浮粒子的运动》两篇论文以及随后佩兰证实爱因斯坦理论预言的实验都无可置疑地确认了原子的存在，使得物理学家开始了原子结构的研究：1911 年，卢瑟福根据盖革 (H. Geiger，1882—1945) 和马斯登 (E. Marsden, 1889—1970) 所做的 α 粒子散射实验发现了原子核并提出了原子的有核模型；1913 年，丹麦物理学家尼尔斯·玻尔在卢瑟福有核原子模型的基础上，将量子化概念应用于原子结构研究，满意地解释了氢原子光谱，建立了原子模型的量子理论，即量子论。

　　尼尔斯·玻尔 (N. Bohr，1885—1962)，1885 年 10 月 7 日出生于丹麦哥本哈根，1903 年进入哥本哈根大学，主修物理学，先后于 1909 年和 1911 年分别获得科学硕士和哲学博士学位，论文题目都是金属电子论。随后，赴英国学习和工作，先在剑桥大学 J.J. 汤姆孙主持的卡文迪许实验室，后转赴曼彻斯特大学，在卢瑟福的实验室工作了 4 个月，参加了 α 射线散射的实验工作并开始了对原子结构的探索。1913 年，玻尔在英国《哲学杂志》上连续发表了题为 "原子构造和分子构造" Ⅰ，Ⅱ，Ⅲ 的三篇论文，提出了他的定态跃迁原子模型理论，成功地解释了氢原子光谱。在他的氢原子模型中，电子绕核在特定的分离轨道上旋转，处于稳定状态，或者说，氢原子具有确定的、量子化的能级。他还假设：只有当电子由一个轨道跃迁到另一轨道时，氢原子才以量子化的形式辐射或吸收能量：$\Delta E = h\nu$（这里 ΔE 为两个轨道所对应的能级的能量差；$h\nu$ 为普朗克的能量子），并据此导出了氢光谱的巴耳末公式。1915 年，索末菲 (A. Sommerfeld, 1868—1951) 发展了玻尔模型，增加了椭圆轨道，提出了索末菲量子条件：$\oint p_k \mathrm{d}q_k = nh$，式中，$n$ 是整数，表示广义动量 p_k 对广义坐标 q_k 沿轨道的回路积分是量子化的。索末菲改进后的玻尔原子模型，曾被用来近似地解释诸如氢原子、氦离子和碱金属光谱的精细结构、塞曼效应、斯塔克效应、旋转–振动分子光谱、拉曼效应和色散等光谱现象，因此量子论又被称为玻尔–索末菲理论。1916 年，爱因斯坦运用量子跃迁的概念，导出了普朗克辐射公式，得到了自发发射、受激发射和吸收等强度之间的关系。

　　玻尔–索末菲理论在解释原子光谱实验现象方面虽然取得了不少令人惊奇的成果，但是在理论上仍然存在着不能自圆其说之处。其一，在这个理论中，电子在圆形或椭圆形轨道上旋转，处于稳定状态，即不辐射能量，而按照经典电磁理论，电子在原子核的电磁场中旋转一定会辐射能量，即不可能处于稳定状态；还有，玻尔所说的 "电子从一个轨道跃迁到另一轨道" 是不需要时间的，而氢原子所释放或吸收的辐射却是在时空中运动的，于是便出现了宏观与微观之间无法弥补的裂痕。

索末菲和玻尔在一起

1916 年，埃伦费斯特借助玻尔兹曼 "绝热原理" 导出了索末菲量子条件，为玻尔的 "定态" 提供了理论依据。所谓 "绝热"，指的是几乎与外界没有能量交换的无限缓慢的变化过程。1866 年，玻耳兹曼发现：如果一个周期性的热力学系统是 "绝热" 的话，它的平均动能 E_k 对频率 ν 之比 E_k/ν 等于一个常数。人们后来发现：普朗克的辐射空腔酷似上述的热力学系统，因为普朗克关系 $E = h\nu$ 符合玻耳兹曼条件。1913 年，埃伦费斯特把玻耳兹曼的发现命名为 "绝热原理"，并于 1916 年根据这一原理导出了索末菲量子条件。按照埃伦费斯特的理解，电子在量子轨道上不辐射能量，是因为它处于 "绝热" 的周期性的热力学系统中，与外界不发生能量交换，所以它是稳定的，不会因辐射能量而自堕于氢核之上。为了进一步解决更为棘手的能级跃迁问题，经过十年酝酿，玻尔于 1923 年正式提出了 "对应原理"，即玻尔量子论在波长很大时将趋近于经典物理学。具体地讲，量子数 n 取得越大，能级差 ΔE 就越小，玻尔量子论中的分离能级与经典物理学的连续波动之间的不协调就会自然消失了。1927 年，他又进一步提出了 "并协原理"，即在不同实验条件下获得的有关原子系统的数据，未必能用单一的模型来解释，电子的波动模型就是对电子的粒子模型的补充。另外，他还预言：在复杂原子中，电子必须以 "壳层" 形式出现，而对一种具体元素来说，其原子的化学性质取决于最外层电子 (即价电子) 的数目。他的这一开创性工作，为揭示元素周期表的奥秘打下了基础，使得化学从定性科学变为定量科学，从而让化学家和物理学家可以携手开展原子–分子物理的研究。

但是，电子壳层的存在同样缺乏理论依据。1924 年，奥地利物理学家泡利通过计算发现：满壳层的原子实应该具有零角动量，因此，反常塞曼效应①的谱线分裂只能是由价电子引起的，从而揭示了价电子的量子性质具有"二重性"。他写道："在一个原子中，决不能有两个或两个以上的同种电子，……"或者说，在任何原子中，都不可能有两个或两个以上的电子同时处在完全相同的状态上，这就是著名的不相容原理。实际上，泡利提出电子的量子性质具有二重性，就是赋予电子以第四个自由度。来自美国的物理学家克罗尼格 (R. L. Kronig, 1904—1995) 对泡利的思想非常感兴趣，他认为可以把电子具有内禀角动量，即电子自旋，作为电子的第四个自由度。但是，他的这个模型遭到了泡利的强烈反对，原因是：泡利不希望在量子理论中保留任何经典概念，他早就考虑过绕轴自转的电子模型，只是因为电子的表面速度有可能超过光速而不得不放弃。就因泡利反对，克罗尼格未敢把自己的想法写成论文发表。半年后，乌伦贝克和高德斯密特 (S.A. Goudsmit, 1902—1979)，在不知道克罗尼格想法的情况下，再次提出电子自旋假设，却得到了他们的老师埃伦费斯特的支持，论文被推荐给《自然》杂志并于 1925 年发表。玻尔没有想到，困扰他多年的光谱精细结构问题竟被乌伦贝克和高德斯密特用"自旋"这一简单的力学概念解决了，对他们的工作十分赞赏，但是，使他仍然感到棘手的是：不仅乌伦贝克和高德斯密特无法回答双线公式中为何多出一个因子 2，而且根据爱因斯坦建议所作的相对论计算也未能完全解释这个因子。1926 年，在哥本哈根玻尔研究所工作的英国物理学家托马斯 (L. H. Thomas) 成功地解决了这个问题。他发现：在相对论计算中，前人的错误在于忽略了坐标系变换引起的相对论效应，只要注意到电子具有加速度并考虑这一效应，便可以自然地得到因子 2。这样一来，物理学界才普遍接受电子自旋的概念。

尼尔斯·玻尔，不仅是一位对物理学和化学都做出了重大贡献的卓越科学家，还是一位积极的社会活动家：第二次世界大战爆发后，他曾帮助多位欧洲科学家逃避纳粹的迫害，移居美国，他自己也于 1944 年前往美国参加与原子弹有关的理论研究；二战后，他还曾分别会见罗斯福、丘吉尔和杜鲁门，劝说他们与斯大林分享核技术，避免核对抗，虽未被接受，但却为争取世界和平做出了前瞻性的重要贡献。

至此，20 世纪物理学最重要也是最具体的奠基石——"量子"已经被牢牢地植

---

① 1896 年，荷兰物理学家塞曼 (P. Zeeman, 1865—1943) 研究发现钠原子光谱在外磁场中出现谱线分裂现象，后人称其为塞曼效应。它又分为两种：一是总角动量为零的原子表现出的正常塞曼效应，另一是总角动量不为零的原子表现出的反常塞曼效应。1921 年，德国图宾根大学朗德 (A. Lande, 1888—1975) 教授分析反常塞曼效应实验结果后指出：描述电子状态的磁量子数应该不是整数，而是半整数。这引起了理论物理学家极大的兴趣，最终导致泡利提出了著名的不相容原理。

入新建的量子科学大厦的基础之中。

二、 量子力学

1923 年，德布罗意提出物质波假说，随后，人们通过实验发现：一束粒子流穿过晶体后能像光一样产生干涉和衍射现象，从而认识到一切微观客体 (包括光子在内) 都同时具有粒子性和波动性，即所谓 "波粒二象性"，在此基础上，薛定谔于 1926 年建立了波动力学；稍前，海森伯从玻尔的对应原理出发提出了矩阵力学的概念，之后，薛定谔证明波动力学和矩阵力学在数学上是等价的；1926 年，玻恩对德布罗意物质波提出了统计解释，这样，描述微观客体运动规律的量子力学便在量子论的基础上完善地建立起来了。

德布罗意物质波假说

阴极射线和 X 射线的先后发现再次挑起了 "波动说" 和 "粒子说" 之争，只是这次不是针对光，而是针对 "微观客体"。1858 年，德国物理学家普鲁克尔 (J. Plücker，1801—1868) 在研究气体放电时，注意到在放电管正对阴极的管壁上发出绿色的荧光，进而证明它是由某种射线从阴极发出打到管壁所致。1876 年，另一位德国物理学家戈尔德施泰因 (E. Goldstein，1850—1930) 研究了这种射线并将其命名为阴极射线，他还根据这种射线能够引起化学反应，判断它是类似于紫外线的 "以太波"。在英国，物理学家瓦尔利 (C. F. Varley，1828—1883) 于 1871 年发现阴极射线在磁场中会发生偏转，行为与带电粒子很相似；另一位物理学家克鲁克斯 (W. Crookes，1832—1919) 也在实验中证实了阴极射线不仅沿直线行进、能聚焦、在磁场中会偏转，还可以传递能量和动量，因此，他认为阴极射线是一种带电的微粒流——"电原子"。于是，德、英两国物理学家就阴极射线是 "以太波" 还是 "电原子" 引发了新一轮的 "波粒之争"。1897 年，J. J. 汤姆孙在阴极射线里发现了电子，使这场争论暂时告一段落。同样，在德国物理学家伦琴 (W. K. Rontgen，1845—1923) 发现 X 射线之后，两位英国物理学家布拉格 (W. H. Bragg，1862—1942) 和巴克拉 (C. G. Barkla，1877—1944) 也就 X 射线的本性展开了 "波粒之争"：布拉格认为 X 射线是由 α 粒子和 β 粒子组成的带电粒子流；巴克拉则认为 X 射线是光波的一种。1912 年，德国物理学家劳厄 (M. V. Laue，1879—1959) 通过在晶体上的衍射实验证实 X 射线具有波动性，确认了巴克拉的看法，因此荣获了 1914 年度诺贝尔物理学奖。布拉格和巴克拉也因从事 X 射线研究分别获得了 1915 和 1917 年度诺贝尔物理学奖。应当指出，早在 1912 年，布拉格就曾预言：，问题将不是在 X 射线究竟是 "带电粒子流" 还是 "光波" 中决定哪一种，而是要找到一种使它同时具有这两种特性的理论。后来，法国物理学家德布罗意找到了这一理论。

德布罗意, 1892 年 8 月 15 日出生于法国塞纳河畔迪耶普的一个贵族家庭, 父母早逝, 从小酷爱读书, 进入巴黎大学后, 接受的是文科教育, 1910 年获得文学学士学位, 后受哥哥莫里斯·德布罗意的影响, 特别是阅读了庞加莱的《科学的价值》等书和了解了普朗克、爱因斯坦和玻尔的工作之后, 转而研究物理学, 1913 年获得理学硕士学位。第一次世界大战后, 他拜法国物理学家朗之万 (P. Langevin, 1872—1946) 为师, 攻读博士学位, 就在这期间, 提出了物质波假说。

德布罗意   朗之万

1919~1922 年间, 法国物理学家布里渊 (M. Brillouin, 1854—1948) 提出了一种可以解释玻尔原子模型的定态轨道的驻波理论, 他设想原子里电子的运动会在原子核周围的 "以太" 中激发一种波, 这种波互相干涉时, 只有在电子轨道半径适当时才能形成环绕原子核的驻波, 因而电子轨道的半径是量子化的。受其启发, 年轻的德布罗意大胆地将爱因斯坦光量子假说所揭示的光的波动和粒子两重性推广到 "微观客体" 上去, 用以解释上述有关 "微观客体" 的 "波粒之争"。1923 年 9~10 月间, 德布罗意在《法国科学院通报》上连续发表了三篇短文: "辐射——波和量子" "光学——光量子、衍射和干涉" "物理学——量子气体运动理论以及费马原理", 提出了他的相波理论, 并在 1924 年通过的博士论文 "量子论研究" 中系统地阐述了这一理论。他认为, 微观粒子, 例如, 电子也具有与其运动保持相同相位的正弦波, 并称这种假想的非物质波为相波, 现在人们称其为德布罗意波。应当指出: 布里渊的 "驻波" 指的是电子运动激发的 "以太波" 而德布罗意波是说电子本身就是波。另外, 还要说明: "物质波" 这一名称是薛定谔在建立波动力学之后为了解释波函数的物理意义才取的。

德布罗意在回忆他提出物质波假说的思想过程时写道:"如果说在整个 19 世纪讨论关于光的理论时人们过分地倾向于使用波的概念而忽略了'微粒'概念,那么在讨论关于物质的理论时人们是不是又犯了相反的错误呢?"正是这种类比和逆向思维使他在爱因斯坦和布里渊的工作的启示下提出了微观粒子也具有波粒二象性,即物质波假说,并将爱因斯坦关系:

$$E = h\nu$$
$$p = h/\lambda$$

应用于微观粒子[①]。于是,描述具有确定能量 E 和动量 p 的微观粒子的物质波也应具有确定的频率 ν 和波长 λ,即它的波函数可用平面波表示成 $\psi = \mathrm{e}^{\mathrm{i}(\boldsymbol{k}\cdot\boldsymbol{r}+\omega t)}$ 或 $\psi = \mathrm{e}^{\frac{\mathrm{i}}{\hbar}(\boldsymbol{p}\cdot\boldsymbol{r}+Et)}$,式中,$k = \dfrac{2\pi}{\lambda}$ 和 $\omega = 2\pi\nu$ 分别是波矢量和圆频率;$\hbar = \dfrac{h}{2\pi}$ 是约化普朗克常量。显见,描写微观粒子的平面波 ψ 既具有典型的"波"的形式,又包含了代表"粒子"特性的能量和动量,也就是说,物质波的波函数很好地反映了微观粒子的波粒二象性。

德布罗意的论文发表后,当时并没有多大的响应,甚至他的导师朗之万也不太相信这种观念,只是觉得他的博士论文写得很出色,才让他获得了博士学位,并将其论文寄了一份给爱因斯坦。没有想到,爱因斯坦看后非常高兴。他意识到,自己创立的光的波粒二象性的观念,在德布罗意手里竟扩展到了运动粒子,使其内涵更为丰富。当时,爱因斯坦正在撰写有关量子统计的论文,于是便在其中加了一段介绍德布罗意工作的内容:"一个物质粒子或物质粒子系可以怎样用一个(标量)波场来相对应,德布罗意先生已在一篇很值得注意的论文中指出了。"这样一来,德布罗意的工作才得到了物理学界的普遍关注。

德国物理学家玻恩 (M. Born,1882—1970) 也注意到德布罗意的工作,他在哥廷根与弗兰克 (J. Franck,1882—1964) 和埃尔萨塞 (W. Elsasser) 讨论了德布罗意的论文。鉴于德布罗意波的波长只有埃 (Å, 1Å=10⁻¹⁰m) 的量级,埃尔萨塞提议用电子在晶体上的衍射来实验证明电子的波动性,玻恩回答说:这就没有必要了,因为戴维逊实验早已证明存在这种预期的效应。玻恩所指的实验,是美国西部电气公司 (即后来的贝尔电话实验室) 研究员戴维逊 (C. J. Davisson,1881—1958) 和他的助手孔斯曼 (C. H. Kunsman) 在 1919—1923 年间所进行的用电子束轰击单晶镍靶的电子散射实验。1927 年,戴维逊接受玻恩建议阅读了薛定谔关于波动力学的论文后,和他的助手革末 (L. H. Germer,1896—1971) 在单晶镍靶上又做了电子衍射

---

① 德布罗意在他的论文中曾利用爱因斯坦质能关系式 $E = mc^2$,并考虑到光子动量 $p = mc$ 和频率 $\nu = c/\lambda$,由 $E = h\nu$ 导出了 $p = h/\lambda$,因此,后式也被称为德布罗意关系。实际上,普朗克关系式 $E = h\nu$ 已经表明能量子具有波粒二象性:E 体现粒子性;ν 体现波动性。

实验，为德布罗意物质波假说提供了重要证据；同时，在英国，J．J．汤姆孙的独生子 G. P. 汤姆孙 (G. P. Thomson, 1892—1975) 在金箔上做了电子衍射实验，也证实了电子具有波动性。至此，德布罗意的理论作为大胆假设而成功的例子获得了普遍的赞赏，荣获了 1929 年度诺贝尔物理学奖，他也是第一个因博士论文而荣获诺贝尔奖的物理学家。戴维逊和 G. P. 汤姆孙也因电子衍射实验共同获得了 1937 年度诺贝尔物理学奖。

　　1929 年 12 月 11 日，诺贝尔物理学奖委员会主席奥西恩在授予德布罗意诺贝尔奖的仪式上发言时想起了一位瑞典诗人的诗句 "我生是一波"，接着，他说：要是诗人说 "我是一波"，那就道出了 "人类迄今为止对物质本质的最深刻的认识"。

薛定谔波动力学

　　薛定谔 (E. Schrödinger, 1887—1961)，1887 年 8 月 12 日出生于奥地利维也纳一个亚麻油毡厂主的家庭。1906 年，他慕玻耳兹曼之名进入维也纳大学物理系，尽管就在那年玻尔兹曼悲惨去世[①]，但是，正是玻尔兹曼的统计力学引导薛定谔走上从事物理学研究的道路，并对其一生影响至深。1910 年，他获得博士学位后留校从事实验物理学研究。第一次世界大战后，他于 1921 年受聘任瑞士苏黎世大学数学物理教授，正是在这所大学里，他创立了波动力学。

薛定谔　　　　　　　　　　　　德拜

　　谈到薛定谔创立波动力学，物理史学家通常会提到德布罗意的博士论文给予他的启示。实际上，1924 年，当物理化学家亨利 (V. Henri) 教授将其访问巴黎大学从朗之万那里得到的一份德布罗意的论文带给薛定谔看时，他曾评论说："那是胡说！" 只是在看了爱因斯坦 "单原子理想气体量子论" 的第二篇论文后，他才认识到

---

　　① 玻尔兹曼，奥地利著名物理学家，统计物理学创始人之一。他坚决拥护原子论，反对唯能论，曾对热力学第二定律的统计解释作出过重要贡献，但因当时人们未能认识到其工作的意义，反而对他进行围攻，致使他忧愤成疾、厌世自杀。

德布罗意物质波的真实含义，在 1926 年 4 月 23 日给爱因斯坦的信中，他写道："你和普朗克赞同 (德布罗意有关物质波的观点)，对于我比半个世界还有价值，如果不是你的第二篇关于气体简并的论文使德布罗意思想的重要性恰到好处地引起我的注意的话，全部事情一定还不能，或许永远不能得到发展 (我不是说被我发展)。"当然，德拜的影响也不能不提，正是他在得知薛定谔的前述评价后，找薛定谔讨论德布罗意物质波，建议他在苏黎世定期召开的讨论会上报告德布罗意的工作，并在报告后向他指出：研究波动就应该先建立波动方程。几个星期后，薛定谔再次作报告时，宣布得到了这个方程。

德拜向薛定谔指出的正是德布罗意工作的不足之处：没有提供物质波在时空中的运动方程。薛定谔先试探将德布罗意关于电子的物质波推广到所有束缚粒子，获得了成功，但因他用相对论方法处理原子中的电子时未能引进后来才发现的电子自旋，所得结果与光谱观测值不符，使他大失所望。1926 年上半年，他采用非相对论方法，创立了波动力学，得到了与原子光谱符合甚好的结果。薛定谔的波动力学主要由四篇题目同为 "作为本征值问题的量子化" 的论文构成。在第一篇论文中，他从分析力学①中的哈密顿–雅可比方程②出发推导出了与时间无关的波动方程，即现在我们所说的 "定态薛定谔方程"：

$$\nabla^2\psi + \frac{2m}{\hbar^2}(E - V)\psi = 0$$

① 分析力学，又称哈密顿力学，是牛顿力学的后续发展。

17—18 世纪，有关 "运动的量度" 问题，在笛卡儿学派和莱布尼茨学派之间发生了一场旷日持久的争论：前者认为，应从运动量守恒这一基本定律出发，把物体的质量和速度的乘积，即 "动量"，作为物体的 "运动量" 的量度，并通过牛顿第二定律把作为运动原因的 "力" 表示为 "动量" 的时间变化率，牛顿力学便代表了这一派观点；后者不同意上述观点，认为应以 "能量" 或 "功" 作为物体 "运动量" 的量度，经过达朗贝尔 (Jean le Rond d'Alembert，1717—1783)、拉格朗日 (Joseph-Louis Lagrange，1736—1813) 和哈密顿 (W. R. Hamilton，1805—1865) 等的努力，相继出现了虚功原理、达朗贝尔原理、最小作用原理和哈密顿原理，逐渐形成了代表这派观点的分析力学。

分析力学对量子力学的建立，特别是哈密顿函数、哈密顿正则方程和哈密顿–雅可比方程对薛定谔方程和海森伯矩阵力学的建立，起到了重要的桥梁作用。

② 哈密顿–雅可比方程是雅可比 (K. G. J. Jacobi，1804—1851) 在哈密顿研究工作基础上在 1842—1843 年间给出的与描述系统总能量的哈密顿函数：

$$H = \sum_{i=1}^{n} p_iq_i - L(q,\dot{q}) = T + V$$

有关的一阶非线性偏微分方程，可以用来求解哈密顿正则方程：

$$\frac{\partial H}{\partial q_i} = -\dot{p}_i$$
$$\frac{\partial H}{\partial p_i} = \dot{q}_i$$

式中，q_i 和 $p_i(i=1,2,3,\cdots,n)$ 分别为广义坐标和广义动量。

式中，ψ 是波函数；m 为束缚粒子的质量；E 和 V 分别表示粒子的能量和位势。对于氢原子，$V = -e^2/r$。薛定谔认为，波函数 ψ 表示束缚在原子中的电子的真实波动情况，这是一个 "比那些至今还相当值得怀疑的电子轨道还要真实的过程"，只要它的单值性和有限性得到保证，那些神秘的 "整数性需要" 就 "不必再列入方程的规则" 之中。他还认为，既然原子是一个含有多个本征频率的波动系统，那么量子 "跃迁" 概念就没有必要了，玻尔关系 $\nu = E_1/h - E_2/h$ 完全可以设想为两个本征频率产生的差频，就像声波中的 "拍频" 一样。而且，用波函数描述的电子的 "波动" 遍布整个四维时空，是连续进行的。在第二篇论文中，薛定谔将物质波的相速度和群速度区分开来，分别描述电子的 "波动性" 和 "粒子性"，并指出：宏观运动也是具有波粒两重性的，只不过因波长相对于轨迹曲率半径可以忽略不计而显现不出而已。因此，几何光学可以看作是波动光学的近似；经典力学可以看作是波动力学的近似。1931 年，普朗克对此给予了极高评价:" 薛定谔波动方程在现代物理学中起到了由牛顿、拉格朗日和哈密顿在经典力学中建立的方程的同等作用。" 在第三篇论文中，薛定谔引进了与时间无关的微扰理论，并用来解决氢原子的斯塔克效应，这是波动力学最早的应用。接着，在第四篇论文中，他提出了与时间有关的波动方程，即现在我们所说的 "薛定谔方程"：

$$i\hbar \frac{\partial}{\partial t}\psi = H\psi$$

式中，$H = -\dfrac{\hbar^2}{2m}\boldsymbol{\nabla}^2 + V$ 是描述系统总能量的哈密顿算符。

　　如何理解薛定谔方程，特别是如何解释波函数 ψ？薛定谔自己也不甚清楚。1926 年 6—7 月间，玻恩提出了概率波的概念，对波函数 ψ 给出了统计解释。他指出：概率波不同于经典力学中的波，它不携带能量和动量，不能看作是一种物理实体；它只是一种 "实在的中间类型"，可以引导定态的出现，而薛定谔称其为电荷密度的 $|\psi|^2$ 则表示定态出现的概率。玻恩在这里虽然接受了波动力学的数学形式，但却换上了新的物理内容。正如他所说:"必须彻底放弃薛定谔旨在恢复经典连续理论的物理图像，只保留数学形式，并充实以新的物理内容。" 玻恩对 ψ 的解释后来成为以玻尔为代表的哥本哈根学派的量子力学统计解释的权威观点，爱因斯坦无法容忍量子力学的这种不确定性，他在给玻恩的信中写道："我相信，上帝不掷骰子。" 薛定谔也不赞同玻恩的观点，他始终站在爱因斯坦一边，与玻恩、海森伯和玻尔等展开了长期的论争。

 海森伯矩阵力学

　　海森伯，1901 年 12 月 5 日出生于德国温兹堡一个知识分子家庭。1920 年，刚从大学预科毕业的海森伯前往慕尼黑大学拜访索末菲教授，表示自己想探索、发展爱因斯坦的广义相对论，研究理论物理。索末菲同意他列席高等讨论班，并从标准物理课中为他选了课。海森伯进入索末菲讲座的第一天便结识了泡利，后来他们成为终身挚友。1922 年，玻尔应邀到哥廷根讲学，索末菲带领海森伯和泡利一起去听讲。在演讲后的讨论中，海森伯发表的意见引起了玻尔的注意，并在会后两人一起散步继续讨论。玻尔对海森伯印象深刻，邀请他和泡利在适当的时候去哥本哈根访问，进行合作研究。海森伯随后就去了哥本哈根，开始了他与玻尔及其同事的长期合作。当时，玻尔–索末菲理论虽然取得了令人惊奇的成果，但也遇到严重困难。一方面，它无法解释诸如光谱精细结构、反常塞曼效应和斯特恩–盖拉赫实验[①] 等；另一方面，对应原理的应用没有统一的规则，往往因人因事而异。有人曾这样形容当时物理学家的处境：星期一、三、五用辐射的经典理论；星期二、四、六则用辐射的量子理论。前面谈到，泡利于 1924 年提出不相容原理，最终导致乌伦贝克和高德斯密特提出电子自旋的假设，使长期得不到解释的上述光谱现象迎刃而解。差不多同时，海森伯创立了 "矩阵力学"，克服了后一困难，使量子理论登上一个新的台阶。

海森伯

玻恩

　　1924 年，海森伯重访哥本哈根，与玻尔和克拉默斯 (H. A. Kramers) 合作研究光的色散理论。在研究中，海森伯发现：不仅描写电子运动的傅里叶展开式中的偶极振幅的绝对值平方决定辐射强度，而且相位也是有观察意义的。由此出发，海森伯进一步假设：电子运动的偶极和多极辐射的经典公式在量子理论中仍然有效，并借助玻尔的对应原理，利用定态能量差决定的跃迁频率来改写经典理论中电矩的

---

① 斯特恩–盖拉赫实验：1924 年，斯特恩 (O. Stern，1888—1969) 和盖拉赫 (W. Gerlach，1889—1979) 让一束很细的原子射线通过不均匀磁场，发生偏转后，在照相底板上留下清晰的线状痕迹。这个实验证实了原子是具有磁矩的，而且直接证明了空间量子化及原子磁矩也必须量子化。

傅里叶展开式。鉴于谱线频率和决定谱线强度的振幅都是可观察量,这样,海森伯就不再需要电子轨道等经典概念,只要引入由频率和振幅组成的二维数集,便可很好地描述辐射。但是,令海森伯奇怪的是,这样做的结果,计算中的乘法却是不可对易的。于是,他把论文拿给他的另一位导师玻恩,请教有没有发表价值。玻恩开始也感到茫然,经过几天的思索,终于记起这正是大学里学过的矩阵运算,海森伯用来表示观察量的二维数集正是线性代数中的矩阵,"矩阵力学"这一名称便由此而来。玻恩认识到海森伯工作的重要意义,立即推荐发表。另外,玻恩还发现描述位置和动量的无限矩阵也不能互相对易,它们满足正则对易关系:

$$[x, p] = xp - px = \mathrm{i}\hbar$$

于是便着手运用矩阵方法为新力学建立了一套严密的数学理论。一次偶然的机会,玻恩遇见了矩阵代数的行家、年轻数学家约丹 (P. Jordan, 1902—1980),便邀请他参与合作研究。1925 年 9 月,两人联名发表了"量子力学"一文,首次给予矩阵力学以严格的数学表述。接着,玻恩、约丹和海森伯三人合作,又写了一篇论文,把以前的结果推广到多自由度和有简并的情况,系统地论述了本征值问题、定态微扰和含时间的定态微扰,导出了动量和角动量守恒定律,以及辐射强度公式和选择定则,还讨论了塞曼效应等问题,从而奠定了矩阵力学的基础。海森伯等的工作很快得到了英国剑桥大学狄拉克的响应。1925 年,狄拉克得知海森伯提出了矩阵力学,立即产生了新的想法:玻恩发现的正则对易关系在数学形式上与哈密顿力学中的泊松括号相当。1925 年 11 月,他以"量子力学的基本方程"为题,运用对应原理,很简单地把经典力学方程改造为量子力学方程。1926 年 1 月又发表"量子力学和氢原子的初步研究",建立了一种代数方法,用于解释氢原子光谱,推导出了巴耳末公式。泡利也对矩阵力学的发展做出了自己的贡献。他在"从新量子力学的观点讨论氢光谱"一文中用矩阵力学的方法解决了氢原子能级,得到了巴耳末公式,解释了斯塔克效应。

    海森伯在创建矩阵力学时,对形象化的物理图像始终持否定态度,自然也就无法接受由经典力学量"坐标"和"动量"所确定的轨道。通过对云室实验中电子径迹的观察,海森伯发现:那径迹并不是电子的真正轨道,而是水滴串形成的雾迹。鉴于水滴远比电子要大,因此人们观察到的只是一系列电子的不确定的位置,而不是它的精确轨道。海森伯由此想到:在微观世界里,一个电子只能以一定的不确定性处于某一位置,同时也只能以一定的不确定性具有某一动量,可以把这些不确定性限制在最小的范围内,但不能等于零。这就是海森伯不确定性原理的雏形。1927年,他在德国《物理杂志》上发表了一篇题为"关于量子理论的运动学和力学的直观内容"的论文,一开头就说:"如果谁想要阐明'一个物体的位置'(例如一个电子的位置)这个短语的意义,那么他就要描述一个能够测量'电子的位置'的实验,否则这个短语就根本没有意义。"后来，在谈到诸如坐标与动量、能量与时间这样一些正则共轭量的不确定关系时，海森伯曾说："这种不确定性正是量子力学中出现统计关系的根本原因。"那么，不确定性的范围究竟有多大呢？海森伯认为，这只能通过实验来确定。于是，他设想用一个 γ 射线显微镜来观察一个电子的坐标。因为 γ 射线显微镜的分辨本领受到入射光波长 λ 的限制，波长 λ 越短，显微镜的分辨率越高，测定的电子坐标的不确定程度 Δx 就越小，所以 $\Delta x \propto \lambda$。但是，从另一方面讲，光照射电子也可看成是光量子和电子的碰撞，波长 λ 越短，光量子的动量就越大，电子动量的不确定程度 Δp 也就越大，所以 $\Delta p \propto 1/\lambda$。这样，海森伯得出：$\Delta x \Delta p \approx h$。对此，他写道："在电子的位置被测定的一瞬间，即当光量子刚好被电子偏转时，电子的动量发生一个不连续的变化，因此，在确知电子位置的瞬间，关于它的动量，我们就只能知道相应于其不连续变化的大小的程度。于是，位置测定得越准确，动量的测定就越不准确，反之亦然。"现在通用的不确定关系式：$\Delta x \Delta p \geqslant \hbar/2$ 是肯纳德 (E. Kennard) 在发表海森伯论文的《物理杂志》的随后一期上给出的，两年后，罗伯森 (H. Robertson) 借助均方根误差定义不确定量 Δx 和 Δp，由正则共轭力学量 x 和 p 的厄米性和它们所满足的正则对易关系导出了这一关系式。

　　海森伯还通过确定原子磁矩的斯特恩–盖拉赫实验分析证明，原子穿过偏转磁铁所费的时间 Δt 越长，能量测量中的不确定性 ΔE 就越小，再加上德布罗意关系 $\lambda = h/p$，便得到 $\Delta E \Delta t > h$，于是他得出结论："能量测定的准确性如何，只有靠相应的对时间的不确定量才能得到。"注意：能量的不确定量 ΔE 可像位置和动量的不确定量 Δx 和 Δp 一样借助测量其均方根误差来定义，而时间的不确定量 Δt 通常则是用粒子衰变的半衰期或传递相互作用的虚粒子的寿命来表示。

玻尔与海森伯和泡利在一起交谈

　　玻尔支持海森伯的不确定原理，但不同意他的推理方式，认为应该依据波粒二象性从哲学上加以考虑。1927 年，玻尔在 "量子公设和原子理论的新进展" 的演讲中，提出了著名的互补原理，较为详细地阐明了他的看法："在物理理论中，平常大家总是认为可以不必干涉所研究的对象，就可以观测该对象，但从量子理论看来却不可能，因为对原子体系的任何观测，都将涉及所观测的对象在观测过程中已经有所改变，因此不可能有单一的定义，平常所谓的因果性不复存在。对经典理论来说，互相排斥的不同性质，在量子理论中却成了互相补充的一些侧面。波粒二象性正是互补性质的一个重要表现。不确定原理和其他量子力学结论也可从这里得到解释。"

　　应当指出，不确定关系式的成立还意味着，量子力学所描述的微观时空，或称量子时空，与牛顿的经典力学和爱因斯坦的相对论力学所描述的宏观时空在特性上有着明显不同：一方面，不确定关系中的 t 和 x 代表时间和空间而 E 和 p 则代表用来描述物质及其运动的能量和动量，因此不确定关系式极好地描述了在微观世界里时空与物质及其运动也是密切相关的，在这一点上，量子时空与爱因斯坦相对论力学中的相对时空一致而与牛顿力学中的绝对时空不同，但是，无论是牛顿的经典力学还是爱因斯坦的相对论力学，它们对物质及其运动的描述都是 "决定论"，也就是说，可以同时精确确定某一时刻运动物质所处在的位置以及所具有的能量和动量，而量子力学却因不确定关系的存在不能同时精确测量位置与动量或时刻与能量。另一方面，导致宇宙大爆炸的极其巨大但仍然有限的能量意味着：Δt 不可能严格为零，即宇宙大爆炸后时空分离时，时间不是从零开始的而是量子化出现的，时空量子的大小很可能是用普朗克时间 (10^{-43}s) 和普朗克长度 (10^{-35}m) 来度量的；Δt 和 Δx 不为零还意味着真空里存在 "量子涨落"，在第六章谈及超弦理论时，我们将会提到，正是这些 "量子涨落"，使实验上无法测量到卷曲着的四维时空之外的多维空间。

　　早在海森伯向约丹抱怨 "我甚至不知道矩阵是什么" 的时候，与海森伯和玻恩同在哥廷根的大数学家希尔伯特就已指出：海森伯的矩阵或许就是某个微分类方程的更为有效的一种表现形式。但是，海森伯等不以为然，认为那是 "愚蠢的观点，希尔伯特不知道自己在说什么"。但是，就在 6 个月后，薛定谔就找到了希尔伯特预见的微分方程，创建了波动力学，不仅同样完成矩阵力学所做的事情，而且在数学形式上采用的是人们所熟悉的分析方法。后来，薛定谔还在 "论海森伯–玻恩–约当量子力学同我的力学的关系" 一文中证明了矩阵力学与波动力学在数学上是等价的。当然，他并不认为两者在物理上也是等同的。实际上，海森伯等反对把因果性和决定论的时空描绘搬进微观领域，而薛定谔则承袭了普朗克–爱因斯坦–德布罗意的思想体系，对微观世界同样采用因果性和决定论的时空描绘。

玻恩量子力学统计解释引发的论争

现在，我们较为详细地介绍玻恩对波函数 ψ 的统计解释和海森伯不确定原理所引发的爱因斯坦和薛定谔与玻恩、海森伯和玻尔等之间的论争。

爱因斯坦对量子力学的批评主要是认为量子力学是不完备的，不符合自己根据相对论提出的因果决定论，或称 "局域实在论"(local realism)：① 物质实体独立于任何测量而存在；② 物质之间的任何影响都是时空局域的，即不能超过光速。它包含两个判据，一是完备性判据——如果一个物理理论对物理实在的描述是完备的，那么物理实在的每个要素都应在其中有它的对应量；另一是实在性判据——当我们不对体系进行任何干扰却能准确地预言某个物理量的数值时，必定存在着一个物理实在的要素对应于这个物理量。爱因斯坦认为，量子力学不满足这些判据，所以它是不完备的。

玻尔和爱因斯坦

1935 年，爱因斯坦与波多尔斯基 (B. Podolsky，1896—1966) 和罗森 (N. Rosen,
1909—1995) 在美国《物理评论》第 47 期上发表了题为 "物理实在的量子力学描述能否认为是完备的？" 的论文，提出了著名的 EPR(Einstain-Podolsky-Rosen) 佯谬，论证了量子力学的不完备性。根据海森伯不确定关系，人们无法同时精确地测量微观粒子的位置和动量。于是，他们设想：两个总动量确定的相互作用粒子 A 和 B

形成一个 EPR 对，当它们分开相距很远时，测量 A 的位置可以得到精确值，同时，测量 B 的动量也可以得到精确值，鉴于总动量守恒，因此可以计算出 A 的动量的精确值，也就是说，可以同时精确测量 A 的位置和动量，这样便违反了不确定关系。同年，玻尔在同一杂志随后一期上发表了相同题目的论文，以测量仪器与客体实在的不可分性为理由，否定了 EPR 论证的前提——物理实在的认识论判据，从而否定了 EPR 实验的悖论性质。具体地说，由于粒子 A 和 B 共同组成一个纯的量子态 (薛定谔称之为 "量子纠缠态")，当你精确测量 A 的位置时，根据不确定关系，必然会影响到 B，即无法精确测量 B 的动量，反之亦然。也就是说，EPR 对的关联性可以在量子力学框架里得到合理的解释。至于局域性疑难，曾有人试图建立量子力学的隐参量理论来取代波函数的统计解释，认为在量子力学中隐藏着某些可以确切描述波函数特性的参量。1964 年，在欧洲核子研究中心 (CERN) 工作的爱尔兰物理学家贝尔 (J. Bell, 1928—1990) 从隐参量存在和局域性成立出发得到一个可供实验检验的不等式，把一个长期争论不休的理论问题，变成一个可供实验判决的问题。随后，克劳泽 (J. Clauser)、弗里德曼 (S. Freedman, 1944—2012) 和阿斯佩 (A. Aspect) 等通过一系列实验证明量子纠缠态是非局域的、贝尔不等式不成立的，支持量子力学的统计解释，否定了隐参量理论。

爱因斯坦   波多尔斯基   罗森

　　为了支持爱因斯坦对量子力学统计解释的批评，薛定谔在 1935 年发表的一篇题为 "量子力学现状" 的论文中提出了著名的 "薛定谔的猫" 佯谬。所谓 "薛定谔的猫"，指的是：将一只猫放进一个不透明的盒子里，在这个盒子里，还有一个放射性原子核和一个装有氰化钾的实验装置。如果设想：这个放射性原子核在一个小时内有 50% 的可能性发生衰变，发射出一个粒子去触发这个实验装置，使其释放出毒气杀死猫，那么，根据量子力学，未进行观察时，放射性原子核处于已衰变和未衰变的叠加态；猫既可能还活着也可能已死去，但是，在一个小时后，打开盒子观察时，只能看到 "已衰变的原子核和死猫" 或者 "未衰变的原子核和活猫" 两种情况。这便是薛定谔为了证明量子力学在宏观条件下不具有完备性而设计的一个思想实验，它巧妙地将微观的放射源和宏观的猫联系起来，用以否定宏观世界存在量子叠加态。"薛定谔的猫"佯谬，就其本质来说，是在问：在通常情况下，为什么不存在宏观物体量子效应 (即宏观态的相干叠加)？

　　20 世纪 80~90 年代的一系列研究工作，用量子退相干的观点，对"薛定谔的猫"佯谬和宏观物体的退相干问题给出了初步的物理解答。概括地说，组成宏观物体的微观粒子的无规运动，以及所处环境的随机涨落，都会与宏观物体 ("薛定谔的猫") 的集体自由度纠缠起来。随着环境的自由度或组成宏观物体的粒子数增多，与之相互作用的"薛定谔的猫"的集体自由度必出现量子退相干，使得"薛定谔的猫"的量子相干叠加名存实亡。2012 年获得诺贝尔物理学奖的阿罗什 (S. Haroche) 和维因兰德 (D. J. Wineland) 通过适当的量子操控方法，分别设计关于"薛定谔的猫"的精巧实验，对这个基本问题的理解给出直接的实验检验。

"薛定谔的猫"佯谬示意图

　　量子力学作为描述微观客体运动规律的物理理论已经在凝聚态物理、核物理和粒子物理的理论和实验研究中取得了广泛应用，特别是 EPR 佯谬提出的量子纠缠态和被费曼认为是"量子力学核心"的"绝对不可能用经典方式解释"的"薛定谔的猫"佯谬所揭示的量子叠加态，也已在现今蓬勃发展的量子通信中获得了成功的应用。

三、量子电动力学

　　量子电动力学是在量子力学和相对论的基础上发展起来的描述电磁力的基本理论。如果说电动力学是描述电磁力的经典场论，那么量子电动力学就是描述电磁力的量子场论。场是连续分布的、具有无穷维自由度的系统；场论是关于场的性质、相互作用和运动规律的理论；量子场论则是把量子力学原理应用于场使其量子化后建立起来的场的理论。这里，我们通过讨论经典场论和量子力学的局限性，引入狄拉克的相对论量子力学与约丹和维格纳的量子场论，进而介绍量子电动力学的创建以及解决发散困难的重正化方法。

 经典场论和量子力学的局限性

　　量子力学恰当地解释了诸如原子稳定性和线状光谱等经典电磁理论无法解释的微观电磁现象，但是它对电磁场的描述仍是经典的，没有反映电磁场的粒子性，未能给予连续分布的电磁场和作为场源的、具有离散结构的带电粒子以统一的、量子化的描述。量子力学虽然能很好地说明原子和分子结构，但却不能直接处理光的自发辐射和吸收，或者说，不能容纳光子，更不能描述光子的产生和湮没。因此，有必要把量子理论进一步扩展到电磁场，一方面，将量子力学相对论化；另一方面，将经典电磁场量子化，量子电动力学就是这样发展起来的。

 狄拉克与相对论量子力学

　　狄拉克，1902 年 8 月 8 日出生于英国布里斯托尔城，从小喜欢数学和自然科学，1918 年，跳级读完中学后，进入布里斯托尔大学电机系学习工科。1923 年，以电

气工程和应用数学双重学士的身份被剑桥大学圣约翰学院接受为研究生，导师是卢瑟福的养子、著名的数学家和物理学家拉尔夫·福勒 (R. H. Fowler, 1889—1944) 教授。其时，正是量子力学形成之初，在拉尔夫·福勒指导下，狄拉克参与量子力学研究并发表了多篇论文，提出了许多极有见地的观点。1926 年，他系统地总结了研究生期间的工作，撰写了以《量子力学》为题的博士论文，阐述了他对量子力学理论的精湛的物理解释。优美而严谨的数学推导，特别是，用量子泊松括号代替海森伯的矩阵运算、用变换理论统一描述矩阵力学和波动力学以及用狄拉克符号和 δ 函数给予量子力学方程以新的数学表述等，得到了学术界的普遍重视，为量

狄拉克

子力学的发展做出了重要贡献，被公认为量子力学的奠基人之一。同年，他和费米各自独立地提出了波函数反对称的全同粒子系统所遵从的统计方法，即现在所说的费米–狄拉克统计。1927 年，他发表了 "辐射的发射和吸收的量子理论" 一文，首

先提出将电磁场作为一个具有无穷维自由度的系统进行量子化的方案，为量子场论的建立奠定了基础。1928 年，他进一步创建了相对论量子力学，提出了后来以他的姓氏命名的相对论量子力学方程，以非凡的物理直觉预见了正电子的存在。1932 年，美国物理学家安德森在用特制的威尔逊云室研究宇宙射线时捕捉到了这个神秘的粒子，实验验证了狄拉克的预言；另外，求解狄拉克方程得出的氢原子光谱与实验数据精确符合，从而验证了相对论量子力学的正确性。1933 年，因在量子力学，特别是相对论量子力学方面的突出贡献，狄拉克和薛定谔分享了该年度的诺贝尔物理学奖。同年，他被任命为剑桥大学圣约翰学院卢卡斯数学讲座教授，这是牛顿曾经担任过的荣誉职位。1969 年，按英国惯例退休后，狄拉克到美国迈阿密大学和佛罗里达州立大学继续任教，从事科研和教学工作，于 1984 年 10 月 20 日在佛罗里达去世，享年 82 岁。

在"量子力学"一节中，我们曾经提到，薛定谔方程中的哈密顿算符是根据分析力学写出来的，是非相对论的，因此薛定谔方程是非相对论运动方程，不能用来描述高能电磁现象。为了解决这一难题，1926 年，瑞典物理学家克莱因和德国物理学家戈登 (W. Gordon，1893—1939) 将薛定谔方程推广到相对论情况，从爱因斯坦能量–动量关系式 $E^2 = c^2p^2 + m^2c^4$ 出发，借助于薛定谔引入的能量和动量算符 $\hat{E} = \mathrm{i}\hbar\dfrac{\partial}{\partial t}$ 和 $\hat{p} = -\mathrm{i}\hbar\boldsymbol{\nabla}$，得到了第一个相对论性波动方程 $\dfrac{1}{c^2}\dfrac{\partial^2}{\partial t^2}\psi - \boldsymbol{\nabla}^2\psi + \dfrac{m^2c^2}{\hbar^2}\psi = 0$，后人称其为克莱因–戈登方程。这个方程虽然是相对论性的，但是存在以下三方面的问题：① $|\psi|^2$ 不是正定的，无法将其解释为粒子出现的概率；② 总能量有负的本征值，即出现负能态；③ 方程中出现对时间的二次偏导数，故因果律得不到满足。总之，无法将其纳入已有的量子力学框架，需要加以改进。1928 年，狄拉克完成了这一工作，得到了另一种形式的相对论性运动方程，即狄拉克方程。

首先，狄拉克对克莱因–戈登方程的上述困难进行了分析，他认为，$|\psi|^2$ 之所以是非正定的，是因为该方程含有 ψ 对时间的二次偏导数。如果采用薛定谔方程中 ψ 对时间的一次偏导数，粒子出现的概率密度 $|\psi|^2$ 便可以是正定的。但是，考虑到所求得的波动方程必须是洛伦兹协变的，在该方程中波函数 ψ 对空间坐标的偏导数也必须是一次的，因此，应从另一种形式的爱因斯坦能量–动量关系 $E = \pm\sqrt{c^2p^2 + m^2c^4}$ 出发，去探求新的相对论波动方程。为此，他引入两个新的无量纲数 $\boldsymbol{\alpha}$ 和 β，写出了如下形式的波动方程：

$$\left[\mathrm{i}\hbar\frac{\partial}{\partial t} - c\boldsymbol{\alpha}\cdot(-\mathrm{i}\hbar\boldsymbol{\nabla}) - \beta mc^2\right]\psi(\boldsymbol{r},t) = 0$$

这就是著名的狄拉克方程。因为它是对自由电子导出的，故又称为自由电子的狄拉克方程。显见，式中的 $\boldsymbol{\alpha}$ 和 β 不可能是普通的数，而应该是满足条件：$\alpha_x^2 = \alpha_y^2 = \alpha_z^2 = 1$，$\alpha_i\alpha_j + \alpha_j\alpha_i = 0(i \neq j)$ 和 $\alpha_i\beta + \beta\alpha_i = 0$ 的厄米算符，或者说，是 4×4 数

字矩阵；算符 α 和 β 所作用的空间也不是通常的坐标空间，而应该是另一个新的空间，现在我们知道，这是一个与自旋有关的空间。这样，在自由电子的狄拉克方程中，乌伦贝克和高德斯密特引入的电子自旋便会自动出现。进一步，借助于爱因斯坦在狭义相对论中引入的四维时空 $x_\mu = (\boldsymbol{x}, \mathrm{i}ct)$ 和四维动量 $p_\mu = \left(\boldsymbol{p}, \mathrm{i}\dfrac{E}{c}\right)$，定义四维能量-动量算符 $\hat{p}_\mu = -\mathrm{i}\hbar\dfrac{\partial}{\partial x_\mu}$ 和四个新的 γ 矩阵 $\gamma_\mu = (-\mathrm{i}\beta\boldsymbol{\alpha}, \beta)$，并采用自然单位制：$\hbar = c = 1$，便得到了协变形式的狄拉克方程：

$$\left(\gamma_\mu \frac{\partial}{\partial x_\mu} + m\right)\psi(x_\mu) = 0$$

再作代换 $\dfrac{\partial}{\partial x_\mu} \to \dfrac{\partial}{\partial x_\mu} + \mathrm{i}eA_\mu$ [1]，又可得到电磁场作用下的狄拉克方程：

$$\left[\gamma_\mu\left(\frac{\partial}{\partial x_\mu} + \mathrm{i}eA_\mu\right) + m\right]\psi(x_\mu) = 0$$

这两个方程形式的简洁堪与爱因斯坦相对论方程相媲美，因此，后人将狄拉克的量子力学称为相对论量子力学。

狄拉克方程，虽然是协变的，而且可以纳入已有的量子力学框架，但是它仍然未能摆脱负能态的困难。从数学形式上讲，这是因为 α, β 或 γ_μ 都是 4×4 矩阵，狄拉克方程的解 ψ 必须是 1×4 矩阵，这就意味着，一方面，ψ 可以用旋量 (即 1×2 矩阵) 来表示，自动地给出电子自旋；另一方面，ψ 不仅包含正能态而且包含负能态；就物理本质来说，克莱因–戈登方程和狄拉克方程之所以都会出现负能态，那是因为它们都是从能够保持洛伦兹协变性、实际上包含 E 的二次方项的爱因斯坦能量-动量关系出发。既然相对论运动方程免不了要出现负能态，狄拉克决定选择面对而不是摆脱，尽力设法给予合理的解释。

负能态的困难在于，处在正能态上的电子会自发地向未被占据而且没有下限的负能态跃迁，使系统无法保持稳定。为了克服这一困难，狄拉克提出了一个新的理论——"空穴理论"。他认为，在真空状态下，所有负能态都已被电子填满，形成了"电子海"(后人称之为"费米海"或"狄拉克海")，因此，按照泡利不相容原理，在真空中运动的正能量电子，不被允许跃迁到负能态上去，于是上述的负能态困难便不复存在。如果在外场干扰下电子海里的一个电子被激发到正能态上，那么电子海里就会出现一个"空穴"，其性质刚好与电子"互补"：质量相同、电荷反号、动量和自旋反向等。当时，已知的粒子中只有质子带正电，但其质量与电子不同，不能被看作是上述的"空穴"，故狄拉克称"空穴"为"反电子"。前面提到，安德森在宇宙线中捕捉到了这个粒子，实验验证了狄拉克的"空穴理论"，并将其称为"正电

---

[1] 应当指出：福克 (V. Fock, 1898—1974) 早在 1927 年就已提出这一代换。

子"。1936 年，安德森与发现宇宙线的赫斯 (V. F. Hess, 1883—1964) 分享了该年度的诺贝尔物理学奖①。正电子的发现，打开了通向反粒子世界的大门，为物理学的发展树立了又一个里程碑。

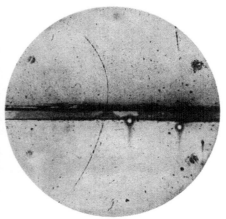

安德森及其得到的正电子径迹

 约丹和维格纳的量子场论

前面提到，狄拉克在 1927 年发表的一篇论文中实现了电磁场的量子化，为创建量子场论奠定了基础。在那篇文章里，他将电磁场的经典波动分解成无穷多个不同频率的简谐振动。鉴于每个简谐振动都满足薛定谔方程，而薛定谔方程的解是量子化的，因此，具有确定频率的简谐振动可取的能量值只能是 $h\nu$ 的整数倍，其最小值就是 $h\nu$，也就是一个光子所带的能量，所以能量为 $nh\nu$ 的状态应当包含 n 个光子，或者说，不同的状态含有不同数目的光子。当电磁场受到激发由低能态跃迁到高能态时，就会产生一些光子，反之，便会湮没一些光子。于是，在狄拉克的辐射理论中，光子是可以产生和湮没的。显见，狄拉克的理论还为普朗克的能量子假说和爱因斯坦的光量子假说提供了严谨的数学表述。

---

① 应当指出：我国著名核物理学家赵忠尧 (1902—1998) 应是第一位发现反物质的人。1927—1930 年间，他师从密立根教授，博士论文是研究 "硬 γ 射线通过物质时的吸收系数"，曾于 1930 年前后发表了两篇论文："硬 γ 射线的吸收系数" 和 "硬 γ 射线的散射"，分别发现了硬 γ 射线在重靶上的反常吸收和能量为 0.5MeV 的特殊辐射。后来知道，前者意味着正负电子对的产生；后者则是正电子湮没产生能量为 0.5MeV 的两个光子，但在当时无论是赵忠尧还是密立根都没有意识到这一点，而这却引起了办公室就在赵忠尧隔壁、听过狄拉克报告的安德森的注意，在赵忠尧的工作的启示下，1932 年，他在宇宙射线的云雾室照片上观察到正电子的径迹，并因此荣获了 1936 年度诺贝尔物理学奖，而赵忠尧则与该奖项失之交臂。

　　1928 年，约丹和维格纳在德国《物理杂志》上发表了题为 "关于泡利不相容原理" 的论文，将狄拉克的方法应用于电子，提出了电子场的概念。他们的想法是，把量子力学中的电子状态波函数 ψ 看成是与电磁场的 A_μ 一样的经典场量，将其所满足的方程，无论是薛定谔方程还是克莱因–戈登方程或狄拉克方程，都看成是与电磁场的麦克斯韦方程相当的经典场方程，然后，用狄拉克的方法加以 "量子化"。这样，便可描述电子的产生和湮没；对于其他粒子，只要引进相应的场并对其实行 "量子化"，一样可以描述它们的产生和湮没。只是，与光子不一样，电子服从泡利不相容原理，因此，约丹和维格纳提出了符合这一要求的量子化方案。在这一方案中，物质的基本形态是场，每一种物质相应于一种场。场有各种状态，能量最低的、不包含粒子的状态，称为真空态；场被激发时，便处于能量较高的状态，称为激发态，这时，就产生了粒子，反之，粒子湮没了，场就回归真空态。因此，约丹和维格纳预言了所有物质粒子都可以像光子一样产生和湮没，只是，与电磁场不一样，按照泡利不相容原理，电子场的每一个激发态只能有一个电子。1932 年以后，实验确实发现所有微观粒子都可产生和湮没，证实了他们的预言。这就是约丹和维格纳关于自由场的量子场论。顺便指出，约丹和维格纳的量子化方案是将量子力学方程的解再 "量子化"，因此，在量子力学文献中，称其为 "二次量子化"。

约丹　　　　　　　　　　　　　　　维格纳

　　量子场论是具有无穷维自由度系统的量子力学，给出的物理图像是：在空间里，充满着各种不同的场，它们相互渗透并且互相作用。场的相互作用可以引起场的激发，可以用产生和湮没粒子的形式表现为粒子的各种反应过程：在某一时空点上，粒子激发了与它相互作用的场，然后，或自己湮没了，或能动量改变了，而被激发的场则在该时空点产生了另一些粒子；有时，被激发的场并未直接在该时空点产生粒子，而是将这一扰动传递到另一时空点才产生粒子，这样的传递过程，实验上无法观测，便称为虚过程。粒子 (包括光子) 的产生和湮没、粒子与粒子或粒子与光子之间的散射等反应过程都可以用此图像来描述，实验数据都可以用量子场论来计算、验证。

描述电子场与电磁场相互作用的量子场论就是量子电动力学，它是描述电磁相互作用的基本理论，也是量子场论中历史最悠久、发展最成熟的一个分支，主要研究带电粒子与电磁场 (光子场) 相互作用的基本过程，包括带电粒子和光子的产生和湮没、带电粒子之间的散射以及带电粒子与光子之间的散射等过程。下面，我们介绍量子电动力学创建、发展和完善的过程。

 量子电动力学的创建

1927—1928 年间，狄拉克先后实现了经典电磁场的量子化和量子力学的相对论化，率先为量子电动力学的建立做出了贡献。1929 年，海森伯和泡利继狄拉克之后也提出了辐射的量子理论，构建了量子场论的普遍形式，他们和狄拉克一起为量子电动力学的建立奠定了基础。

前面提到，量子力学不能直接处理光的自发辐射和吸收。这是因为，在量子力学中，考虑到电磁相互作用的耦合常数 (通常用精细结构常数 $\alpha = \dfrac{1}{137}$ 来描述) 相对较弱，可以运用微扰论方法来求解电磁场的量子力学方程，而在自发辐射和吸收光子之前，根本不存在可以作为微扰的辐射场，因此，无法用微扰论方法来处理光的自发辐射和吸收。海森伯和泡利的辐射量子理论解决了这个难题。他们提出的电磁场的量子化方案，是把电场强度和磁场强度都看成是算符，使它们的各个分量满足一定的对易关系，而且实验测量值的均方差满足海森伯不确定关系。这样，无辐射场的真空态，虽然没有光子存在，电场强度和磁场强度的平均值均为零，但是，按照不确定关系，这些场强的均方值并不为零，也就是说，在量子化的辐射场中存在着 "真空涨落"。正是这种 "真空涨落" 可以作为引起光的自发辐射和吸收的微扰，从而解决了原先量子力学无法解决的光的自发辐射和吸收问题。

在海森伯和泡利创建的量子电动力学中，也是将电子场与电磁场相互作用作为对自由场的微扰，运用微扰论方法来进行计算，即将所求的解按 α 的幂级数展开，然后逐阶计算。由于 α 相当小，因此，只要计算低次项，便可得到足够精确的近似解。1947 年，美国《物理评论》杂志同时发表了两项原子束实验的精密测量结果。一项是兰姆 (W. E. Lamb, 1913—2008) 和雷瑟福 (R. C. Retherford, 1912—1981) 用微波共振方法测定了氢光谱的精细结构，即 "兰姆移位"，实验测出的谱线裂距与狄拉克理论预言不符；另一项是库什 (P. Kusch, 1911—1993) 发现了电子的反常磁矩，即实验精确测出的电子磁矩与狄拉克方程给出的理论值相比有微小的偏差。这

兰姆   库什

两项实验发现使兰姆和库什共同荣获了 1955 年度诺贝尔物理学奖。当人们运用量子电动力学，采用微扰论方法，来计算这两个实验数据时，却发现：取低次项近似，计算值尚能与实验值符合；加入高次项，计算结果反而变为了无穷大，出现了"发散困难"，使量子电动力学遇到了难以逾越的障碍。

 解决发散困难的重正化方法

1947 年，由奥本海默发起，在谢尔特岛 (Shelter Island) 上召开了主要讨论量子场论的会议。在这次会议上，与会者除了对新的理论进行了长时间激烈讨论外，还谈到了刚刚发表的兰姆移位和电子反常磁矩的实验结果。会议结束后，康奈尔大学的贝特 (H. A. Bethe, 1906—2005) 对兰姆移位作了进一步的分析与计算，判断高次项的无穷大很可能是高动量光子相互作用的贡献与事实不符。数月之后，日本物理学家朝永振一郎 (Sinitiro Tomonaga, 1906—1979)、美国物理学家许温格 (J. S. Schwinger, 1918—1994) 和费曼陆续提出了"重正化方法"，成功地解决了上述的"发散困难"，精确地描述了兰姆移位和电子反常磁矩的实验结果。

实际上，早在 1934—1938 年间，就有人注意到，这种"发散困难"的根源在于，没有考虑到粒子的内部结构。在量子电动力学中，电子和光子都被看作是几何点，这就导致电子产生的电磁场对自身的作用引起无穷大的电磁质量和真空极化引起无穷大的感应电荷。当时，瑞士物理学家斯图克尔贝格 (E. C. G. Stueckelberg, 1905—1984) 和荷兰物理学家克拉默斯 (H. A. Kramers, 1894—1952) 都曾设法消除这种

"无穷大"，他们的方法可以说是后来的 "重正化方法" 的雏形。

谢尔特岛量子场论会议的主要参与者(从左到右：兰姆、派斯、惠勒、费曼、费希巴赫和许温格)

朝永振一郎 (1946)、许温格 (1948) 和费曼 (1949) 的 "重正化方法"，虽各有千秋，但基本思想仍然是要消除无穷大的电磁质量和感应电荷引起的 "发散"。他们认为，实验上观察到的有限的电子质量和电荷应当是电子的全部质量和全部电荷，它们应当分别是电子的固有质量 (即裸粒子质量) 加上电磁质量和固有电荷 (即裸粒子电荷) 加上感应电荷，前面提到，在点粒子的近似下，电子的电磁质量和感应电荷都是无穷大，但是，它们在实验上都是无法观察到的，而电子的固有质量和固有电荷又无法测量，因此，他们重新定义电子的质量和电荷，使电子的固有质量和电磁质量合并为实验上可以观察到的有限的物理质量；使电子的固有电荷和感应电荷合并为实验上可以观察到的有限的物理电荷，这种重新定义电子质量和电荷的过程就称为 "重正化"。经过这种 "重正化"，可将 "无穷大" 归并到可观察量中去，使得重正化后的高级微扰修正只包含实验上可以观察到的有限部分，而且计算结果与实验数据一致。

1965 年，费曼、许温格和朝永振一郎，因对量子电动力学的发展提出了各自独特的想法，使其成为物理学中描述电子、光子及其相互作用的近乎完美的基本理论，并经受住了高度精确的实验检验，共同分享了该年度的诺贝尔物理学奖。在获奖名单中，费曼之所以排在第一，那是因为他不仅提出了 "重正化方法" 还对量子电动力学的发展和完善做出了特别突出的贡献。

费曼   许温格   朝永振一郎

费曼，俄裔犹太族美国物理学家，1918 年 5 月 11 日出生在纽约长岛一个叫法尔·洛凯维依的小镇；1935 年进入麻省理工学院，先学数学，后转物理。1939 年本科毕业，毕业论文发表在《物理评论》上，内有一个后来以他的名字命名的量子力学公式。1939 年 9 月，在普林斯顿大学，当惠勒 (J. A. Wheeler, 1911—2008) 的研究生时，开始致力于研究量子电动力学中的发散困难；1942 年，获得博士学位。这期间，他曾参加研制原子弹的曼哈顿计划，并于 1943 年前往洛斯阿拉莫斯成为贝特领导下的理论部门里一个小组的组长，负责计算工作，直到 1946 年 10 月去康奈尔大学任教；他还发展了用路径积分表达量子振幅的方法，并于 1949 年提出重正化方法，解决了 "发散困难"，随后，他又把量子电动力学基本过程看作是粒子从一点到另一点的传播，并用简单图形来描绘基本粒子之间的相互作用，这就是粒子物理学家十分熟悉的费曼图。1951 年，他转往加州理工学院继续任教。1958 年，他与盖尔曼 (M. Gell-Mann) 合作提出了守恒矢量流理论和同位旋三重态矢量流假说等描述普适费米 (V-A) 型弱相互作用的理论，为温伯格、格拉肖和萨拉姆建立弱电统一理论开辟了道路；1968 年，他又提出了部分子模型，成功地解释了以弗里德曼 (J. I. Friedman)、肯德尔 (H. W. Kendall, 1926—1999) 和理查德·泰勒 (R. E. Taylor) 为核心的实验小组于 1967 年在美国斯坦福大学直线加速器中心 (SLAC) 的电子直线加速器上用高能电子轰击质子发现的标度无关性，确认质子内部存在 "点结构"，顺便指出：弗里德曼、肯德尔和理查德·泰勒因这一发现荣获了 1990 年度诺贝尔物理学奖；1986 年，费曼还因在 "挑战者" 号航天飞机事故调查中所起的决定性作用而名闻遐迩，成为传奇人物。1988 年 2 月 15 日，因患癌症，他在加利福尼亚州病逝。费曼的同行、《全方位的无限》和《宇宙波澜》的作者、同样为量子电动力学发展做出重大贡献的英裔美国物理学家弗里曼·戴森 (F. Dason) 曾将费曼评为 20 世纪最聪明的科学家。

　　人类对物质世界的认识，可以说是不断地在连续分布和离散结构之间既循环反复又更新变化，直至永远。在微观世界里，如果说波粒二象性是对连续分布和离散结构 "运动学" 的统一描述的话，那么量子电动力学就是对其 "动力学" 的统一描述。

第二节　相位·规范场论·弱电统一理论

一、相位

　　在纪念中国科学院成立 50 周年所举行的学术报告会上，杨振宁教授作了题为《量子化、对称和相位因子——20 世纪物理学的主旋律》的学术报告；2002 年，在巴黎国际理论物理讨论会上，他又作了类似题目："*Thematic Melodies of Twentieth Centure Theoretical Physics: Quantization, Symmetry and Phase Factor*" 的报告，一再强调 "量子化、对称和相位因子是 20 世纪物理学的主旋律"。"量子化" 和 "对称" 在 20 世纪物理学中的主导作用和支配地位，在前几章中已有介绍；本节我们将介绍杨–米尔斯规范场理论及其发展，而 "相位因子" 是规范不变的体现，杨振宁在上述报告中也曾说过："规范场" 这个命名不甚恰当，如果重新命名，应该称为 "相位场"，因此，得从相位谈起。

何谓 "相位因子"

　　相位，又称位相、周相等，与振幅同为描述 "振动和波" 的主要物理量：振幅描述振动的幅度；相位描绘波动的形态。在量子力学中，波函数 $\psi(x,t) = Ae^{i\alpha(t)}$ 是描述微观粒子运动状态的基本物理量，其中 A 是它的模 $|\psi(x,t)|$，其平方表示在某一时刻 t，在 x 与 $x+\Delta x$ 区间内测量到该粒子的概率密度，它是与实验数据相联系的最重要的物理量；而 $e^{i\alpha(t)}$ 就是杨振宁前面报告中提到的相位因子。

　　在 "量子力学" 一节中，我们曾经谈到，是海森伯首先注意到描述粒子波动性质的物理量不仅有振幅还应考虑相位，他用振幅和频率组成的二维数组去进行计算时发现乘法交换律不再成立，进而发现了正则对易关系，并与玻恩和约丹一起于 1925 年创建了矩阵力学；狄拉克在 1970 年 4 月的一次演讲中也曾谈到相位的作用："如果有人问，量子力学的主要特征是什么？现在我倾向于说，量子力学的主要特征并不是不对易代数，而是概率振幅的存在，后者是全部原子过程的基础。概率振幅的模的平方是我们能够观测的某种量，即实验者所测量的概率。但除此以外还有相位，它是模为 1 的数，它的变化不影响模的平方。这个相位是极其重要的，因为它是所有干涉现象的根源，而它的物理意义是隐含难解的。所以，可以说海森伯和薛定谔的真正天才在于，他们发现了包含相位这个物理量的概率振幅的存在。相位这个物理量巧妙地隐藏在大自然之中，正由于它隐藏得如此巧妙，人们才没能更早建立量子力学。"

狄拉克所说的隐藏在大自然之中的相位或相位因子，因其与规范场的关系，成为了杨振宁上述报告中的"20 世纪物理学的主旋律"，而谈到相位因子与规范场的关系，就不能不提外尔早年的贡献。

 ### 外尔早年提出的规范变换

在 1955 年去世前 6 个月，外尔将他 1918 年有关规范理论的文章收入他的论文全集，并在跋中谈到："我的理论最强的证据似乎是这样的：就像坐标不变性保持能动量守恒那样，规范不变性保持了电荷守恒。"

那么，什么是外尔所说的"规范不变性"呢？

众所周知，在曲面上的矢量沿闭合曲线作平行移动时，矢量方向会有改变。1918 年，外尔提出的问题是：既然沿闭合曲线平行移动能导致矢量方向的改变，那么，可否设想矢量长度也会改变呢？他认为，如果假定沿曲线每一点时空标度有所改变的话，那么平移也会导致矢量长度有相应的改变。于是，他引入时空度规 $g_{\mu\nu}$ 的局域改变 (即在时空中逐点变化) 来表征标度变换：

$$g_{\mu\nu} \to g'_{\mu\nu} = \mathrm{e}^{\lambda(x)} g_{\mu\nu}$$

并称其为"规范变换"，进而要求电磁力和引力相互作用在此变换下保持不变，即具有"规范不变性"，以便实现爱因斯坦梦寐以求的、当时仅知的两种基本相互作用：电磁力和引力的统一。但是，他的这一观念受到了许多大物理学家，包括他所崇敬的爱因斯坦的反对，故而不得不放弃。

 ### 福克和伦敦的改进

1927 年，福克注意到，在量子电动力学中，描述带电粒子在电磁场中的运动应将自由粒子的动量算符 $\hat{P}_\mu = -\mathrm{i}h\partial/\partial x_\mu$ 代之以 $-\mathrm{i}h[\partial/\partial x^\mu - \mathrm{i}(e/hc)A_\mu]$。随后，伦敦 (F. London，1900—1954) 指出：福克的工作与外尔 1918 年的工作有相似之处，只是福克用复相位变换代替了外尔的实标度变换；受福克和伦敦工作的启发，外尔认识到：量子力学中波函数的相位是一个新的局域变量。1929 年，他在德国《物理杂志》上发表的一篇论文中将 1918 年提出的规范变换改写为 $\psi \to \psi' = \psi \mathrm{e}^{\mathrm{i}e\lambda(x,t)/\hbar c}$，即"相位因子"变换。正因为此，杨振宁才说，应将"规范变换"正名为"相位变换"。

福克和伦敦

在外尔的上述规范变换中，若 $\lambda(x,t)$ 在任何时空点都一样，即为常量，那么它就是现在所说的第一类规范变换，是最简单的、与时空作用无关的相位变换，故又称为整体规范变换，相应于这种规范变换不变性，存在着电荷守恒定律；若 $\lambda(x,t)$ 随时空坐标逐点变化，即与时空作用有关，它就被称为第二类规范变换，或局域规范变换。用群论的语言来说，这类变换对应于一维幺正变换群，常用 $U(1)$ 表示。顺便指出：由于相位因子 $\mathrm{e}^{\mathrm{i}e\lambda(x,t)/\hbar c}$ 是普通函数，服从乘法交换律，故 $U(1)$ 对称性又被称为阿贝尔对称性，$U(1)$ 群又被称为阿贝尔群。所以，外尔在上述文章中将物理系统在这种变换下保持不变的特性称为 $U(1)$ 对称性，他还发现：若将整体规范变换推广为局域规范变换，物理系统仍然具有规范不变性，或者说，电荷守恒定律仍然成立，那么就必须引入 $U(1)$ 规范场——电磁场，也就是说，这种规范不变性 (即电荷守恒) 决定了全部电磁相互作用。顺便指出，描述电磁力的量子电动力学就是 $U(1)$ 规范场理论，这是因为量子电动力学在描述电磁场的 $A_\mu(\boldsymbol{A},\varphi)$ 作规范变换：

$$\boldsymbol{A}(x) \to \boldsymbol{A}(x) + \boldsymbol{\nabla}\lambda(x)$$
$$\varphi(x) \to \mathrm{e}^{\mathrm{i}e\lambda(x)/\hbar c}\varphi(x)$$

时保持不变，具有 $U(1)$ 规范不变性。从此，对于相互作用，一直处于被动地位的对称性，开始处于主动的、"支配"的地位。

1954 年，杨振宁和米尔斯[1]将外尔 1929 年改进的规范变换推广应用于同位旋

---

[1] 罗伯特·米尔斯 (R. L. Mills, 1927—1999) 当时是哥伦比亚大学克劳尔 (N. Kroll, 1922—2004) 教授的博士研究生，后来成为俄亥俄州立大学的教授。

守恒，创建了杨–米尔斯规范场理论。

二、 杨–米尔斯规范场理论

 杨振宁——华人的骄傲

　　杨振宁，理论物理学家，1922 年 9 月 22 日出生于中国安徽省合肥市。1942 年，毕业于西南联合大学物理系，学士论文指导老师是吴大猷 (1907—2000) 教授，吴先生让他看的第一篇论文讨论的是分子光谱学和群论的关系，使他初次接触到群论和对称性①；同年秋天，他考进该校属下的清华大学研究院，在王竹溪 (1911—1983) 教授指导下研究统计物理学，杨振宁曾经说过：他一生中 2/3 的工作与对称性有关，他的群论知识启蒙于父亲、数学家杨武之 (1896—1973)；另外 1/3 的工作则与统计物理学有关。1945 年，杨振宁赴美，进入芝加哥大学做研究生，深受费米的熏陶，在导师、氢弹之父特勒的指导下于 1948 年完成了博士论文，获得了博士学位。杨先生曾经不止一次说过："那时，我是芝加哥大学物理系非常有名的研究生"，"同学们都很佩服我的理论知识，常常要我帮他们做理论习题，可是，大家一致笑我在实验室里笨手笨脚：'Where there is bang, there is Yang(哪里有爆炸，那里就有杨)!，"。正是费米让他先跟特勒从事理论物理研究，造就了他成为一代伟大的理论物理学家。

　　杨振宁对理论物理的贡献范围很广，包括粒子物理、统计力学和凝聚态物理等领域。其中，最杰出的贡献是：1954 年，他与米尔斯共同提出杨–米尔斯规范场理论，开辟了非阿贝尔规范场的新的研究领域，为现代规范场论 (包括弱电统一理论、量子色动力学、强弱电大统一理论和引力场的规范理论等) 奠定了基础；1956年，他与李政道合作，揭示了 θ-τ 之谜，发现了弱作用下宇称不守恒，并于第二年荣获了诺贝尔物理学奖，这是诺贝尔奖历史上从发现到获奖时间最短的一次。因对物理学发展做出的杰出贡献，杨振宁曾获得许多奖项或奖章，除 1957 年诺贝尔物理学奖和美国总统里根授予他的 1986 年美国国家科学奖章外，还有：拉姆福德奖 (1980)；富兰克林奖章 (1993)；鲍尔奖 (1994)；爱因斯坦奖章 (1995)；博格留波夫奖 (1996)；昂萨格奖 (1999)；费萨尔国王国际科学奖 (2001) 等。

---

　　① 群论是研究群的数学理论，群是元素间存在二元运算 (例如交换律一般不成立的乘法) 并满足封闭性、结合性、存在单位元和逆元等四条公理的对象的集合，例如，矢量在空间绕坐标原点的转动，使一个矢量变换为另一个矢量，这些变换的集合就构成了空间转动群；又如，本书中出现的以 $SU(2)$ 标记的幺正变换群就是在某种抽象空间 (例如自旋或同位旋空间) 中的转动变换群。
　　群论在物理学中的作用是与对称性和守恒定律密切相关的，例如，时空平移不变性和空间转动不变性分别给出能动量守恒定律和角动量守恒定律等。

杨振宁

1993 年，声誉卓著的美利坚哲学学会在将该学会颁发的最高荣誉——富兰克林奖章授予杨振宁时，执行官说："杨振宁教授是自爱因斯坦和狄拉克之后 20 世纪物理学出类拔萃的设计师"，并指出：杨振宁和米尔斯合作所取得的成就是 "物理学中最重要的事件"，是 "对物理学影响深远和奠基性的贡献"；1994 年，美国费城富兰克林研究所将鲍尔奖金颁发给杨振宁的文告中说："杨振宁是第一位获此奖金的理论物理学家。他的研究工作为宇宙中基本作用力和自然规律提供了解释。""作为 20 世纪阐明亚原子粒子相互作用的大师之一，他在过去 40 年里重新塑造了物理并发展了现代几何。杨-米尔斯规范场理论已经与牛顿、麦克斯韦和爱因斯坦的工作并列，而且必然对未来几代人产生可与这些学者相比拟的影响。"

杨振宁对祖国怀有一颗赤子之心，是美籍华裔学者中访问新中国的第一人。他于 1971 年首次访华，回美后，对促进中美建交、中美科技和教育交流以及两国人民的相互了解，都做出了重要的贡献。改革开放后不久，本书作者 (厉光烈)，与中国原子能科学研究院李祝霞、北京大学戴远东和杨威生通过教育部考试成为公派前往杨振宁所在的纽约州立大学石溪分校物理系的第一批访问学者。记得，一天傍晚，杨先生带本书作者去附近一家中国餐馆吃饭，餐馆老板亲自出面招待。他先给杨先生倒了一杯酒，对他说："这是我敬你的，不收费，因为你是我们华人的骄傲。"杨先生也曾说过："我一生最重要的贡献是帮助改变了中国人自己觉得不如人的心理作用。"

 杨-米尔斯场的创立

1985 年，杨振宁在外尔 100 周年诞辰纪念会上的演讲 "外尔对物理学的贡献" 中谈到："外尔的理论已经成为规范理论中一组美妙的旋律。当我在做研究生，正在通过研读泡利的文章来学习场论时，外尔的想法对我有极大的吸引力。当时我做了一系列不成功的努力，试图把规范理论从电磁学推广出去，这种努力最终导致我和米尔斯在 1954 年合作发展了非阿贝尔规范理论。" 接着，他直接引用了他与米尔斯 1954 年合作撰写的那篇短文 "同位旋守恒与推广的规范不变性" 开头的一段话："与电荷守恒相类似，同位旋守恒表明了存在着一个基本的不变性定律，在前一种情形里，电荷是电磁场的源，其中的一个重要概念就是规范不变性，它与下列三点紧密相连：① 电磁场的运动方程；② 流密度的存在；③ 在带电 (粒子) 场和电磁场之间可能有的相互作用。我们试图将这个规范不变的概念推广应用到同位旋守恒上去，结果表明，有可能实现一个十分自然的推广。"

杨振宁和米尔斯

在上述引文中，杨振宁所指的是泡利在 1933 年《物理手册》中的文章和 1941 年发表在《现代物理评论》上的文章。正是这些文章，让杨振宁明白：外尔规范理论揭示了一个非常重要的物理思想——"电荷守恒决定了全部电磁作用"，以及"只要系统具有 $U(1)$ 群的规范对称性，就必然要求系统的粒子之间存在电磁作用"和"所有规范作用必须通过规范量子来传递"。外尔的这些观念对杨振宁"有极大的吸引力"，促使他产生了一个大胆而诱人的想法：把外尔从电荷守恒中发现和提出的规范不变性，推广应用到同位旋守恒中去。关于同位旋，前面已有介绍，这里需要补充的是，不仅核力的电荷无关性（即除去电磁相互作用，n-p 和 p-p 相互作用完全相同）反映了在核子-核子相互作用中 n-p 和 p-p 系统的总同位旋守恒，而且反应过程：$n + p \rightarrow \pi^0 + d$ 和 $p + p \rightarrow \pi^+ + d$ 的微分截面相同，也反映了在 π-核相互作用中 n-p 和 p-p 系统的总同位旋守恒，也就是说，同位旋守恒在强相互作用过程中普遍存在。正是这些实验上的发现，促使杨振宁类比于用 A_μ 描述的、保持电荷守恒的电磁场方程，试图导出用 B_μ 描述的、保持同位旋守恒的规范场方程。但是，开始的努力并不成功：头几步运算很顺利，待到要作推广时，总是导出一个冗长的、丑陋的公式，使得他不得不把这个想法暂时搁置下来。

1952 年 12 月中旬，杨振宁收到布鲁克海文国家实验室高能同步稳相加速器部主任柯林斯 (G. B. Collins) 的一封信，邀请他去做一年的访问学者。1953 年夏天，杨振宁携全家来到了布鲁克海文。那时，国家实验室不断有新粒子发现，杨振宁也参与了其中的一些实验。正是这些实验唤起了潜伏在杨振宁心中多年的思索，激励他追寻那个梦寐以求的目标。杨振宁曾说："随着越来越多介子被发现，以及对各种相互作用进行更深入的研究，我感到迫切需要一种在写出各类相互作用时大家都应遵循的原则。因此，在布鲁克海文我再一次回到把规范不变性推广出去的念头上来。"这次，他是和同办公室的米尔斯一起进行讨论，他们决定：先在电磁场强 $F_{\mu\nu}$ 上尝试加一个二项式，如果不行再加三项式等。没有想到，加上一个简单的二项式之后：

$$F_{\mu\nu} = \frac{\partial B_\mu}{\partial x_\nu} - \frac{\partial B_\nu}{\partial x_\mu} + \mathrm{i}\varepsilon[B_\mu, B_\nu]$$

便没有再出现以前遇到的越来越复杂的项，反而"越算越简单"，很快找到了使 $F_{\mu\nu}$ 保持不变的规范变换，"我们知道我们挖到了宝贝！！！"于是，他们顺利写出了《同位旋守恒和一个推广的规范不变性》和《同位旋守恒和同位规范不变性》两篇文章，分别发表在《物理学评论》1954 年 95 和 96 两卷上。派斯 (A. pais, 1918—2000) 在他的《基本粒子物理学史》一书中评价杨-米尔斯规范场理论的重要价值时说："杨振宁和米尔斯的两篇杰出文章奠定了现代规范理论的基础"。

在上述论文中，杨振宁和米尔斯指出，如果要求粒子所具有的同位旋对称性，即 $SU(2)$ 对称性，也成为局域对称性，那么就必须引入相应的规范场，即杨-米尔斯场。由于他们引入的二项式：$i\varepsilon[B_\mu, B_\nu] = i\varepsilon(B_\mu B_\nu - B_\nu B_\mu)$ 正好就是量子力学中的正则对易关系，它的存在表明，B_μ 不同于电磁场的 A_μ，在乘法运算中不可对易，故得用矩阵来表示。因此，场强 $F_{\mu\nu}$ 也应是矩阵函数，使其保持不变的规范变换也应是矩阵函数，不服从乘法交换律，与其对应的应是非阿贝尔群，故杨振宁和米尔斯的理论是非阿贝尔规范理论。正如杨振宁和米尔斯在他们的论文中所指出的：他们的理论 "很容易推广为其他类型的非阿贝尔规范理论"，故通常将非阿贝尔规范场统称为杨–米尔斯场。它是继麦克斯韦的电磁场和爱因斯坦的引力场之后提出的一种新的规范场。

应当指出，杨–米尔斯场与电磁场不一样：电磁场本身不带电荷，只能和带电粒子相互作用，并不存在自作用；而杨–米尔斯场本身带有同位旋，除了和费米子相互作用以外，还存在自作用。另外，电磁场只有一个传递相互作用的规范量子，即光子；而杨–米尔斯场有三个规范量子，其中一个带正电，一个带负电，还有一个不带电。费米子场通过交换这些规范量子引起新的相互作用，这是在爱因斯坦利用广义协变原理 (也是一种局域对称性原理) 得到引力作用之后，理论物理学家又一次纯粹利用对称性原理给出具体的相互作用规律，用杨振宁的话说，就是 "对称性支配相互作用 (symmetry dictates interaction[①])"。

---

① 这句话出自于杨振宁 1979 年 7 月为庆贺爱因斯坦百年诞辰在的里雅斯特 (Trieste) 举行的第二届马塞尔·格罗斯曼会议上所作的报告："爱因斯坦对理论物理的影响 (Einsteins impact on theoretical physics)"，文章后来发表在《今日物理》(*Physics Today*)1980 年 6 月号上 (见下图)。

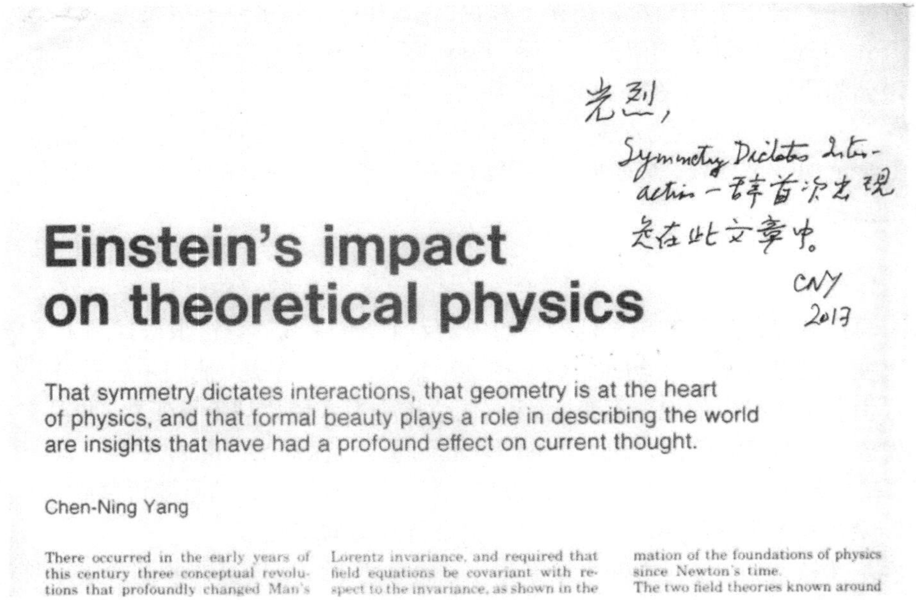

光烈，

Symmetry Dictates Inter-
action 一辞首次出现
是在此文章中。

CNY
2017

Einstein's impact on theoretical physics

That symmetry dictates interactions, that geometry is at the heart of physics, and that formal beauty plays a role in describing the world are insights that have had a profound effect on current thought.

Chen-Ning Yang

There occurred in the early years of this century three conceptual revolutions that profoundly changed Man's

Lorentz invariance, and required that field equations be covariant with respect to the invariance, as shown in the

mation of the foundations of physics since Newton's time.
The two field theories known around

　　但是，杨-米尔斯场和电磁场一样，不能有静止质量，或者说，杨-米尔斯场的三个规范量子和光子一样没有静止质量，这使杨-米尔斯场的实际应用受到了很大的影响，在 20 世纪 50 年代，杨振宁和米尔斯的规范理论几乎没有引起太多的注意，爱因斯坦和外尔大概在去世之前也都不知道他们的工作，直到 20 世纪 60—70 年代，自发对称破缺和希格斯机制的提出导致温伯格、格拉肖和萨拉姆建立弱电统一理论以后，属于它的时代才真正到来：荣获 1979、1999 和 2004 年三次诺贝尔物理学奖的工作都以杨-米尔斯场为其理论基础，使杨-米尔斯规范场理论最终成为强力、弱力和电磁力大统一的理论基础。

三、弱电统一理论

　　记不得是在什么场合，曾听杨先生谈起：1954 年初，他应奥本海默 (J. R. Oppenheimer, 1904—1967) 邀请回到普林斯顿作短暂访问，并就他和米尔斯的工作作了一次专题报告。当时，泡利也在普林斯顿访问。报告开始不久，他刚在黑板上写下场方程，泡利就问："场的质量多大？"他说"我们不知道"，然后继续报告。但是，泡利仍不依不饶地再次提出同样的问题，他回答："这是一个十分复杂的问题，虽然我们对它进行了研究，但是没有得到明确的结论。"泡利机智地反驳道："这不是一个充分的辩解。"当时，他有些惊慌，犹豫一会儿，便坐了下来，场面很尴尬。最后，奥本海默说："我们应当让他继续。"……泡利的问题指的是：既然电磁场是没有静止质量的，你们的规范场也不应当有质量，而要解释与核有关的短程力，规范场必须有质量。后来，这个"质量问题"一直困扰着杨振宁，虽然他与李政道发现了弱作用过程中的宇称不守恒对揭示弱作用本质做出了重大贡献，但是，最终还是让温伯格和萨拉姆在杨-米尔斯规范场和格拉肖 $SU(2) \times U(1)$ 规范场的基础上引入希格斯机制建立了弱电统一理论。

　格拉肖的 $SU(2) \times U(1)$ 规范场理论

　　在第四章中，我们曾经提到：在揭示弱力物理本质的过程中，费米凭其物理直觉最先指出：弱力和电磁力一样，是矢量相互作用。后来，经过许多科学家近 30 年的实验和理论研究，终于确立了费米 (V-A) 普适弱相互作用，证明了弱力确实与电磁力十分类似，是矢量相互作用。1958 年，费曼和盖尔曼根据费米 (V-A) 普适弱相互作用进一步提出了守恒矢量流理论和同位旋三重态矢量流假说，为弱力和电磁力的统一奠定了基础。

　　在杨振宁和米尔斯提出 $SU(2)$ 规范场之后，许温格根据费米的想法尝试在杨-米尔斯场的基础上实现弱力和电磁力的统一。1957 年，在《物理年鉴》上发表的一篇题为"基本相互作用理论"的论文中，许温格假设：弱力和电磁力一样，也是由某种规范场来传递的，这种传递弱力的规范量子就是中间玻色子 W，但是 W 的质量要求很大，否则在处理低能弱衰变时所得结果就要和费米 β 衰变理论相矛盾。后来，许温格的学生格拉肖、萨拉姆和沃德 (J. C. Ward，1924—2000) 对他的理论作了进一步的发展。

通常认为，在弱电统一的道路上，取得实际进展的第一篇论文是格拉肖于 1961 年发表在欧洲《原子核物理》上的，题目为 "弱作用的局域对称性"。在这篇论文中，格拉肖考虑到弱作用中宇称不守恒，即左右不对称，以及手征对称性[1]要求质量为 0 的中微子是左旋的，纯轻子弱作用只能发生在左旋轻子之间，将海森伯用来描述中子和质子对称的同位旋加以推广，引入弱同位旋和弱超荷分别描述轻子二重态 (ν_l, l_L) 和单态 (l_R)，这里 ν_l 是左旋的中微子；l_L 和 l_R 分别是左旋的轻子和右旋的轻子，并用 $SU(2) \times U(1)$ 群描述轻子的对称性。于是，要求理论在局域 $SU(2) \times U(1)$ 变换下保持不变，就必须引入四个规范场，其中三个组成弱同位旋矢量 W_μ，另一个是弱同位旋标量 B_μ。W_μ 在同位旋空间中的头两个分量 W_μ^1 和 W_μ^2 是带电的，可以看作是产生荷电弱流的中间玻色子；第三分量 W_μ^3 和 B_μ 是中性的，除了光子还有一个是产生中性弱流的中间玻色子。这样，格拉肖便预言了原先没人知道的纯轻子弱中性流的存在。显见，按照格拉肖的上述方案，$SU(2) \times U(1)$ 规范场确实可以统一地描述弱作用和电磁作用，但是，类似于杨-米尔斯场和电磁场，这个场的四个规范粒子都应与光子一样不具有质量，也就是说，困扰杨振宁的 "质量问题" 仍然没有得到解决，因此，格拉肖的方案仍然只是一种形式理论。1964 年，在意大利国际理论物理中心工作的萨拉姆和沃德在不知道格拉肖工作的情况下，也提出了与格拉肖基本相同的弱电统一方案。

 对称性自发破缺与希格斯机制

对称性自发破缺，指的是物理系统的连续对称性虽然不存在明显的破缺，但其基态不具有这种对称性，从而自发破坏了系统的对称性。1960~1961 年间，日裔美国物理学家南部阳一郎 (Y. Nambu) 首先将原先存在于铁磁现象中的对称性自发破缺[2]引入到量子场论中，用来说明：如果一个系统具有连续对称性，那么，由于

---

[1] 手征对称性，指的是在手征变换 $\left(\psi \to \frac{1}{2}(1+\gamma_5)\psi\right)$ 下保持不变。在第四章中，我们曾经指出：苏达珊和马谢克首先引入手征变换并要求四费米子弱相互作用在手征变换下保持不变，从而在理论上确认了费米 (V-A) 普适弱相互作用。手征对称性要求质量为 0 的费米子必须是左旋的，例如中微子就是左旋粒子。所谓左旋或右旋，指的是它们的自旋的指向或者与运动方向相同——左旋；或者与运动方向相反——右旋。对于质量不为零的费米子，例如电子，只有在磁场中使其自旋极化才能变成左旋或右旋的粒子，一般情况下，它是左旋粒子和右旋粒子的组态混合，或者说，它既包含左旋态 (l_L) 又包含右旋态 (l_R)。

[2] 铁磁系统本来是空间各向同性的，但在临界温度下系统基态却稳定地处在自旋有一定取向的状态中，从而破坏了空间的各向同性。

真空在此对称性下并非不变而产生自发破缺时，就必然会出现戈德斯通定理[①] 所预言的质量为零的玻色子，即戈德斯通玻色子。但是，实验上一直没有发现戈德斯通玻色子，这对于严格的戈德斯通定理来说，显然是一个疑难的问题。在希格斯机制提出之后，这个问题才得到了解决。

南部阳一郎

希格斯机制是在规范场对称性自发破缺的情况下使其获得静止质量并消除掉戈德斯通玻色子的一种方法。它是由三组科学家：① 比利时人恩格勒特 (F.Englert) 和布鲁特 (R. Brout，1928—2011)；② 英国人希格斯 (P.Higgs)；③ 美国人古拉尔尼克 (G. Guralnik) 和哈根 (D. Hagen)，以及英国人基伯 (T. Kibble) 于 1964 年分别独立提出的，只是因为希格斯的数学表述更易于理解，1972 年之后，美籍韩国物理学家本·李 (B.Lee) 将其称为希格斯机制。

1964 年，希格斯在超导理论的启示下，提出了一种利用对称性自发破缺使中间玻色子获得质量，而不破坏基本相互作用的规范不变性的方法。具体地讲，规范场是无静止质量的矢量场，这个场只有两个横向极化的自由度，而有静止质量的矢量场可以有纵向极化，因而有三个自由度。当发生对称性自发破缺时，规范场获得静止质量，而这就意味着它增加了一个自由度。希格斯发现：这个增加的自由度可以

---

① 1961 年，英国理论物理学家戈德斯通 (J. Goldstone) 提出一个有关对称性自发破缺的普遍定理：如果物理系统所具有的连续对称性被真空态破坏，则必然会出现静止质量和自旋均为零的玻色子，即戈德斯通玻色子。具体地说，真空态是能量和动量均为零的状态，它不是只有一个，而是简并着的无穷多个；当发生对称性自发破缺时，不同的真空态能够被区分开来，这是因为它们里面包含着不同数目的静止质量、能动量和自旋均为零但具有真空量子数的量子。鉴于南部阳一郎对自发对称破缺先已做出了重要贡献，有人也将其称为南部–戈德斯通定理。

由戈德斯通玻色子提供。于是，通过对称性自发破缺，使规范场获得了静止质量，消除了无静止质量的戈德斯通玻色子，或者说，戈德斯通玻色子被规范场"吃掉"了，代之以产生了一个质量不为零的标量粒子。这样的过程，就被称为希格斯机制；产生的标量粒子，就是希格斯粒子[①]。

对称性自发破缺和希格斯机制的提出，解决了困扰杨振宁多年同样使格拉肖头痛的"质量问题"，促进了杨–米尔斯规范场理论的实际应用。

 ### 温伯格–萨拉姆模型

1967 年，美国哈佛大学温伯格教授将希格斯机制应用于格拉肖 $SU(2) \times U(1)$ 规范场理论，建立了弱电统一理论，并定量地预言了中间玻色子 $W^{\pm}$ 和 Z^0 的质量。差不多同时，萨拉姆也将希格斯机制应用于前面提到的他和沃德的理论，得出了与温伯格一致的结果。这两项工作，后来被统称为弱电统一理论的温伯格–萨拉姆模型。

为了叙述的方便，我们以温伯格的工作为例，来介绍温伯格–萨拉姆模型。采用希格斯机制，让格拉肖 $SU(2) \times U(1)$ 规范场的对称性自发破缺，使得该场的 4 个规范粒子中的带电的 W^1_μ 和 W^2_μ 变成现在所说的中间玻色子 W^+ 和 W^-；不带电的 W^3_μ 和 B_μ 则重新组合成电中性的中间玻色子 Z_μ 和光子 A_μ：

$$\begin{pmatrix} A_\mu \\ Z_\mu \end{pmatrix} = \begin{pmatrix} \cos\theta_W & -\sin\theta_W \\ \sin\theta_W & \cos\theta_W \end{pmatrix} \begin{pmatrix} B_\mu \\ W^3_\mu \end{pmatrix}$$

式中，混合角 θ_W 称为温伯格角。适当选取温伯格角 θ_W 的数值，便可使中间矢量玻色子 $W^{\pm}$ 和 Z^0 获得质量，而光子仍保持无质量。这样，便能同时得到破坏宇称守恒的弱作用和仍然保持宇称守恒的电磁作用。至于对称性自发破缺时本应出现的戈德斯通玻色子，则通过希格斯机制被"吃掉"，另外产生了一个有质量的标量粒子，即希格斯粒子。

1970 年，格拉肖等提出了粲夸克的概念，使温伯格–萨拉姆理论不仅适用于纯轻子弱作用而且可以适用于有强子参与的弱作用。1971～1972 年间，荷兰的一位很年轻的研究生特霍夫特 (G.'t Hooft) 和他的老师韦尔特曼 (M. J. G. Veltman) 证明了对称性自发破缺并不破坏非阿贝尔规范场理论的可重正性，更加精确地预言了中间玻色子 $W^{\pm}$ 和 Z^0 的质量。顺便指出，特霍夫特和韦尔特曼荣获了 1999 年度的诺贝尔物理学奖。

1973 年，在欧洲核子研究中心的 Gargamelle 实验合作组利用庞大的重液泡室和能量为 28GeV 的加速器所产生的中微子束流，找到了中性流反应 $e + \nu_\mu \rightarrow e + \nu_\mu$

[①] 关于希格斯粒子的寻找和实验发现，我们将在第三节谈到粒子物理标准模型时再作详细介绍。

的第一个事例，间接地证明了 Z^0 的存在，从而验证了温伯格-萨拉姆理论的预言；1978 年，在美国斯坦福直线加速器中心工作的由理查德·泰勒领导的实验组做了一个纵向极化电子在氘核上散射的实验，得到了与弱电统一理论预言相符合的实验结果，再次确认了弱电统一理论；1979 年，美国费米国家实验室莫玮-王祝翔小组实验发现的弱中性流事例多达四十余起，对温伯格-萨拉姆理论做出了更为严格的检验，这些实验发现最终导致温伯格、格拉肖和萨拉姆荣获了 1979 年度诺贝尔物理学奖。

特霍夫特

韦尔特曼

1983 年初，在欧洲核子研究中心，由鲁比亚领导的 UA1 实验组在质子-反质子对撞机 (SPS) 上观察到 5 个 $W^\pm$ 事例，确定 $M_{W^\pm}=(81.70\pm 6.44)\mathrm{GeV}$；另一个由德勒拉领导的 UA2 实验组观察到 4 个 $W^\pm$ 事例，确定 $M_{W^\pm}=(83.0\pm7.05)\mathrm{GeV}$。4 个月后，UA1 组找到了 Z^0 的第一个事例，又过两个月，在欧洲核子研究中心一共找到了 5 个 Z^0 事例，确定 $M_{Z^0}\cong100\mathrm{GeV}$。实验发现的中间玻色子 $W^\pm$ 和 Z^0 的质量与弱电统一理论预言值符合得很好。一年后，鲁比亚和领导建成反质子储存环的范德梅尔共同荣获了 1984 年度诺贝尔物理学奖。

综上所述，规范变换原先是外尔试图统一电磁力和引力而引入的，但未能如愿；杨振宁和米尔斯将外尔提出的时空坐标的局域规范变换推广为同位旋空间的局域规范变换，或者说，将阿贝尔群 (即 $U(1)$ 群) 推广为非阿贝尔群 (即 $SU(2)$ 群)，创建了杨-米尔斯规范场理论；格拉肖在杨-米尔斯场的基础上引入 $SU(2) \times U(1)$ 规范场来统一描述弱力和电磁力，但仍然没有解决 "质量问题"；温伯格和萨拉姆，引入希格斯机制，解决了 "质量问题"，建立了弱电统一理论，即 $SU(2) \times U(1)$ 规范场理论。差不多同时，盖尔曼和尼曼分别提出夸克模型，格罗斯、波利策和维尔切克创建量子色动力学，即 $SU(3)$ 规范场理论。这些都说明，主宰微观世界的强力、弱力和电磁力都可用规范场来描述。因此，它们的大统一自然也可以通过规范场来实现。第三节，我们将介绍夸克模型与量子色动力学 (即 $SU(3)$ 规范场理论)、

粒子物理标准模型 (即 $SU(3) \times SU(2) \times U(1)$ 规范场理论) 和强力、弱力和电磁力的大统一。

第三节　　夸克·标准模型·强弱电大统一

一、夸克

 亚原子粒子及其分类

　　天然放射性的发现打破了原子 "永恒不变" 的神话之后, 比原子–分子尺度要小得多的亚原子粒子陆续发现: 1897 年, J. J. 汤姆孙通过测定阴极射线的荷质比发现了第一个亚原子粒子, 称其为 "微粒", 并将其所带电荷称为 "电子", 1901 年洛伦兹进一步将这个 "微粒" 命名为电子; 1905 年, 爱因斯坦发现光量子, 后来人们将其称为光子; 1911 年, 卢瑟福发现原子核, 并于 1919 年用 α 粒子轰击氮核从中打出了氢核, 将其命名为质子; 1932 年, 查德威克发现中子, 弄清了原子核的组成, 同年, 安德森发现正电子, 打开了通向反物质世界的大门; 1937 年, 安德森和尼德迈尔在宇宙线中发现了静止质量约为电子 207 倍的新粒子, 当时人们以为它是汤川核力介子交换理论 (1935 年) 所预言的粒子, 称其为 μ 介子, 后来发现它与原子核的相互作用较弱, 穿透力强, 寿命比汤川秀树 (H. Yukawa, 1907—1981) 所预言的传递核力的介子要长, 其性质与电子相似, 有人称其为重电子, 现在称其为μ 子。直到第二次世界大战爆发, 人们就认识这几个亚原子粒子, 并将质子、中子和电子视为 "基本粒子"。

　　原子弹爆炸, 不仅迫使日本天皇宣布无条件投降, 也使各国政府, 特别是军方, 认识到物理学基础研究的重要性。二战后, 大规模物理实验研究, 特别是核物理研究, 得到了政府 (特别是美苏两国政府) 的大力支持, 取得了迅猛发展, 实验上陆续发现了数百种亚原子粒子: 1947 年, 鲍威尔[①]利用核乳胶发现了汤川秀树所预言的传递核力的 π 介子; 同年, 罗彻斯特和巴特勒在宇宙线中发现了奇异粒子——K 介子和 Λ 超子, 后者因其在云室照片中的径迹呈 "V" 形, 开始称为 V 粒子, 后来改称 Λ 超子; 1955 年, 美国物理学家张伯伦 (O. Chamberlain) 和意大利物理学家塞格雷 (E. G. Segre, 1905—1989) 在高能加速器上发现了反质子, 塞格雷等还发现了反中子; 1956 年, 莱因斯和柯温发现了泡利预言存在的中微子 ν, 现在称其为电子

---

　　① 1939—1945 年间, 鲍威尔 (C. F. Powell, 1903—1969) 发展了用感光照相乳胶来记录宇宙线径迹的技术, 使原子核摄影技术发展到了一个新的阶段。1947 年 10 月, 鲍威尔和他的合作者发表了《关于乳胶照相中慢介子轨迹的观测报告》的论文, 正式宣布发现了新粒子, 并将其命名为 π 介子。鲍威尔因发展核乳胶方法并用此法在宇宙线中发现了 π 介子而荣获了 1950 年度诺贝尔物理学奖。π 介子的发现, 开创了物理学的一个新的分支学科 —— 粒子物理学, 因此, 鲍威尔被誉为 "粒子物理学之父"。

中微子 ν_e；之后，科学家陆续发现了 Σ，Ξ 和 Ω 等超子及其反粒子，所谓超子，指的是质量大于核子的粒子，它们都是奇异粒子，特别应当指出的是，我国物理学家王淦昌于 1959 年在苏联杜布纳联合核子研究所发现了第一个荷负电的反超子 $\bar{\Sigma}^-$；进入 20 世纪 60 年代，在高能加速器上还发现了许多寿命极短（在 $10^{-20} \sim 10^{-24}$s）的共振态粒子 ······

汤川秀树

鲍威尔

这些亚原子粒子，质量从零到数千亿电子伏特，或带电，或不带电。最初，人们认为粒子的性质与其质量密切相关，故按质量大小将其分为三类：质量大的叫重子；质量小的叫轻子；介于两者中间的叫介子。后来发现：粒子的一些主要性质并不依赖于质量，有些按其性质应该归入轻子一类的粒子竟比某些重子的质量还大，于是，又按自然力的作用情况将其分为强子、轻子和媒介子。参与强作用的粒子，被称为强子，例如质子、中子、π 介子、K 介子和 Λ 超子；不参与强作用的粒子，被称为轻子，例如电子、μ 子，以及只参与弱作用的中微子；传递自然力的粒子，被称为媒介子，例如光子和中间玻色子 $W^\pm$ 和 Z^0 等。另外，根据它们服从不同的统计，还可将它们分为费米子和玻色子：自旋为 $\hbar$ 的半整数倍、服从费米 - 狄拉克统计的粒子，称为费米子；自旋为 $\hbar$ 的整数倍（包括零）、服从玻色–爱因斯坦统计的粒子，称为玻色子。费米子受泡利不相容原理制约，在一个量子态中不能同时出现两个或更多的全同费米子；玻色子不受泡利不相容原理限制，可以在同一个量子态中出现任意多个全同玻色子。

强子结构的夸克模型

与强子相比，轻子发现的数量甚少[①]，而且，就目前的实验条件，尚未观察到轻子存在内部结构，故显得更像"基本粒子"。因此，从一开始，人们就着眼于研究强子的内部结构。

到 20 世纪 60 年代，实验上发现的强子及其共振态已多达数百种。这些强子，无论是重子还是介子，每类都有相同或相似的地方，即具有一定的对称性，因此，人们期望能像原子按门捷列夫周期表分类那样对众多强子作进一步的分类。

1949 年，费米和杨振宁提出了一种强子结构的简单模型，后来被称为费米–杨模型。他们将核子 (质子 p 和中子 n) 及其反粒子 ($\bar{p}$, $\bar{n}$) 作为构成强子的基础粒子，而将介子作为它们结合成的束缚态。例如，$\pi^+ = p\bar{n}$，$\pi^0 = \frac{1}{\sqrt{2}}(p\bar{p} - n\bar{n})$，$\pi^- = n\bar{p}$ 等。这个模型的基础粒子都是自旋为 1/2 的费米子，因而能够很简单地构成具有各种自旋的强子，只是奇异粒子在这个模型中完全没有地位。后来提出的以核子和 K 介子为基础粒子的哥德哈伯模型克服了这一不足之处。但是，从历史上讲，费米–杨模型的提出仍是强子结构模型发展的重要一步。

1956 年，日本物理学家坂田昌一 (S. Sakata, 1911—1970) 提出了一个新的强子结构模型。他把核子和 Λ 超子及其反粒子作为构成强子的基础粒子，认为其他一切强子都是它们结合成的束缚态。这个模型，因其基础粒子的自旋宇称相同、质量相近，并包含奇异粒子 (Λ 超子)，不仅比早先提出的费米–杨模型和哥德哈伯模型更为优越，而且为日本物理学家小川修三 (S. Ogawa, 1924—2005) 等提出强子结构的 $SU(3)$ 对称性理论奠定了基础。顺便指出：美国物理学家盖尔曼和日本物理学家西岛和彦 (K. Nishijima) 于 1955—1956 年间分别独立地提出了后来被称为盖尔曼–西岛关系的经验规律：$Q = t_3 + \frac{Y}{2}$，式中，Q，t_3 和 Y 分别是强子的电荷、同位旋第三分量和超荷，为将同位旋 ($SU(2)$ 群) 和超荷 ($U(1)$ 群) 合并为幺旋 ($SU(3)$ 群) 提供了线索和依据。

坂田模型，比较成功地解释了介子谱，但在说明重子谱时遇到了困难，所得结果与实验不符。这一困难，在盖尔曼于 1962 年提出"八重法"方案后得到了解决。

[①] 1962 年，美国物理学家莱德曼 (L. Lederman)、施瓦茨 (M. Schwartz) 和斯坦博格在布鲁克海文实验室的高能 (33GeV) 加速器上做实验证实了美国物理学家范伯格 (G. Feinberg) 预言存在的两种中微子 ν_e 和 ν_μ 确实是不同的粒子，并通过 $\pi^\pm \to \mu^\pm$ 的弱衰变发现了 μ 子中微子 ν_μ 及其反粒子 $\bar{\nu}_\mu$，他们三人因此共同荣获了 1988 年度诺贝尔物理学奖；1975 年，佩尔 (M. L. Perl) 等在美国斯坦福直线加速器中心 (SLAC) 的 SPEAR e^+e^- 对撞机上首先发现有新轻子对 $\tau^+\tau^-$ 产生的迹象，一年后，他们确认存在第三种轻子 τ，其质量为 (1784 ± 4)MeV，故称其为重轻子，现在叫 τ 子，伴随产生的中微子 ν_τ 叫 τ 子中微子。佩尔和实验发现 ν_e 的莱因斯 (F. Reines, 1918—1998) 共同分享了 1995 年度诺贝尔物理学奖。这样，实验上一共发现了三代六种"味"的轻子：(e, ν_e)；(μ, ν_μ) 和 (τ, ν_τ) 及其反粒子。

所谓 "八重法"，指的是：运用 $SU(3)$ 群分类，把重子和介子按对称性质分成八个一组或十个一组。例如：两个核子 (n, p) 和六个超子 (Σ^-，Σ^0 与 Λ^0，Σ^+，Ξ^- 和 Ξ^0) 构成重子八重态；八个介子 (K^0，K^+，π^-，π^0 与 η，π^+、K^- 和 $\bar{K}^0$) 构成介子八重态；另有九个 $J^P = \frac{3}{2}^+$ 的共振态粒子 (Δ^-，Δ^0，Δ^+，Δ^{++}，Σ^{*+}，Σ^{*0}，Σ^{*-}，Ξ^{*-} 和 Ξ^{*0}) 和一个空位构成十重态 (见下图)。盖尔曼还于 1964 年预言这个空位应是一个 $J^P = \frac{3}{2}^+$、奇异数 $S = -3$ 的带负电的粒子，同年，实验上就发现了这个粒子，即下图中的 Ω^-。这一发现有力地支持了强子结构的 $SU(3)$ 对称性，盖尔曼因此荣获了 1969 年度诺贝尔物理学奖。应当指出：以色列物理学家尼曼 (Y. Ne'eman，1925—2006) 也独立地提出了类似的 "八重法"。

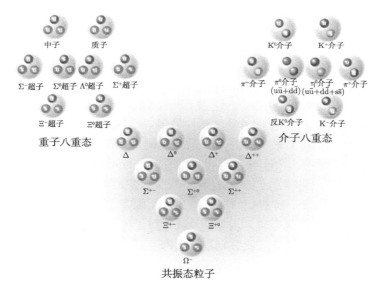

共振态粒子

1964 年，在给强子分类取得成功的八重法方案的基础上，盖尔曼在欧洲《物理快报》上发表了题为 "重子和介子的一个简单模型" 的论文，提出了关于强子结构的夸克模型。该文指出：作为幺正对称群 $SU(3)$ 基础表示的三重态应为三种夸克：上夸克 u、下夸克 d 和奇异夸克 s，它们的电荷分别为 $2/3$，$-1/3$ 和 $-1/3$ (都以 e 为单位)。重子由 3 个夸克组成；介子由一个正夸克和一个反夸克组成。"夸克" 一词，盖尔曼取自乔埃斯的小说《芬尼根彻夜祭》中的诗句："为马克检阅者王，三声夸克"。在该书中，"夸克" 有多种含义，其中之一是指海鸟的叫声。美国物理学家茨威格 (G. Zweig) 也于同年独立地提出了夸克模型，他称强子的组分粒子为 "爱斯 (Ace)"，有人译为 "王牌"；我国北京基本粒子理论组也于 1965—1966 年间提出相对论协变的层子模型来描述强子参与的各种过程，获得了一系列有兴趣的结果。

但无论是 "爱斯" 或 "王牌"，还是 "层子"，这些名称后来都没有保留住。

 ## 标度无关性和部分子模型

在夸克模型成功地将强子进行分类并解释了大量有关强子谱的实验事实后，1967 年，美国斯坦福直线加速器中心 (SLAC) 在高能电子轰击质子靶的深度非弹性散射实验[①]中发现了标度无关性现象。因此，该中心的弗里德曼、肯德尔和理查德·泰勒荣获了 1990 年度诺贝尔物理学奖。

SLAC 理论组成员布约肯 (J. D. Bjorken) 首先认识到：上述实验结果意味着高能电子轰击质子靶时所发射的虚光子以极大的动量深入到质子内部，它遭遇到的不是 "软" 的质子靶，而是电子尺度的点状 "硬" 核，但是，SLAC 的实验物理学家当时并未领悟到这一点，原因是，布约肯运用流代数求和规则分析了实验结果，并提出 "标度无关性" 对实验结果进行了解释，而流代数是很抽象的数学方法，因此他的工作未能及时得到人们的理解。两年后，费曼提出 "部分子模型" 形象地解释了高能电子–质子深度非弹性散射实验和标度无关性。所谓 "部分子模型"，就是把质子看成是由近乎自由的点状粒子——部分子组成的；把电子–质子深度非弹性散射看成是电子与质子内的部分子发生弹性散射。经过计算，费曼成功地解释了SLAC 的实验结果，证明了布约肯的标度无关变量正是部分子动量与质子动量之比，并确认部分子所带的电荷刚好就是夸克带有的分数电荷，这使人们意识到，部分子和夸克实际上是一回事，故又将费曼的模型称为夸克–部分子模型。只是质子内的盖尔曼夸克只有 3 个，而费曼的部分子却有无限多个，因此，人们把费曼的部分子称为 "流夸克"，包括价夸克和海夸克 (意即质子内存在由夸克–反夸克对组成的夸克海：海上或海内的部分子就分别称为价夸克或海夸克)，而将盖尔曼的夸克视为由价夸克和海夸克构成的 "组分夸克"。

顺便指出：上述实验还表明，盖尔曼于 1962 年预言的电中性粒子——"胶子" 可能存在。1971 年，韦斯科普夫 (V. F. Weisskopf, 1908—2002) 和库提 (N. Kurti, 1908—1998) 进一步指出：正是这种 "胶子" 在夸克间传递色力才使夸克 "粘合" 成强子；1979 年，在欧洲核子研究中心 (CERN) 的正负电子对撞机 (PETRA) 上所作的 e^+e^- 对撞实验中末态出现三喷注现象[②]间接地证实了强子内部确实存在

[①] 在高能电子轰击质子靶的过程中，由入射电子和靶质子组成的系统的总能量 (包括静止能量和动能) 保持守恒。若总动能也保持守恒，则称弹性散射；否则，称为非弹性散射；在高能的情况下，电子发射的虚光子可以深入靶质子内部，故称其为深度非弹性散射。

[②] 量子色动力学认为，在高能 e^+e^- 对撞过程中，既会产生夸克–反夸克对 ($q\bar{q}$) 也会同时产生夸克对和胶子，即 $q\bar{q}g$，在实验上，这就意味着在末态同时出现两个夸克喷注和一个胶子喷注。1979 年，在欧洲核子研究中心 (CERN) 的正负电子对撞机 (PETRA) 上所做的 e^+e^- 对撞实验中确认存在三喷注现象证实了量子色动力学的上述预言。

胶子。

 夸克的"味"和"色"

　　盖尔曼的夸克模型，抛弃了坂田模型以核子和 Λ 超子及其反粒子为强子结构的基础粒子，代之以 u, d 和 s 三种夸克及其反夸克。1964 年，实验发现 Ω^- 超子，不仅验证了夸克模型而且间接确认了这三种夸克及其反夸克的存在。但是，夸克模型无法解释实验发现的长寿命介子，这促使格拉肖等引入第四种夸克——粲夸克 c，美国布鲁克海文实验室丁肇中领导的实验组和斯坦福实验室里克特 (B. Richter) 领导的实验组于 1974 年各自独立地发现了 J/ψ 粒子，间接验证了粲夸克 c 的存在，他们俩因此共同分享了 1976 年度诺贝尔物理学奖。后来，实验上又间接地发现了底夸克 b 和顶夸克 t[①]。这样，便有了六种"味道"(以下简称"味") 的夸克，而不是原先的三种。因此，作为 $SU(3)$ 群基础表示的三重态不应为三种"味"的夸克，而应该为夸克引进新的自由度。另外，夸克的自旋为 1/2，是费米子，应服从泡利不相容原理，即在同一量子态不能同时存在两个或更多的全同夸克，而 Ω^- 就是由三个全同的 s 夸克构成的，这就同样需要为夸克引进新的自由度。1964 年，格林贝格 (G. W. Greenberg) 首先提出了这一想法，随后，韩 (M. Y. Han)、南部和中国科学技术大学刘耀阳也提出了类似看法。1972 年，盖尔曼想到了与"味道"相近的"颜色"，便将这个新的自由度称为"颜色"(以下简称"色")，即每一种"味"的夸克都有红、绿和蓝三种颜色。这种"色"自由度的引入，随即得到了实验验证，例如 $\pi^0 \to \gamma\gamma$ 衰变概率和 e^+e^- 对撞中产生强子与产生 $\mu^+\mu^-$ 的反应截面之比 R 值的测量等。但是，到目前为止，实验上观测到的都是不带色的粒子，尚未直接观测到带色的夸克，也就是说，夸克被色力囚禁在强子之内，出现所谓的"颜色禁闭"。

　　应当指出：无论是"味"还是"色"，都不是真正的"味道"和"颜色"，而是夸克所具有的两种新的内禀自由度。夸克之间的电磁作用和弱作用是通过"味"自由度进行的，描述它的动力学就是弱电统一理论，即 $SU(2) \times U(1)$ 规范场理论，也有人称其为量子味动力学；夸克之间的强作用是通过"色"自由度进行的，考虑到夸克带有三种"色"，描述强作用的色力场应是 $SU(3)$ 规范场，相应的动力学就是量子色动力学，即 $SU(3)$ 规范场理论。

---

　　① 1977 年，美国费米国家实验室的莱德曼实验组发现了 Υ 粒子，促使人们引入了第五种夸克——底夸克 b，并使人相信还存在第六种夸克——顶夸克 t。1994 年 4 月，费米实验室的 CDF 组观察到了顶夸克存在的实验证据。1995 年 3 月，CDF 组找到更多的证据，另一实验组 D0 组用不同的方法也找到了顶夸克的衰变事例，于是，共同宣布发现了顶夸克 t。至此，实验上间接地发现了三代六种"味"的夸克: (u, d); (s, c) 和 (b, t) 及其反夸克。

量子色动力学的创建

为了解释强作用的"渐近自由"和"颜色禁闭"性质，美国普林斯顿大学的格罗斯小组和哈佛大学的科尔曼小组于 1972 年研究了所有可能的量子场论，试图发现具有这两种特性的强作用理论。1973 年春天，格罗斯 (D. J. Gross) 和他的学生维尔切克 (F. Wilczek) 与科尔曼 (S. Coleman，1937—2007) 的学生波利策 (H. D. Polizer) 先后在《物理评论快报》上发表论文，提出：在 $SU(3)$ 色规范群下的非阿贝尔规范场理论可以作为强作用的量子场论，成功地创建了量子色动力学。因此，格罗斯、波利策和维尔切克共同分享了 2004 年度诺贝尔物理学奖。

在"量子电动力学"一节中，我们谈及解决发散困难的重正化方法时曾经提到：实验测量到的电子电荷应是电子的固有电荷 (即裸电子的电荷) 加上真空极化引起的感应电荷。具体的物理图像是，裸电子在其周围产生电磁场，或者说，它通过发射虚光子来传递电磁力，由于光子不带电，没有自作用，或者说，它与其他的光子没有任何直接的耦合，只能与带电粒子相互作用，因此，它只能通过激发虚的电子–反电子偶来进行传递，于是，围绕裸电子的虚电子偶中的正电荷会受到吸引靠拢它，而负电荷则会受到排斥离开它，即出现真空极化，其净效应就是裸电子被带正电的真空所包围，出现屏蔽效应。通常，实验测量到的电子电荷就是以裸电子为中心的半径为 r 的球面所包围的电荷，例如，在原子物理实验中，取 $r = 10^{-10}$m，这样测得的电子电荷就是 $-e$，它是有限的。鉴于真空极化产生的感应电荷的密度会随 r 减小而变大，这就意味着，当 r 趋于零时，实验"测得"的裸电子的负电荷和真空极化在其周围产生的正的感应电荷都将趋于无穷大。同样，由电荷决定的电磁力耦合常数 $\alpha = e^2/\hbar c$ 也会因真空极化随 r 变化，量子电动力学正是利用这一效应成功地解释了兰姆位移。但是，因为光子没有自作用，α 对 r 的依赖实际上很弱，通常可以忽略不计。

与量子电动力学不一样，在量子色动力学中，一个带有色荷的夸克不仅可以使其周围真空极化，产生色屏蔽效应，还因传递色力的胶子本身带有色荷，它们之间有自作用，可以吸收和放出胶子，出现三个、四个，甚至五个胶子作用于一点的费曼图，使围绕夸克的虚胶子云能够有效地把其色荷拓展出去，这个色的反屏蔽效应甚至超过了真空极化产生的色屏蔽效应，最终导致带正色荷的夸克被带正色荷的真空所包围。由于色荷的扩展，当 r 接近强子大小时，由半径为 r 的球面内的色荷 g_s 所决定的强力耦合常数 $\alpha_s = g_s^2/\hbar c$ 会趋于无穷大，也就是说，强力会变成无穷大，使得带色的夸克无法从强子中分离出来，即出现"颜色禁闭"；而当 r 趋于零时，α_s 会缓慢地趋于零，使得强力在极短的距离内变得很弱，即出现渐近自由。实际上，高能电子–质子非弹性散射可以看作是用电子所发射的虚光子来"看"质子内部的夸克、"测"色荷 g_s，进而得到 α_s，于是，上面的结论也可用量子色动力学公式：$\alpha_s(Q^2) = \dfrac{4\pi}{\beta_0 \ln \dfrac{Q^2}{\Lambda^2}}$ 来表述，式中，β_0 是与夸克味数 N_f 有关的普适参

数；$Q^2 = -q^2$ 是虚光子四动量平方的负值；Λ 是 QCD 标度参量。显见，$Q^2 \to \infty$ 时 $\alpha_s \to 0$；$Q^2 \to \Lambda^2$ 时 $\alpha_s \to \infty$，考虑到虚光子的 Q^2 越大它所"看"到的空间尺度越小，这就意味着，在高能 $(Q^2 \to \infty)$ 情况下，或者说，在极小的范围 $(r \to 0)$ 内，会出现"渐近自由"；而在低能 $(Q^2 \to \Lambda^2)$ 情况下，或者说，在接近强子大小 $(r \to 10^{-15}\text{m})$ 时，会出现"颜色禁闭"。α_s 随 Q^2"跑动"的这一性质是强作用的重要特性，它不仅使量子色动力学可以采用微扰论方法来处理高动量迁移下的强作用过程并成功地解释了许多高能物理实验现象，而且为"大统一"主宰粒子世界的强力、弱力和电磁力创造了条件。

二、　标准模型

标准模型，准确地讲，应是粒子物理标准模型。粒子物理是研究亚原子粒子的性质、结构及其在很高能量下相互转化的物理学分支学科，又称高能物理。夸克模型的提出，使人们认识到物质结构的基本组分是夸克和轻子，作用在它们之间的强力和弱电力可以分别用 $SU(3)$ 规范场和 $SU(2) \times U(1)$ 规范场——相应的动力学分别是量子色动力学和弱电统一理论 (或称量子味动力学)——来描述，通过胶子、中间玻色子 (W$^\pm$ 和 Z^0) 和光子来传递，于是 $SU(3)$ 和 $SU(2) \times U(1)$ 规范场理论便构成了粒子物理标准模型。

前面提到，夸克和轻子都有六种"味"，标准模型将它们按其质量各分为三代：$\begin{pmatrix} u \\ d \end{pmatrix}$ 为第一代夸克；$\begin{pmatrix} c \\ s \end{pmatrix}$ 为第二代夸克；$\begin{pmatrix} t \\ b \end{pmatrix}$ 为第三代夸克。类似地，$\begin{pmatrix} \nu_e \\ e \end{pmatrix}$ 为第一代轻子；$\begin{pmatrix} \nu_\mu \\ \mu \end{pmatrix}$ 为第二代轻子；$\begin{pmatrix} \nu_\tau \\ \tau \end{pmatrix}$ 为第三代轻子。这样，三代、六种"味"、三种"色"的正反夸克，共 36 种；三代、六种"味"的正反轻子，共 12 种；加上传递强力的带八种"色"的胶子 (g^s)、传递弱力的中间玻色子 (W$^\pm$ 和 Z^0) 和传递电磁力的光子 (γ) 也是 12 种，总共 60 种。有趣的是，"60"刚好就是我国农历编年的一个"甲子"，而六"味"轻子对六"味"夸克又刚好是我们常说的吉祥语"六六大顺"，可以说，这些都符合我国传统的对称性。何以如此，尚待进一步探讨[1]。

粒子物理标准模型，虽然已经成功地经受住了实验的精确检验，但是，严格地讲，还不能被看作是强力、弱力和电磁力的大统一理论。这是因为，在这个模型中，强力、弱力和电磁力的耦合常数还不能只用一个参数来描述；另外，它之所以被称

---

[1] 注意：这里没有提到实验上尚未发现的引力子和将要在后面详细谈及的希格斯粒子。

为模型而不是理论，是因为还有两个尚待解决的疑难。一是"夸克囚禁"：夸克被色力囚禁在强子之中，物质还无限可分吗？另一是"质量问题"：虽然借助希格斯机制通过对称性破缺可以解决"质量问题"，但是，为了拟合跨度高达 11 个量级的亚原子粒子的质量，需要引入过多的待定参数①，使得它不能被看作是一个完善的理论，因此，仍需进一步探索对称性破缺的本质以回答质量来自哪里。

 物质无限可分吗？

电子被束缚在原子中，质子和中子被束缚在原子核中，但是，夸克是被囚禁而不是被束缚在强子之中，囚禁与束缚的区别就在于：实验上可从原子中敲出一个又一个电子，也可从原子核中敲出质子和中子，但是，实验上至今尚未从强子中敲出单个夸克，或者说，夸克好似被大自然判了"无期徒刑"，被永远囚禁在强子之中。那么，物质还能继续往小里分吗？

千百年来，人类一直在探索这样的问题：我们周围的物质能否无限地往小里分？远古时期，不同派别的哲学家对这个问题做出了不同的回答。古希腊哲学家德谟克利特认为，物质是由许多微小的、不可分割的单个颗粒组成的，他把这种颗粒称为"原子"，并认为这些"原子"是永恒的、不变的和不可穿透的；物质的多样性是由构成它们的原子的形式不同、状态不同或结合方式不同而造成的；另一位古希腊哲学家柏拉图却认为，把物质一次又一次地往小里分，最终遇到的将是数学形式——"正多面体"。这些"正多面体"可以由它们的空间对称性来确定，也可以用三角形来合成；这些"正多面体"本身不是物质，但是它们构成物质。这两种观念：一是说物质由实体颗粒——"原子"组成，具有不连续结构；一是说物质由数学形式——"正多面体"组成，具有连续结构，形成了鲜明的对比，但是，在二千多年后，却都得到科学的验证。1808 年，英国科学家道尔顿 (J. Dalton, 1766—1844) 根据他所发现的倍比定律提出了原子论的科学假说，成功地解释了许多化学现象；但是，物质的晶体结构又确实是由"正多面体"组成的，似乎证实了柏拉图的预言，只不过后来实验发现这些"正多面体"也是由道尔顿的"原子"构成的。那么，这些原子是否"永恒不变""不可分割"呢？在道尔顿提出原子的科学假说之后，这个问题仍困扰了科学家近百年，直到 19 世纪末，X 射线、天然放射性和电子的先后发现才使人们认识到，原子不是"永恒不变的"，不是"不可穿透的"，不是"不可分割的"。于是，科学家又开始将原子往小里分：原子分成原子核和电子；

①粒子物理标准模型中的参数包括：引力常量 G；电子电荷 e；夸克、轻子和中间玻色子质量 $m_u, m_d, m_s, m_c, m_b, m_t, m_e, m_\mu, m_\tau, m_Z, m_W$；卡比博角 $\theta_{12}, \theta_{23}, \theta_{31}$ 和 CP 破坏相因子 δ；希格斯粒子质量 m_H；以及量子色动力学中的强力耦合常数 α_s，一共 19 个。如果再考虑三代中微子质量不为零，以及它们的混合参数和轻子 CP 破坏参量，那就更多了。

原子核分成中子和质子；接着，发现了 π 介子、K 介子和 Λ 超子等数百种亚原子粒子，并将它们归类为轻子、强子和媒介子，前一节对此已有介绍，这里就不再赘述。

前面提到，盖尔曼和茨韦格于 1964 年分别独立地提出了夸克模型，认为所有强子都是由夸克构成的，随后不久，实验物理学家便发现了夸克模型预言存在的 Ω 粒子，从而验证了夸克模型。但是，不仅实验上至今尚未直接观察到单个的夸克，而且理论上也认为，夸克被囚禁在强子内部，实验上根本无法观察到带色的夸克。值得一提的是，强子的夸克结构也具有对称性，即所谓 $SU(3)$ 对称性，因此，夸克可能就是柏拉图所说的 "数学形式"，它们正是通过 $SU(3)$ 对称性来构成质子、中子和 π 介子等强子乃至所有的物质。于是，科学家和哲学家再次为康德 (I. Kant，1724—1804) 悖论所困扰：一方面，人们可以将周围的物质分割为分子、原子，将原子分割为原子核和电子，将原子核分割为质子、中子······ 似乎物质可以这样永无止境地分割下去；另一方面，实验上确实无法把夸克从强子中 "分割" 出来，又使人们不得不怀疑物质是否无限可分？

道尔顿

康德

从德谟克利特提出原子 "不可分割" 到三大实验发现将原子 "打破"，经过了 2000 多年，就是从道尔顿提出原子的科学假说算起，也经历了近百年，而盖尔曼和茨韦格提出夸克模型至今只有 50 多年，现在就说 "敲不出夸克" "物质不再可分"，似乎为时尚早。更不用说，实验物理学家用高能电子探测质子内部只是 "看到" 一些点结构，即所谓的流夸克，而不是夸克模型所预言的组分夸克，因此，究竟要从强子中打出组分夸克还是流夸克，实验物理学家并不清楚。也许，在可以预见的未来，科学家对物质结构的认识仍将重复连续–不连续–连续的循环，哲学家仍将为物质"可分"与"不可分"争论不休。

 质量源自在哪里？

前面谈到"杨–米尔斯场"的时候，曾经提及使杨振宁困扰的中间玻色子质量问题，实际上，在弱电统一理论中，不仅传递弱力的中间玻色子存在质量问题，而且轻子和夸克在手征对称下同样存在质量问题，希克斯机制的提出，不仅解决了中间玻色子的质量问题，同时，用类似方法也赋予了轻子和夸克质量，只是当时实验上一直未能找到希克斯粒子，使这一机制无法得到实验验证，于是，寻找希克斯粒子便成为高能物理实验的主攻方向。

希克斯在根据他 2010 年 11 月 24 日在英国国王学院演讲录像整理的"寻找希克斯玻色子的一生"一文中指出："寻找希克斯粒子的起始时间"是 1975 年，但因理论物理学家"完全没有在意"希克斯粒子的质量，未能给出恰当的预言，使得实验物理学家花了几十年的时间试图弄清应在什么能区寻找希克斯粒子：1984 年，在德国电子同步加速器研究所 (DESY) 的双环储能 (DORIS) 正负电子对撞机上工作的晶体球 (crystal ball) 实验合作组曾经报道在 Υ 衰变中发现了希格斯粒子的信号：$\Upsilon \to H+g$，但是，他们后来的数据以及同期在美国康奈尔大学电子存储环 (CESR) 上工作的 CUSB 实验合作组获得的数据都未能验证这个结果，不过，这些实验却给希格斯粒子的质量加上了一个限制，即必须大于 8~9GeV。1989 年，欧洲核子研究中心的大型正负电子对撞机 (LEP) 建成后，第一次运行便确定了希格斯粒子的质量应大于 65GeV；第二次运行 ALEPH 实验合作组就发现了第一个质量在 114GeV 的希格斯粒子候选事例，随后，又在 115GeV 附近发现了 10 个事例；LEP 运行 10 年后关闭，这时，寻找希格斯粒子的质量范围的下限已提高到 114.3GeV。在随后的十多年中，与 LEP 同期建造的美国费米国家实验室的质子–反质子强子对撞机 (Tevatron) 成为唯一能找寻希格斯粒子的实验装置，但是，直到 2011 年 Tevatron 停机，从其上收集到的数据仍不足以确认希格斯粒子的存在，只是将质量区间 100~103GeV 和 147~180GeV，从寻找希格斯粒子的质量范围中排除了出去。2008 年，设计能量为 14TeV 的 CERN 大型强子对撞机 (LHC) 的建成为发现希格斯粒子创造了条件，2012 年初夏，在 LHC 环上的 ATLAS 和 CMS 探测器分别观测到质量为 126.5GeV 和 125GeV 的新粒子事例，同年 7 月 4 日，在 CERN 礼堂举办的报告会上，ATLAS 实验合作组的女发言人法比奥拉·吉亚诺蒂 (F. Gianotti) 和 CMS 实验合作组的发言人乔·因坎迪拉 (J. Incandela) 同时宣布发现了新粒子，相关实验结果发表在 2012 年《物理通讯》B716 卷上；Tevatron 也于同年在《物理评论通讯》109 卷上发表了更新的实验结果：在 120~135GeV 能区观测到新粒子，这些实验以及 ATLAS 和 CMS 随后的工作从信号强度、耦合、自旋、宇称等方面确认了他们发现的新粒子就是标准模型预言存在的希格斯粒子，提出希格斯机制的比利时物理学家恩格勒特和英国物理学家希格斯因此荣获了 2013 年度诺贝尔物理学奖。

希格斯粒子，作为粒子物理学家一直在找寻的、粒子物理标准模型所预言的唯一的标量粒子，它的发现，不仅实验验证了希格斯机制，确认了"质量"来源于真空对称性自发破缺，或者说"真'空'不空、'无'中生有"，而且使标准模型的理论框架得以自洽。但是，为了拟合跨度高达 11 个量级的亚原子粒子的质量谱，标准模型不得不引入过多参数，使得这个模型尚不能被看作是一个完善的理论，这就意味着，仍需在真空中，或者说在更深层次，去找寻"质量"的统一来源，以揭示真空对称性自发破缺的本质。

荣获2013年度诺贝尔物理学奖的恩格勒特和希格斯

20 世纪 90 年代，在中国科学院理论物理所的一次学术研讨会上，本书作者曾用下图的幻灯片来介绍粒子物理标准模型及其两个疑难，将"颜色囚禁"和"真空破缺"中的"色""空"两字用红颜色字加蓝色框表示，用"色空两难"来描述上述的两个疑难，并幽默地说：在座的粒子物理学家和核物理学家，当你们哪天弄清这里提到的"色空两难"时，你们就会发现，早在 2500 年前，佛祖释迦牟尼就在《般若波罗蜜多心经》中指出"色不异空，空不异色；色即是空，空就是色"，也就是说，就像"波粒二象"意味着"波动"和"粒子"是微观客体的两种表现一样，"色空两难"可能意味着夸克的"颜色囚禁"和真空的"对称破缺"是更深层次物质运动形态在现实世界中的两种表现。

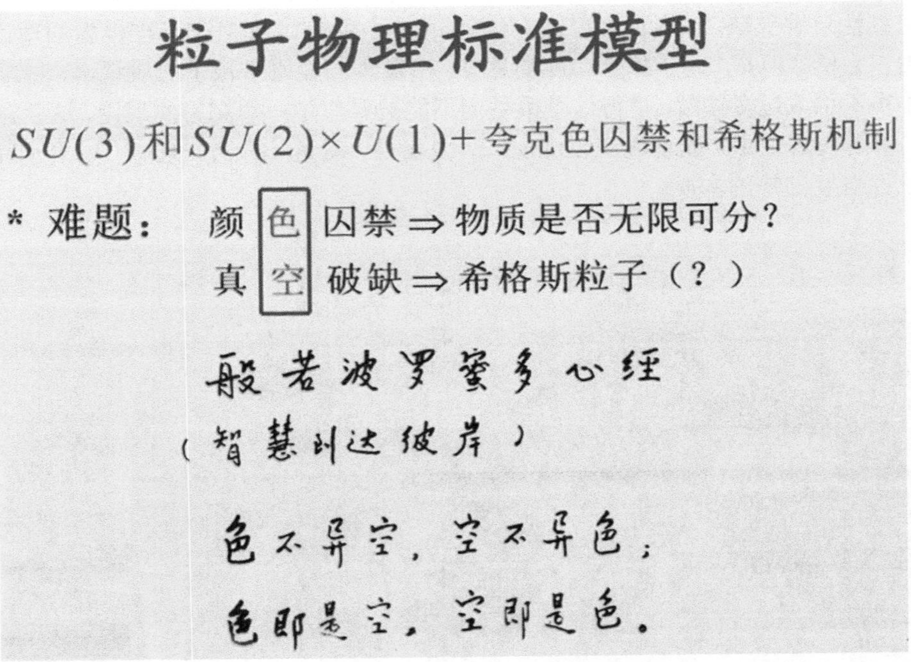

粒子物理标准模型

$SU(3)$ 和 $SU(2) \times U(1)$ + 夸克色囚禁和希格斯机制

* 难题：　颜 色 囚禁 ⇒ 物质是否无限可分？
　　　　　真 空 破缺 ⇒ 希格斯粒子（？）

般若波罗蜜多心经
（智慧驯达彼岸）

色不异空，空不异色；

色即是空，空即是色。

希格斯粒子，作为来自"真空"的"信使"，它的发现，已经为揭示"色空两难"做出了贡献，展望未来，希格斯粒子工厂的建造必将为弄清质量的来源和统一自然力做出更大的贡献。

三、 强力、弱力和电磁力的大统一

弱电统一理论告诉我们：弱力和电磁力在能量远高于中间玻色子质量时，它们是统一的，而在低能时，弱电对称性自发破缺，表现为两种不同的相互作用：弱力和电磁力。同样，量子色动力学告诉我们：强力的耦合常数也是"跑动"的，在高能时，会变得很弱。于是，人们自然地要问：当能量更高时，强力的耦合常数是否会与弱电力的趋于一致，从而实现强力、弱力和电磁力的大统一呢？

乔治和格拉肖的 $SU(5)$ 模型

乔治 (H. Georgi) 和格拉肖在 1980 年 9 月号《今日物理》上发表的 "基本粒子力的统一理论" 一文中指出: "量子电动力学、量子色动力学和最近公认的弱相互作用理论充分描述了小到 10^{-17}m(约为质子半径的百分之一) 的基本粒子间的作用力, 这是目前加速器所能探测的最短距离。我们还不知道在更短的距离内会发生什么情况。但是, 我们猜想, 在距离达到 10^{-31}m数量级时, 所有三种相互作用 (以及其他尚未观测到的相互作用) 将会统一起来。也就是说, 所有的相互作用会有相同的强度, 而夸克、反夸克和轻子之间的区别

乔治

将会消失。" 接着, 在简单介绍了 "量子电动力学" "量子色动力学" 和 "弱电统一理论" 之后, 通俗地介绍了他们于 1973 年底完成的 "基本粒子力的统一理论"。乔治和格拉肖的大统一方案采用的是 $SU(5)$ 对称群, 他们取具有同一手征性的夸克色三重态和轻子弱双重态作为这个群的基础表示, 例如, d_R^r、d_R^w、d_R^b、e_R^+ 和 $\bar{v}_R$, 这里上标 r,w,b 是色自由度[①], 下标 R 表示右手粒子, 由此构成了 24 个 $SU(5)$ 矩阵。与之对应, 有 24 个规范场: 其中一半对应于 8 个胶子场、3 个中间玻色子 ($W^{\pm}$ 与 Z^0) 场和 1 个光子场; 另一半则是可以在夸克和反轻子之间引起 5 种基本变换的 12 个 X 粒子场。显见, 乔治和格拉肖的 $SU(5)$ 规范场可以涵盖色 $SU(3)$ 规范场和味 $SU(2) \times U(1)$ 规范场, 或者说, 他们的大统一理论可以涵盖粒子物理标准模型。而且, 由上例中的 e_R^+ 或 $\bar{v}_R$ 或 d_R^r, d_R^w 和 d_R^b 的线性组合可以构成带有整数 (包括零) 电荷的色中性的亚原子粒子, 适当选取与上例类似的基础表示便可构成所有的亚原子粒子。应当指出: 由于 $SU(5)$ 是单纯群, 包括电荷在内的所有荷都是量子化的, 于是, 乔治和格拉肖的大统一理论自然地给出了电荷守恒定律, 而这是粒子物理标准模型无法从理论上做到的。

乔治和格拉肖认为, 在远小于 $L = 10^{-31}$m 的极短距离内, $SU(5)$ 规范对称性是明显的, 在这种情况下, 只需要一个耦合常数便可描述所有的相互作用, 而且, 与探测这样短的距离所需要的能量相比, 所有的规范粒子 (胶子、$W^{\pm}$ 粒子、Z^0 粒子、光子和 X 粒子) 都是轻的; 在数量级为 L 的距离上, 便会看到 $SU(5)$ 自发破缺的复杂物理过程: $SU(3)$ 耦合常数 α_3, 即强力的耦合常数 α_s, 是最渐近自由的, 随着测量距离的增加, 它比 $SU(2)$ 耦合常数 α_2 增加得更快, 而 $U(1)$ 耦合常数 α_1, 由于光子不带电荷, 完全不是渐近自由的, 它随距离的增加而减小, 这

---

① 现在文献中常用红 (R)、绿 (G) 和蓝 (B) 作为夸克的三色指标, 但是, 在乔治和格拉肖的文章中用的是 r, w, b, 可能是因为小写 "g" 已经用来标记胶子。

时产生的 X 粒子，其质量约为 $\hbar c/L$ 的数量级，比所有其余的规范粒子重得多；在远大于 L 的距离上，或者说在 10^{-18}m 或更远的距离上，$SU(5)$ 对称性破缺为 $SU(3)$ 和 $SU(2) \times U(1)$，而且 $\alpha_3 > \alpha_2 > \alpha_1$，这时，X 粒子由于太重不能直接产生，因此实验上观测不到由它们引起的极弱、极短程的相互作用。下图是耦合常数 α_3、α_2 和 α_1 随距离的变化，显见，在距离达到 "统一距离" L 时，所有三个常数是相同的 (只是 α_1 应有一个群论因子 3/5)；强力耦合常数 α_3 在距离大于 10^{-16}m 时变大，标志着由于夸克囚禁引起的 QCD 微扰理论的破缺；在大于 10^{-18}m 的距离，$SU(2) \times U(1)$ 的自发破缺使 α_2 和 α_1 降为简单的电磁耦合常数 α(它是 α_1 和 α_2 的组合：$1/\alpha = 1/\alpha_1 + 1/\alpha_2$)。

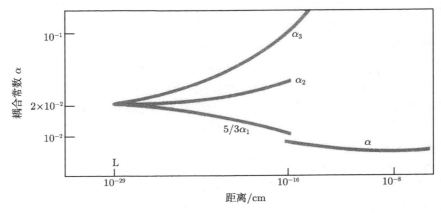

差不多同时，帕梯 (J. C. Pati) 和萨拉姆也在 1974 年提出过一个大统一方案，后人称其为帕梯–萨拉姆模型。在这个模型中，轻子被看成夸克的第四种色，和原有的三种色夸克一道形成色 $SU(4)$ 群的基础表示。然后，通过对称性破缺，得到描述弱电力的味 $SU(2) \times U(1)$ 群和描述强力的色 $SU(3)$ 群，其中色对称性也是破缺的，因此，夸克的囚禁是不完全的，而在乔治–格拉肖大统一方案中，色 $SU(3)$ 是没有破缺的严格对称性，因此夸克的囚禁是完全的。

帕梯

1974 年，奎因 (G. H. Quinn) 和温伯格利用包括 $SU(5)$ 在内的一类大统一理论，根据实验测知的 α 和已经测出但有相当误差的 α_3 估计出：$L = 10^{-31}$m 和 $\sin\theta_W = 0.20$。当时，$\sin\theta_W$ 的实验值是 0.35，这对大统一理论似乎很不利，幸好，$\sin\theta_W$ 的实验值后来下降到 0.23 ± 0.02，这才与大统一理论的预言基本一致。

大统一理论最出人意料的预言，就是质子本身 (进而所有物质) 是不稳定的，

在数量级约为 10^{31} 年的时间里，一个质子会衰变成一个正电子和一个 π^0 介子。如果实验能够观测到质子的衰变，那么大统一理论便通过了决定性的检验。

 质子会衰变吗？

前面提到，乔治–格拉肖大统一方案中的规范场，除了胶子场、中间玻色子场和光子场外，还包括一种过去不知道的 X 粒子场。这种场传递一种超弱相互作用，可以使夸克变成轻子，也可以使轻子变成夸克。例如，质子中电荷为 $2/3e$ 的 u 夸克可以放出一个电荷为 $4/3e$ 的 X 粒子变成电荷为 $-2/3e$ 的反夸克 ū，然后，这个 X 粒子再被该质子中电荷为 $-1/3e$ 的 d 夸克吸收使其转变为正电子 e^+，而 ū 则与这个质子中另一个 u 夸克组成 π^0 介子，也就是说，质子在 X 场的作用下衰变成 e^+ 和 π^0。由于这种与 X 场相联系的相互作用非常之弱，故质子的衰变寿命极长。奎因、温伯格和乔治曾用 L 的计算结果来估计质子的衰变率，后来，CERN 的巴拉斯 (A. Buras)、埃利斯 (J. Ellis)、盖利亚德 (J-M. Gailliard，1946—2005) 和内诺波洛斯 (D. Nanopoulos)，美国加州理工学院的戈德曼 (T. Goldman)、罗斯 (D. Ross) 和洛克菲勒大学的马西亚诺 (W. Marciano) 等改进了他们的估计，得到的质子衰变率的估计值约为每 10^{31} 年衰变一个质子，也就是说，"目不转睛" 地盯着 10^{31} 个质子或数十吨水，观察一年，只可能看到一个质子衰变事例。

从 20 世纪 80 年代开始，全世界的实验物理学家都在安排实验来检测质子衰变，为了减少宇宙线本底，或在地下深处建造蓄水数千吨的水库，或利用地下废弃的矿井来安排大型实验装置，具体地讲，就是用切连可夫探测器来探测质子衰变后向两个相反方向放出的能量同为 500MeV 的 e^+ 和 π^0。由于 π^0 会衰变成两个 γ 光子，只要观测到在探测装置内的某一点上突然放出一个 e^+ 和两个 γ，便可确认那个点上有一个质子发生了衰变。例如，印度和日本两国科学家利用印度柯拉 (Kolar) 金矿地下 2300m 深处的废矿井来安装实验装置做探测质子衰变的实验，他们所用的实验装置是由一层铁和一层探测器相间叠合组成的，一期安装了 34 层，重 140t；二期增加到 60 层，重 260t。他们的实验，从 1980 年底开始运行，到 1993 年结束，虽然有几个候选者事例，但是没有一个是令人确信的质子衰变事例。不过，他们根据这十多年的观测数据推算出质子平均寿命在 10^{31} 年量级。随后，有些实验以水作为探测物质，例如，美国的 IMB 实验、日本神冈 (Kamiokande) 实验和超级神冈实验等。IMB 和超级神冈都是利用切连可夫探测器观测水中质子衰变放出的 e^+ 和两个 γ 光子，它们分别将质子寿命衰变下限提高到 10^{32} 年和 10^{33} 年量级，而神冈实验则是利用切连可夫探测器观测水中核子衰变放出的中微子，将核子衰变寿命下降到 10^{27} 年量级。还有一些实验是用大型液体闪烁探测器和重水 (D_2O) 探测器检测重子数改变的原子核衰变，得到的核子平均寿命在 $10^{29} \sim 10^{30}$ 年量级，甚至更低, 在 $10^{23} \sim 10^{25}$ 年量级。但是, 到目前为止, 仍未观测到令人确信的质子 (或核子) 衰变事例。

按照粒子物理标准模型, 重子数和轻子数是绝对守恒的。质子是最轻的重子, 应该是绝对稳定的, 但是, 超出标准模型理论范畴的大统一理论却预言质子可能发生衰变: $p \rightarrow e^+ + \pi^0$, 也就是说, 有可能存在重子数不守恒的相互作用过程。虽然目前实验上尚未观测到令人信服的质子衰变事例, 但是, 宇宙中 "物质比反物质多" 所反映出的重子–反重子不对称性却为其提供了佐证。这个有趣的想法, 最初是由日本科学家元彦 (Motohiko) 和吉村 (Yoshimura) 提出的, 随后, 斯坦福大学的埃利斯、盖利亚德、内诺波洛斯、温伯格、萨斯坎德和普林斯顿的特雷曼、维尔切克对它进行了详尽的阐述。他们指出, 为了使宇宙大爆炸过程中产生的重子多于反重子, 要求能够改变重子数的相互作用在反向进行时会显示出差别来, 大统一理论满足了这个要求。总之, 解决质子衰变问题, 不仅可以验证大统一理论, 而且有可能对重子数起源, 进而对宇宙的过去、现在和未来有更多的了解和真理性的认识。

综上所述, 外尔当初提出时空坐标的局域规范变换是试图统一电磁力和引力, 但未能如愿; 杨振宁和米尔斯将其推广为同位旋空间的局域规范变换, 或者说将阿贝尔群 (即 $U(1)$ 群) 推广为非阿贝尔群 (即 $SU(2)$ 群), 建立了杨–米尔斯规范场理论; 格拉肖在杨–米尔斯场的基础上引入 $SU(2) \otimes U(1)$ 规范场来统一描述弱力和电磁力, 但仍然没有解决困扰杨振宁多年的 "质量问题"; 温伯格和萨拉姆, 引入希格斯机制, 解决了 "质量问题", 建立了弱电统一理论, 即 $SU(2) \otimes U(1)$ 规范场理论。差不多同时, 盖尔曼和尼曼分布提出夸克模型, 格罗斯、波利策和维尔切克创建量子色动力学, 即 $SU(3)$ 规范场理论, 确立了粒子物理标准模型, 即 $SU(3)$ 和 $SU(2) \times U(1)$ 规范场理论, 进而导致乔治和格拉肖, 帕梯和萨拉姆分别提出强力、弱力和电磁力的大统一模型, 并预言质子会衰变。但是, 实验上至今尚未发现质子衰变的真实事例, 因此, 现在还不能说强力、弱力和电磁力的大统一, 即规范统一已经实现[①]。

---

① 大统一理论还应包含超对称大统一理论, 我们将在第六章谈及超弦理论时再作介绍。

CHAPTER 6

第六章　超弦理论：四种自然力走向统一的一种尝试

在第三章中，我们介绍了爱因斯坦在创建狭义和广义相对论、完善对电磁力和引力的场论表述之后，试图统一描述这两种力，但未能如愿；随后两章，又介绍了温伯格、格拉肖和萨拉姆借助杨-米尔斯规范场用 $SU(2) \times U(1)$ 群来统一描述弱力和电磁力以及乔治和格拉肖用 $SU(5)$ 群来统一描述强力、弱力和电磁力，但是，始终未能把引力包括进来。

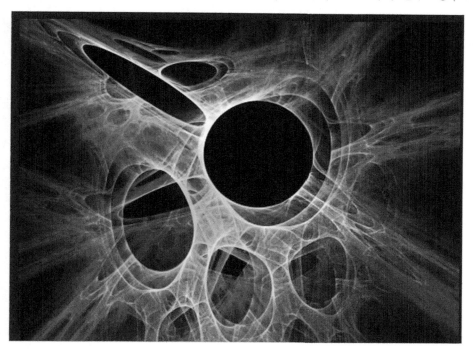

想象中的超微尺度的弦世界

　　20 世纪 60~70 年代，粒子物理学家试图用弦理论来解释核子内部的强相互作用，但是，该理论总是给出一种特殊的粒子：它没有质量，具有两个单位的自旋角动量，在核过程中没有与之对应的客体。1974 年，施瓦兹和谢尔克注意到这个粒子就是爱因斯坦广义相对论预言存在的引力子，并产生了用弦来描写引力进而统一描述四种自然力的想法；1979 年，施瓦兹又与格林合作，确认了弦理论中存在超对称，创建了超弦理论。在施瓦兹和格林、威滕、萨斯坎德和马尔达西那等的努力下，超弦理论，经过两次革命，终于有望成为统一描述物质基本组分及作用于其间的自然力的终极理论。

　　这一章，我们介绍超弦理论的来龙去脉并试图回答超弦理论是否能让"自然力走向统一"。

第一节　　从弦模型到超弦理论

一、　从弦模型谈起

　　20 世纪 50~60 年代，粒子物理实验发现越来越多的强子，特别是不稳定的共振态粒子。1959 年，意大利物理学家雷杰 (T. Regge，1931—2014) 在散射问题的研究中发现：这些粒子的质量随自旋的增加而增加。若以质量平方为横坐标，自旋为纵坐标作图，则这些粒子在图上留下的轨迹近似为一条直线，称为雷杰轨迹。这一发现使人们相信似乎存在无穷多个强子。另外，人们还发现，当无穷多的粒子参与相互作用时，粒子与粒子之间的散射振幅满足交叉对称。所谓交叉对称，指的是二体散射过程：$A+B \to C+D$ 与其交叉过程：$A+\overline{C} \to \overline{B}+D$ 和 $A+\overline{D} \to C+\overline{B}$ 的散射振幅之间存在的一种对称性，这里 $\overline{B}$, $\overline{C}$, $\overline{D}$ 为 B, C, D 的反粒子。若用一组具有洛伦兹不变性的曼德尔斯坦变量 s, t 和 u① 来统一地描述上述二体散射及其交叉过程，则这些过程的散射振幅具有明显的洛伦兹不变性，只是每个过程的曼德尔斯坦变量各有自己的取值范围，即所谓的物理区域。当将这些曼德尔斯坦变量看成

---

　　① 曼德尔斯坦变量 s, t 和 u 与二体散射：$A+B \to C+D$ 以及其交叉过程：$A+\overline{C} \to \overline{B}+D$ 和 $A+\overline{D} \to C+\overline{B}$ 中各个粒子的四动量 q_A, q_B, q_C, q_D 之间存在以下关系：

$$s = (q_A + q_B)^2$$
$$t = (q_A - q_B)^2 = (q_C - q_D)^2$$
$$u = (q_A - q_D)^2 = (q_C - q_B)^2$$

因此，上述两体过程又被分别称为 s, t 和 u 道过程。鉴于 s, t 和 u 满足关系式：$s+t+u = m_A^2 + m_B^2 + m_C^2 + m_D^2$，它们之中只有两个是独立的，例如 s 和 t，上述两体过程的散射振幅作为 s 和 t 的函数相对于 s 和 t 的交叉是对称的，或者说，散射振幅的 s 道贡献等于 t 道贡献，这就是交叉对称，也有人称其为 s-t 道对偶。

复变量时，这些过程的散射振幅可以通过解析延拓相互联系，称为交叉对称。1968年，在美国麻省理工学院工作的意大利物理学家威尼采亚诺 (G.Veneziano) 发现欧拉 β 函数满足这种对称性，给出了著名的威尼采亚诺散射振幅公式。随后，他和富比尼 (S.Fubini) 进一步发现：这个简单的公式可以拆成无限多个项，这就意味着上述的两体散射可以通过交换中间 (共振态) 粒子来实现，而这个中间粒子可以有无限多个不同质量和自旋的状态，或者说，可以表达为谐振子的激发，类似一根弦。

雷杰

威尼采亚诺

1969~1970 年，美国芝加哥大学的南部阳一郎、丹麦哥本哈根玻尔研究所的尼尔森 (H. B. Nielsen) 和美国斯坦福大学的萨斯坎德 (L. Susskind) 分别发现威尼采亚诺公式可以自然地给出弦的散射振幅，提出了弦模型，为威尼采亚诺散射振幅公式提供了理论依据，并成功地解释了雷杰轨迹；南部还把介子态唯象地处理作弹性运动的弦，弦的两个端点是正、反夸克，对弦模型做出了更为具体而形象的表述。一方面，弦端的两个夸克离开得越远，弦往回拉的 "张力" 越强，当它们之间的距

尼尔森

萨斯坎德

离超过夸克禁闭半径时，一根弦便会断开成二根弦，也就是说，一个介子变成了两个介子，而不是正、反夸克，这正好就是强力的"渐近自由"和"夸克囚禁"的物理图像；另一方面，用"弦"来模拟强子，将由夸克与反夸克组成的介子类比为直线弦，即用延展体代替点结构，这样便可避免量子场论中因粒子的点结构而引起的发散困难，不过，当初引入"弦"的概念并不是为了解决量子场论中的发散困难。在 3＋1 维时空中，用弦的不同的振动模式来描述数百种强子及其运动状态，显然是不可能的，因此，需要在多维时空中研究弦的运动形态，于是便出现了 26 维的弦理论。

1987 年 12 月 20 日，美国加州理工学院物理系约翰·施瓦兹 (J. Schwarz) 教授就"超弦理论"接受英国广播公司 (BBC) 采访时谈到："20 世纪 60～70 年代，人们试图用弦理论来解释核子内部的强相互作用。在这方面，弦理论取得了一些成果，但始终未能完全成功。到 70 年代中期，量子色动力学 (QCD) 诞生了，作为描写强相互作用的一种理论，QCD 取得了公认的成就。尽管当时在弦理论方面已经做了许多工作，但是，随着 QCD 理论的发展，大多数人还是放弃了这方面的研究，我没有这样做。那时，我正与一位法国物理学家谢尔克 (J. Scherk, 1946—1980) 合作，我们注意到：在人们试图用弦理论描写核子内部强相互作用时，遇到的一个问题是，该理论总是给出一种特殊的粒子：它没有质量，具有两个单位的自旋角动量，在核过程中没有与之对应的东西。然而，我们知道，它恰恰就是在爱因斯坦广义相对论中碰到的那种粒子，称为引力子。"于是，施瓦兹和谢尔克决定放弃只用弦论

施瓦兹

来描写核力，而是看看能否用它来描写引力，同时又能把其他几种自然力都包括进来，这样，就要求在观念上有一个巨大的改变，即所用的弦比原来设想的弦要小得多：在用弦来描写核力时，它有着核子的典型尺度：1fm，即 10^{-15}m；而用弦来描述引力时，有一个由引力结构决定的自然尺度：$l = \dfrac{Gh}{c^3} = 1.6 \times 10^{-35}$m，称为普朗克长度。因此，当用弦来统一描述各种自然力时，施瓦兹和谢尔克谈论的是一种不可思议的"超微观世界"。1974 年，他们形成了用弦描写引力进而统一四种自然力的想法，并将弦论的维数从 26 降为 10。但不幸的是，谢尔克过早去世了。应当指出：日本北海道大学米谷明民 (T. Yoneya) 差不多同时也曾建议将弦论当作量子引力理论，并指出：弦论既蕴涵自旋为 2 的粒子也蕴涵自旋为 1 的粒子，也就是说，弦的相互作用不仅包含引力相互作用还包含第五章谈及的规范相互作用，因此，有可能将其作为统一所有基本相互作用的理论。1979 年，施瓦兹与英国剑桥大学的格林 (M. Green) 合作，确认了弦论中超对称和超引力的存在，并于 1981 年创建了超弦理论。那么，什么是超对称？什么是超引力？

米谷明民　　　　　　　　　　　格林

二、超对称和超引力

20 世纪 70 年代初，高尔芳和利特曼、雷芒以及吉尔维和崎田文二等在量子场论中引入了一种新的对称性，即认为在量子场论中存在一种既可将费米子和玻色子联系在一起又可将内禀对称性和时空对称性联系在一起的 "超对称性"，具有这种超对称性的量子场论就被称为超对称场论。后来，弗里德曼、纽文豪森和费拉拉等又把超对称引入引力理论，提出了超引力理论。鉴于量子化的引力场理论一般是不可重正化的，而超对称场论的微扰展开里发散性较少，因此，人们期望量子化的超引力理论可以重正化。

超对称理论

　　在第五章中，我们曾经谈到：亚原子粒子，既可按相互作用将其分为强子、轻子和传递子，也可按统计规律将其分为费米子和玻色子。在该章的第三节中，我们还介绍了可以统一描述强子、轻子和传递子的乔治–格拉肖 SU(5) 模型，但是，并未介绍可以统一描述费米子和玻色子的超对称大统一理论，之所以如此，是因为这一理论的发展与弦理论密切相关，故将其留在本章来谈。

　　早在 20 世纪 60 年代末，苏联物理学家尤里·高尔芳 (Y.A.Golfand，1922—1994) 就开始寻找存在于玻色子与费米子之间的对称性，其动机是解决弱相互作用。根据高尔芳的学生、与他 1971 合作发表第一篇超对称性论文的利特曼 (E.Likhtman) 的回忆：高尔芳早在 1968 年春就已得到四维的超庞加莱代数，这比西方人雷芒发现超对称早了三年；比外斯和朱米诺发现四维超对称场论早了六年。但不幸的是，高尔芳因没有构造好超对称场论，未能及时发表他的研究成果，加上量子场论的研究在 20 世纪 60 年代因遭遇发散困难而处于低潮，高尔芳的同事中又有人认为他根本不懂所研究的东西，使他成为苏联科学院 "精简–创新" 的牺牲品，1973 ~ 1980 年间失了业，1990 年举家去了以色列，并于 1994 年辞世。

高尔芳

雷芒分支和纳吾-施瓦兹分支

　　在西方，超对称的发现循着完全不同的思路，即源自于弦论。前面提到，1970年南部提出用弹性运动的弦来描述介子态，后来人们将南部的弦称为玻色弦。过后一年，美国费米国家实验室的皮埃尔·雷芒 (P. Ramond) 考虑如何在弦论中引进带半整数自旋的激发态 (即费米子)，在弦运动产生的世界面[①] 上引进了满足周期性条件的费米场，即引入了费米弦。在雷芒理论中，所有弦的激发态都是时空中的费米子。同年，吉尔维 (J. L. Gervais) 和崎田文二 (B. Sakita，1930—2002) 发现，如果将雷芒理论写成世界面上的作用量，则这个作用量具有二维的超对称，也就是说，世界面上有了超对称。这是出现在西方的第一个超对称场论，他们的文章与高尔芳和利特曼的四维超对称场论几乎同时发表，而外斯 (J. Wess，1934—2007) 和朱米诺 (B. Zumino，1923—2014) 则在三年之后才在四维时空中构造了最简单的超对称场论，这个场论包含一个基本由两个自旋为 $\frac{1}{2}$ 的粒子组成一个旋量表示的旋量场和来自超对称的一个标量场和一个膺标量场。应当指出：正是外斯和朱米诺的工作使超对称性受到物理学界的普遍关注。1974 年，法国人纳吾 (A. Neveu) 和施瓦兹设法让雷芒世界面上的费米场满足反周期性条件，这样构造出的弦的激发态都是时空中的玻色子，也就是说，在雷芒理论中加入了时空中的玻色子。新的理论被称为弦论的纳吾-施瓦兹分支，而雷芒理论则被称为雷芒分支。

雷芒　　　　　　　　　　　吉尔维(右)和崎田文二

　　[①] 在第三章中我们曾经提到：闵可夫斯基引入四维时空来描述爱因斯坦的狭义相对论，并称其为世界，其中的一个点，表示一个事件，称为世界点；任意一条曲线，表示事件的过程，称为世界线。因此，点粒子在四维时空中的运动可用世界线来描述，而弦的运动则要用世界面来描述。

外斯   朱米诺

那么，将雷芒分支和纳吾–施瓦兹分支加在一起，是否就有了时空超对称呢？情况并非如此，这是因为，它们还不能满足超对称的一个基本要求：给定一个质量，必须有相同多的玻色子和费米子。1976 年，格里奥日 (F. Gliozzi)、谢尔克和奥立弗 (K. Olive) 发现，在不破坏理论自洽性的前提下，可以将两个分支中的一些态去掉，这样得到的理论便可有同样多的玻色子和费米子，但是，他们还不能立刻证明已经实现了时空超对称。格里奥日、谢尔克和奥立弗的方法后来被称为 GSO 投射，又过了五年，经过 GSO 投射改造的雷芒–纳吾–施瓦兹理论才由格林和施瓦兹证明具有完全的时空超对称。顺便指出：格林和施瓦兹还证明了这些理论包含相应的时空超引力。

 超对称"超"在哪里？

超对称性是一种扩大了的对称性，它不仅可将费米子和玻色子联系在一起，而且还能将内禀对称性和时空对称性联系在一起，在超对称变换生成元所满足的代数关系中，除了通常的对易关系之外，还包含反对易关系。超对称变换将费米子变成玻色子、玻色子变成费米子，因此，重复进行两次超对称变换，便可变回了费米子，与此同时，这个费米子在时空中的位置发生了变化，也就是说，重复进行两次超对称变换等效于一个时空变换。这样，超对称变换就将内禀对称性和时空对称性联系了起来。1974 年，萨拉姆和斯特拉思蒂 (J. Strathdee) 在看到外斯和朱米诺关于四维超对称场论的工作后，为超对称变换引入了一种超空间。在这种超空间中，除了通常的四维时空坐标 x^μ（称为玻色坐标）以外，还有表示内部自由度的 4 个坐标 θ_α（称为费米坐标），总共 8 个坐标 (x^μ, θ_α)。费米坐标是一种特殊性质的数，它的乘法具有反对易性：$\theta_\alpha \theta_\beta = -\theta_\beta \theta_\alpha$。具有这样性质的代数，早在一个多世纪以前就由赫尔曼·格拉斯曼 (H. G. Grassmann, 1809—1877) 研究过，称为格拉斯曼代数。

格拉斯曼

在超对称理论中，严格地讲，多重态中的费米子和玻色子应该具有相同的质量，但是，到目前为止，实验上还未发现有质量完全相同的费米子和玻色子，可见，在现实的物理世界中，超对称性是破缺的。同样，引入相应的希格斯机制，用南部–戈德斯通方式，可以实现超对称性的自发破缺。超对称的破缺将导致超伙伴粒子获得较大的质量，这可能是直到目前还没有发现任何超伙伴粒子的原因之一。由于超对称性所加的限制很强，故至今尚未建立起一个符合物理实际的超对称场论模型。

那么，超对称"超"在哪里呢？

超对称与我们熟悉的幺正对称不一样，以杨–米尔斯规范场理论中的 $SU(2)$ 对称性为例，相关的幺正变换是在同一空间中从一个同位旋本征态变换到另一个本征态，这种变换是可以通过真实的物理过程（例如 β 衰变）来实现的，而超对称变换却是发生在超空间的两个正交子空间之间，其中一个子空间中的态全是玻色态，另一子空间中的态全是费米态，超对称变换就是将一个子空间中的态映射到另外一个子空间中的态,而任何一个可实现的物理态不是玻色态就是费米态,不可能是一个玻色态和一个费米态的混合,因此超对称变换是无法通过真实的、可观测的物理过程来实现的。超对称之"超"也正在于此。数十年来,实验物理学家竭力寻找超对称理论所预言的超对称伙伴,但至今一无所获。

 超对称大统一理论

鉴于物质的基本组分——夸克和胶子都是费米子,传递自然力的媒介粒子——胶子、中间玻色子 (W$^\pm$ 和 Z^0) 和光子,还有希格斯粒子,都是玻色子,超对称理论,既然可以将费米子和玻色子联系在一起,那么就有可能被用来统一地描述物质的基本组分与作用于其间的自然力。因此,人们想到,将超对称引入粒子物理标准模型,使其得以扩充,具体地讲,就是所有的"基本粒子",包括夸克和轻子、各种传递子以及希格斯粒子,都有相应的超对称伙伴:夸克和轻子的超对称伙伴被称为"标量夸克"和"标量轻子",例如电子的超对称伙伴被称为"标量电子";传递子的超对称伙伴被称为"传递微子",例如引力子的超对称伙伴被称为"引力微子",希格斯粒子也一样,其超对称伙伴被称为"希格斯微子"。

20 世纪 80 年代初,狄莫波罗斯 (S. Dimopoulos) 和乔治,还有坂井伸之 (N. Sakai),将超对称引入大统一理论,建立了超对称 SU (5) 模型。他们的计算结果表明,超对称的引入推迟了大统一标度:$M_{X,SUSY} \approx 10^{16}$GeV,从而延长了所预言的质子寿命:$\tau_p \approx 10^{35}$ 年,得到了与实验数据符合甚好的温伯格角:$\sin^2 \theta_W = 0.236 \pm 0.003$。顺便指出:1991 年,欧洲核子研究中心 (CERN) 的阿马尔蒂 (U. Amaldi)、德国卡尔斯鲁厄大学的德波尔 (W. de Boer) 和弗尔斯特瑙 (H. Fürstenau) 用 1974 年乔治、奎因和温伯格导出强力、弱力和电磁力的强度在 10^{-31}m 处趋向一致的实验数

狄莫波罗斯   坂井伸之

据重新进行了计算，发现这三种力的强度在那样微小的距离尺度上并不完全相同
(见下图)。只有在考虑超对称性，即在考虑超对称伙伴粒子的贡献后，这三种力的
强度才真正趋于一致。

阿马尔蒂　　　　　　　　　　　　德波尔

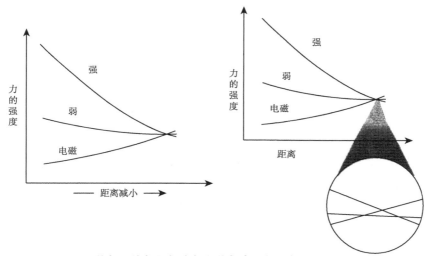

强力、弱力和电磁力的强度随距离的变化

 超引力理论

　　在第五章介绍标准模型时，我们特别强调，指的是粒子物理标准模型，鉴于在
粒子物理中起作用的主要是强力、弱力和电磁力，因此，我们几乎没有提及引力。
现在，我们既然要谈"走向统一的四种自然力"，就不得不把引力包括进来，故而首
先要交代一下在爱因斯坦试图统一电磁力与引力未能如愿之后引力理论的发展。

爱因斯坦因坚持"因果决定论"一直无法接受量子力学的统计解释,致使他的统一场论"无疾而终"。1954 年,杨振宁和米尔斯提出规范场理论,为自然力的统一开辟了新的途径。随后,在美国普林斯顿高等研究院工作的日本人内山龙雄 (R. Utiyama,1916—1990) 用规范对称重新解释了爱因斯坦的引力理论。对于内山来说,引力场无非就是对应于时空平移的规范场,也就是说,如果我们要求时空平移不仅保持整体对称性,而且具有局域对称性,那么就要引进引力场来使平移"规范化"。内山的发现无疑给引力场的量子化带来了新的契机,使许多年轻科学家忙于将广义相对论量子化,以便在广义相对论与量子力学相互协调的框架内建立起一个量子引力理论。

第一位认真尝试将量子力学和引力理论结合在一起的人是德维特 (B. de Witt,1923—2004),他在 1967 年写的一篇文章中用传统的量子场论方法研究了量子引力,但是,没有取得本质性的进展。其实,早在 1962 ~ 1963 年间,对引力一直不甚在意的费曼就曾尝试过将引力场量子化,同样没有取得成功。

德维特

1970 年,霍金 (S. W. Hawking) 和彭罗斯 (R. Penrose) 证明:广义相对论存在奇性困难,也就是说,只要承认爱因斯坦场方程和其他一些合理条件,时空就必然存在曲率为无穷大的奇点。这种奇点不仅反映不可思议的时空无限弯曲,而且会使因果性受到破坏。于是,有人推测:出现奇性困难的原因在于广义相对论中的引力场是没有量子化的经典场，只要将其量子化便有可能避免奇性困难。况且，爱因斯坦场方程预言存在的引力波也应该能够量子化，否则，不仅违背波粒二象性，而且与测不准关系相矛盾。20 世纪 70 年代，杨–米尔斯规范场理论在粒子物理学中取得了极大成功，这使得"一波三折"的引力场量子化再次热闹起来。1974 年，在解决了规范场的重正化之后，荷兰物理学家特霍夫特和他的老师韦尔特曼证明了引力和物质在一起的系统是不可重正化的，也就是说，不存在一个可重正化的量子引力理论。

　　前面提到，把超对称引入引力理论，有可能建立起可以重正化的量子化的超引力理论。这是因为超对称是时空对称性的推广，特别是，重复两次超对称变换等效于一次时空平移变换，因此，超对称的发现自然会让人们想到超引力的存在。1976年，弗里德曼 (D. Z. Freedman)、纽文豪森 (P. van Nieuwenhuizen) 和费拉拉 (S. Ferrara) 在四维时空中构造了超引力，为建立超引力理论奠定了基础。

　　　　　弗里德曼　　　　　　　　　纽文豪森　　　　　　　　　费拉拉

　　超引力是通过将超对称性局域化而产生的，所以，超引力理论就是局域超对称理论。前一节谈到的超对称是一种整体对称，空间各点经受相同的超对称变换。将其局域化，就是要求每一点都有自己的超对称变换。正像将带电粒子的相位变换局域化导致引入 $U(1)$ 规范场——电磁场一样，将超对称变换局域化必然导致引入相应的规范场。由于重复超对称变换等效于时空变换，所以在局域超对称性的规范场中包含有局域时空变换的规范场，即自旋为 2 的引力子场，而超对称变换本身的规范场是一种费米子场，其规范粒子就是引力子的超对称伙伴——自旋为 $\frac{3}{2}$ 的引力微子。在最简单的超引力理论中，只包含引力子和引力微子。为了描述物理实际，可以设法引进一些自旋小于 $\frac{3}{2}$ 的费米子–玻色子两重态，并且规定好它们和引力子-引力微子两重态的相互作用方式；也可以让自旋小于 3/2 的费米子、玻色子和引力子、引力微子完全对称，相互之间通过超对称变换发生转换。这后一种类型的理论被称为推广的超引力理论。

超引力理论与超对称场论一样，紫外发散比没有超对称要轻得多。超对称的引入，为克服广义相对论量子化中所遇到的发散困难激发起新的期望，一度掀起了超引力研究的热潮。但是，无论超引力的紫外行为多么好，或迟或早仍会遇到发散，这使得人们渐渐对超引力失去兴趣。

三、 超弦理论的创建

1969~1970 年间，南部、尼尔森和萨斯坎德等提出弦模型，用弹性运动的弦来描述两体散射中间过程的介子态，为威尼采亚诺散射振幅公式提供了理论依据，并成功地解释了雷杰轨迹。这个以弦概念为基础的理论，准确地讲，应该叫做玻色弦理论。这里，"玻色弦" 指的是，弦的所有振动模式都具有整数自旋，没有半整数的自旋模式，或者说，南部等的弦只有玻色子的振动模式，没有费米子的振动模式，故被称为玻色弦。南部等的弦理论最初是作为核力的强作用理论来研究的，它们成功地描述了高能粒子如何相互作用，以及它们的质量、角动量和这些量之间的关系等，但是，弦的弹性振动所描述的粒子态中包含有质量为 0、自旋为 2 的粒子，正是这种与核过程无关，但与爱因斯坦广义相对论所预言的引力子性质类同的粒子，使施瓦兹和谢尔克，还有米谷明民，想到弦论有可能被作为统一所有自然力的理论。将弦论看作是核力的强作用理论时，弦有着核子的尺度：1fm，相应的能标为 100MeV；而要用其来描述引力，弦就有一个由引力结构决定的自然尺度——普朗克长度，相应的能标为普朗克能标：10^{22}MeV，一下子提高了 20 个数量级，这确实是相当大胆的一步。

鉴于物质基本组分——夸克和轻子——都是自旋为 $\frac{1}{2}$ 的粒子，光靠玻色弦理论来实现上述设想，仅用玻色子振动模式来描述所有的自然力和物质基本组分，显然是不可能的，必须设法把费米子振动模式包括进来。另外，更令人感到困惑的是，在玻色弦理论中，有一种振动模式的质量的平方是负的，即出现所谓的快子[①]。在玻色弦理论框架下，为了使 "怪异的快子" 这种振动模式变得合情合理，物理学家

[①] 快子：一种假定的以超光速运动的粒子，也曾被称为超光子。1960 年，印度物理学家苏达珊等，利用与惯性坐标系选择无关的洛伦兹不变量——粒子的静止量和自旋——来研究粒子的运动属性，并按粒子质量的平方 m^2 把粒子分为三类：i) 慢子 $(m^2 > 0)$——静质量不为 0、速度小于光速的粒子；ii) 光速子 $(m^2 = 0)$——静质量为 0、速度等于光速的粒子；iii) 快子 $(m^2 < 0)$——静质量为虚数、速度大于光速的粒子。快子的静质量虽为虚数，但因其速度大于光速，它的能量和动量仍是实数，因此，快子仍是可观测的。只是，快子的 $m^2 < 0$ 会使其在真空中喷涌而出，这样，真空的稳定性便出现了问题，这在逻辑上是令人难以接受的。

曾试探过各种可能的解释，结果都失败了。玻色弦理论还遭遇到另一个困难，根据劳弗莱斯 (C. Lovelace，1934—2012)1971 年的研究以及布罗维尔 (R. Brower)、索恩 (C. Thorn) 和戈达 (P. Goddard)1971～1972 年间的工作，这个理论的自洽性要求时空的维数为 26。所谓"自洽性"，指的是：玻色弦只在 26 维时空中其振动模式才有可能自洽地描述已知的粒子，并使自旋为 2 的粒子及其同伴的质量为 0，而且，在洛伦兹变换和共形变换①下，玻色弦理论保持不变。我们生活其间的毕竟只是三维空间加上一维时间，因此很难接受要求时空维数大于四的弦理论。南部等的弦理论遭遇到的这些困难，使人们越来越感到，必须对其进行根本性的改造。

20 世纪 70 年代初，雷芒，还有纳吾和施瓦兹，先后对玻色弦理论进行了改造，分别建立了弦论的雷芒分支和纳吾–施瓦兹分支。新的理论既包含费米子振动模式也包含玻色子振动模式，而且这两种振动模式是成对出现的，也就是说，每一个玻色子对应着一个费米子，每一个费米子也对应着一个玻色子。1976 年，格里奥日、谢尔克和奥立弗引入 GSO 投射，去掉了雷芒分支和纳吾–施瓦兹分支中的一些态，使雷芒–纳吾–施瓦兹理论有了超对称性，而且，特别令人高兴的是，"怪异的快子"也被投射了出去，这样，就解决了真空稳定性问题。1981 年，格林和施瓦兹证明了经过 GSO 投射改造的雷芒–纳吾–施瓦兹理论具有完全的时空超对称，并发现新的理论包含相应的时空超引力。这样，将超对称弦理论与超引力理论相结合的超弦理论就诞生了。应当指出，早在 1971 年，施瓦兹、雷芒和纳吾就将理论自洽性所要求的时空维数从 26 减少到 10，因此，后来流行的、在上述雷芒–纳吾–施瓦兹理论基础上发展起来的超弦理论是 10 维时空理论。那么，如何将 10 维超弦理论，还有 26 维玻色弦理论，改造成自洽的四维时空理论呢？在前面提到的那次采访中，施瓦兹谈到："在随后的几年中，包括我自己在内，做了很大的努力，企图改造这两种理论，使其成为只有四维时空而不是 10 维或 26 维。在这方面，曾经提出过不少饶有兴趣的建议，但往往都是从一个数学上十分漂亮的体系出发，越变越丑，越来越不能令人信服，最后不可避免地成为一个不能自洽的理论。"

第二节　　超弦理论的两次革命

南部等提出的弦模型，通过超对称和超引力的介入，施瓦兹和格林等创建了超弦理论，使包括引力在内的四种自然力的统一有了实现的可能，这一度激发了物理学家的热情，涌现出了数以千计的模型。那么，哪一个是真正主宰现实物理世界的"上帝"呢？或者说，谁能导出粒子物理标准模型并解释夸克和轻子为何分代而且只有三代，以及电子和其他粒子的质量为何是那样等粒子物理标准模型无法回答的问题呢？超弦理论的两次革命为这些问题的解决带来了希望。

---

　　① 共形变换，就是保持任何图形的所有夹角而改变其长度的变换。

一、 第一次革命

1984~1985 年间，有三篇论文引发了超弦理论的第一次革命，彻底解决了上述难题。这三篇论文分别是：①格林和施瓦兹关于 "10 维超对称规范理论和超弦理论中反常抵消" 的文章；②以格罗斯 (D. Gross) 为首的 "普林斯顿弦乐四重奏" 关于 "杂化弦构造" 的文章 (它的其他三位作者分别是哈维 (J. A. Harvey)、马丁尼克 (E. Martinec) 和威滕的学生罗姆 (R. Rohm)，因他们四人当时都在普林斯顿大学，故被戏称为 "普林斯顿弦乐四重奏")；③坎德拉斯 (P. Candelas)、霍罗威茨 (G. Horowitz)、施特劳明格 (A. Strominger) 和威滕 (E. Witten) 等关于 "超弦的真空组态" 的文章，现一一介绍如下。

格罗斯　　　　　　　　　　　　　　威滕

 格林和施瓦兹抵消反常

1979 年，格林开始与施瓦兹合作，研究如何使弦理论超对称化。经过两年的努力，他们证明了经过 GSO 投射改造的雷芒–纳吾–施瓦兹理论具有完全的时空超对称，并且在计算该理论中引力的量子力学修正时得到了不再发散的有限表达式，也就是说，新的理论包含相应的时空超引力。这样，格林和施瓦兹就将超对称弦理论与超引力相结合创建了超弦理论。与此同时，他们还发现，超弦可以有两类：一类是开弦，南部等的弦就是开弦，它们有着自由的端点；另一类是闭弦，就是一些圈。在最初的超弦理论中，这两类弦同时存在，但是，后来的发展表明，只有闭弦的理论最有成功的希望。超弦理论，既然被视作为可以统一描述自然力和物质基本组分的基础理论，就应该具有粒子物理标准模型已经具有的所有对称性，如手征对称性。格林和施瓦兹发现，当时已经存在的几种超弦理论，除了一种之外，都具有这种左右不对称性，但不幸的是，它们也都包含一种新的不自洽性，使理论有垮台的危险，这就是所谓的"反常"问题，简单地讲，就是具有某种对称性的经典理论，只要考虑了量子力学效应，便会使这种对称性遭到破坏，人们将其称为"有反常存在"。显然，这样的理论不能被认为是一种有意义的自洽的理论，因为手征反常会使从其导出粒子物理标准模型出现困难。1984 年，格林和施瓦兹对其中一种超弦理论——他们称其为 I 型弦理论——做了详细的计算，惊奇地发现：尽管确实有反常，但最初定义这种理论时使用的对称性结构有选择的自由，一旦选择了某种特定的方式，反常便会奇迹般地消失，这种导致理论自洽的特殊的对称性结构就叫 $SO(32)$ 群①，也就是说，在 I 型弦理论中，当规范群为 $SO(32)$ 时，可以抵消这种反常。这种抵消，后来被称之为格林–施瓦兹机制。不久之后，格林和施瓦兹又证明了 I 型弦理论本身是有限的。

在上面提到的格林和施瓦兹 1984 年的文章中，他们还注意到，另一种对称性结构也可以抵消反常，它就是 $E8 \times E8$ 群，不过这种群不能用开弦来实现。他们还曾预言存在与之相应的超弦理论，后来，"普林斯顿弦乐四重奏"构造了杂化弦，实现了他们的这个预言，而且由这种对称性结构建立起来的超弦理论最有希望容纳已经观察到的粒子物理现象，因此令人更感兴趣②。顺便指出：法国人蒂里–米格 (J. Thierry-Mieg) 等也曾建议用这种群来抵消反常。

格罗斯等构造杂化弦

格林在接受前面提到的 BBC 的那次采访中谈到他和施瓦兹 1984 年的工作时说："这种理论，除了能够描写引力外，没有足够的能力描写所有其他的力，这也是我们的结果没有引起足够注意的原因。直到后来人们对它作了进一步的扩充，变成了今天所谓的'杂交弦'，才使很多人相信它也可以解释其他种力。"格林所说的"杂化弦"，就是以格罗斯为首的"普林斯顿弦乐四重奏"在上述第二篇文章中构造的，那么，他们是如何构造的呢？

---

① $SO(32)$ 群是空间转动群 $SO(3)$ 的推广，它与在杨–米尔斯规范场理论中出现的 $SU(2)$ 群同属单纯李群。单纯李群分为 A，B，C，D 四类，$SU(2)$ 群属于 A 类；$SO(3)$ 群属于 B 类；$SO(32)$ 群属于 D 类。$E8$ 群在这四类之外，称为例外群，意即上述分类之外的单纯李群。

② 在目前可以达到的能量范围内，实验上已经观察到的粒子物理对称性是 $E_8 \times E_8$ 群中的一个 E_8 的一部分；另一个 E_8 描写一类新的物质，人们称之为"影子物质"，它们与我们所熟悉的物质或者完全不发生相互作用，或者只有极弱的相互作用。

格林和施瓦兹所研究的Ⅰ型弦理论既包括开弦也包括闭弦，除此之外，还存在两种只包含闭弦的Ⅱ型弦理论，即ⅡA和ⅡB型弦理论。对于闭弦，沿弦圈的振动模式可以是顺时针方向的，也可以是逆时针方向的，而且这两种振动模式是相互独立的。

ⅡA和ⅡB型弦理论的差别在于，在ⅡB型弦理论中，顺、逆时针方向的振动模式是一样的，而在ⅡA型弦理论中，两个方向的振动模式正好相反。引入弦振动模式(或粒子)的自旋概念，这就是说，在ⅡB型弦理论中，所有粒子的自旋都指向同一方向，即具有相同的手征性，而在ⅡA型弦理论中，粒子的自旋可以指向相反方向，即具有两种手征性。顺便指出：在Ⅰ型弦理论中，闭弦的顺、逆时针方向的振动模式也是一样的，与ⅡB型弦理论类同。1985年，"普林斯顿弦乐四重奏"在上述文章中指出：如果把10维的Ⅱ型超弦与26维的玻色弦相结合，便能得到一个非常合理的理论，即杂化弦理论。所谓"杂化弦"，就是10维超弦与26维玻色弦"杂交"而成的一种具有"杂交优势(heterosis)"的产物，具体地讲，就是将10维超弦中的顺时针方向的振动模式加上26维玻色弦的逆时针方向的振动模式来构成杂化弦。表面上看，这好像是说，顺时针振动的弦在10维时空里活动，而逆时针振动的弦却活动在26维里，显得很怪异，实际上，"普林斯顿弦乐四重奏"是从逆时针振动的26维玻色弦中取出10个维度与顺时针振动的10维超弦相结合来形成物理的10维时空，至于26维玻色弦中剩余的16维，他们则将其卷缩成一个或两个高维的"面包圈"，从而生成杂化O和杂化E两种弦理论(关于多余维空间的卷缩，我们将在下一节再作介绍)。由于那多余的16维被紧紧地卷缩在普朗克尺度之内，淹没在海森伯不确定关系所引起的"量子涨落"之中，所以，这两种杂化弦理论与Ⅰ型和Ⅱ型弦理论一样，都表现为只有10维的样子。当然，它们还是具有某种形式的超对称性，其对称性结构可有两种选择：其一为 $EO(32)$ 群，给出杂化O弦理论；另一是 $E8 \times E8$ 群，给出杂化E弦理论。这样，"普林斯顿弦乐四重奏"与格林和施瓦兹一起便从超弦理论创建后涌现出的数以千计的理论模型中选出了五种10维超弦理论，即Ⅰ型、ⅡA型、ⅡB型、杂化O和杂化E弦理论，从而大大减少了统一描述自然力和物质基本组分的候选者的数目，引发了超弦理论的第一次革命。但是，对第一次革命贡献更大、引用最多的还是威滕等四人的文章，因为他们解决了"如何改造10维时空为真实的四维时空"的问题，将超弦理论从只有数人知道的理论做成后来有数千人研究的学问。

 威滕等改造10维时空

1985年，威滕等四人将10维时空中多余的6维空间卷缩为卡拉比–丘

(Calabi-Yau) 流形①，创建了关于 I 型弦或杂化弦的具有 N 等于 1 (即只有一个旋量场) 的超对称的四维时空理论。

那么，何谓"卷缩"？

以大家熟悉的万里长城为例，从直升机往下看，它是雄伟起伏的城墙，是三维的，但在人造卫星上拍摄到的，却是一条曲线，是一维的，那么，另外两维到哪里去了呢？我们就说，被"卷缩"起来了，可以说，这是关于"卷缩"的最为形象的例子。

在第三章中谈到爱因斯坦"统一场论"时，曾经提及"德国数学家卡鲁扎于1919 年首先想到把四维时空扩展为五维流形来使电磁场和引力场达到统一"。虽然他的理论及随后克莱因的改进并未帮助爱因斯坦实现电磁场和引力场的统一，但是，他引入的"多维时空"的概念以及用来处理第五维空间的"卷缩"方法却在超弦理论的发展过程中得到了推广应用。下图 (a) 就是三维空间中有一维被"卷缩"的示意图；图 (b) 则是 10 维时空中多余的 6 维空间被"卷缩"为卡拉比–丘流形的示意图。卡拉比–丘流形是丘成桐 (S. T. Yau) 利用 1955 年卡拉比 (E. Calabi) 提出的方法将 10 维时空中多余的 6 维空间"卷缩"而成的。顺便指出，在学术论文

卡拉比   丘成桐

---

① 在多维时空中，就像在四维时空中一样，零维是点；一维是线；二维是面；三维是体，大于三维的具有一定光滑性的时空连续区，就叫"流形"。

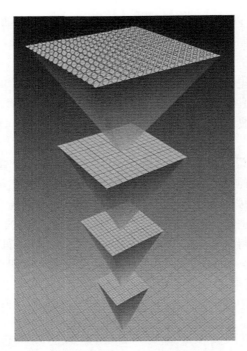

(a)超微世界可能存在额外的维数，如图中顶层所示(摘自B.格林著≪宇宙的琴弦≫图8.3)

(b)多余的6维空间卷缩成的卡拉比-丘流形
(摘自B.格林著≪宇宙的琴弦≫图8.10)

中，现在又将"卷缩"称为"紧致化"或"紧化"。另外，从图 (a) 可以看到，当空间尺度越来越小并接近普朗克尺度时，我们的宇宙可能有额外的维度出现，正如图 (a) 中顶层所示。威滕等将 10 维超弦理论中多余的 6 维空间卷缩成普朗克尺度的小球——卡拉比–丘流形，在目前粒子探针的能量远远低于普朗克能量的情况下，实验上无法观察到它，也就是说，粒子探针不能"看到"这多余的 6 维空间，这样 10 维超弦理论看起来就像是四维时空理论，于是，便有可能与粒子物理标准模型相联系，用来解释粒子物理实验现象。

至于威滕等为何只讨论 I 型弦和杂化弦而不考虑 II 型弦，那是因为 I 型弦和杂化弦保持手征对称性而 IIA 型弦没有，因此 I 型弦和杂化弦理论有可能与粒子物理标准模型相联系。

顺便指出：在第五章中谈到"量子力学"时曾经提及"不确定关系不仅反映了时空与物质及其运动密切相关，而且隐含着时空分离时时间不会从零时刻开始，因为 $\Delta t \to 0$ 时，$\Delta E \to \infty$，因此，时空应是量子化的。以二维时空为例，时间量子就是普朗克时间；空间量子就是普朗克长度。现在看来，威滕等将 10 维超弦理论改造为四维时空理论后，空间量子可能就是卡拉比–丘流形。

弦论发展跌入又一个低谷

事物发展总是波浪式前进的，弦论的发展也不例外，第一次革命掀起了一个高潮，但持续时间很短，差不多就是一年时间。因其所涉及的一些主要问题和相应的推广已经研究得比较成熟，很难进一步深入，加上"革命"过程中未能解决的问题仍然未能得到解决，而且看来是越来越难以解决，因此，弦论的发展在随后的十年又跌入了一个低谷。在第一次革命前，弦论的发展曾经经历过一个低谷，施瓦兹在 1987 年底接受 BBC 采访时曾经谈到："随着 QCD 理论的发展，大多数人还是放弃了这方面的研究，我没有这样做。"当时，只有施瓦兹和谢尔克等少数人还在坚持弦论的研究。但是，这一次低谷与上一次不同，大多数成熟的弦论专家仍在继续从事与弦论有关的研究，主要有以下两方面的工作：共形场论和矩阵模型。

共形场论，顾名思义，是在共形变换下保持不变 (即具有共形不变性) 的场论。早在 20 世纪 70 年代初，苏联人玻利雅可夫 (A. M. Polyakov) 就开始研究共形不变性，并于 1981 年发表了关于"玻色弦 (费米弦) 的量子几何"(即所谓玻利雅可夫弦) 的两篇重要文章，将二维共形场论不仅应用于凝聚态物理中的临界现象而且应用于弦论。作为这项工作的继续，1984 年，三个苏联人：贝拉温 (A. A. Belavin)、玻利雅可夫和查莫罗德契可夫 (A. B. Zamolodchikov) 发表了简称为 BPZ 的重要文章，使二维共形场论成为微扰弦论的基础。在了解了 BPZ 的工作后，美国人弗里丹 (D. Friedan) 与申克 (S. Shenker) 和马丁尼克合作在超对称的二维共形场论方面做出了很好的工作, 并向西方介绍了 BPZ 的文章。

玻利雅可夫

在超弦理论发生第二次革命之前, 弦论集中研究其微扰行为, 共形场论就是试图从微扰论的角度去理解弦论的自洽背景。但是, 弦论的微扰展开的发散程度比量子场论还要严重, 或者说, 弦论的非微扰效应比量子场论中的还要大。20 世纪 80 年代, 格罗斯和他的印度学生佩里维尔 (V. Periwal) 就曾对弦论的非微扰性质进行过研究。实际上, 早在 1974 年, 特霍夫特为了尝试解决夸克禁闭就曾研究过量子场论中的非微扰效应, 引进了所谓的 "大 N 展开"。这种展开只有在非阿贝尔规范理论一类的矩阵理论中才能做, 其中的 N 就是矩阵的阶数, 也就是说, 大 N 展开是按 $\frac{1}{N}$ 展开。其后, 很多人, 特别是布雷赞 (E. Brezin)、伊日克逊 (C. Itzykson)、帕里西 (G. Parisi) 和朱伯 (J. B. Zuber) 等的工作, 系统地研究了一类简单矩阵模型的平面解。另外, 由于大 N 展开与弦的微扰展开极其类似, 1989 年, 以下三个小组几乎同时发现了等同于弦论的矩阵模型：一组是苏联人卡扎科夫 (V. Kazakov) 和法国人布雷赞；另一组是道格拉斯 (M. Douglas) 和申克；第三组是格罗斯和米格达尔 (A. Migdal)。正是这些工作最终导致矩阵模型在第二次革命后为 M 理论提供了一种相对来说便于操作的近似计算方法。

超弦理论的第一次革命使物理学家认识到, 弦论结构的核心元素——超对称性, 实际上, 可以通过五种不同的方式进入弦论。每一种方式都能生成成对的玻色子和费米子振动模式, 但是, 这些对的具体性质有着巨大的不同, 它们所产生的五种理论，即 I 型、IIA 型和 IIB 型、杂化 O 型和杂化 E 型理论，虽然都具有弦论的一切特征，但是在细节上仍有所不同。研究超弦，原本是要建立一个能够统一描述物质基本组分和作用于其间的自然力的终极理论，现在一下子出来了五个理论，如果考虑到将 10 维超弦理论改造为四维时空理论可以用不同的方式将多余的 6 维空间卷缩起来，那么还会有更多的模型，对弦理论学家来说，这是很讨厌的。终极理论，或者说，关于宇宙的最深刻、最基本的认识，应该是唯一的。我们生活在一个宇宙中，自然希望只有一个解释。威滕说："如果五个理论有一个描写了我们的宇宙，那么谁住在其他四个宇宙呢？"超弦理论的第二次革命，特别是 M 理论的创建，将弦论的研究推进了一大步：原来，这五种不同的理论只是描绘同一理论的五种不同方法。因此，借助 M 理论，超弦理论确实有可能走向统一。

二、　第二次革命

　　超弦理论的第二次革命发生在 1994~1998 年间，于 1995 年达到高潮，其持续时间比第一次革命要长，影响也更为深远。

　　1995 年 3 月，在美国南加州大学弦论界每年举行的为期一周的研讨会上，威滕以《弦论在不同维度中的动力学》为题报告了有关弦论对偶的工作。在这个工作中，他系统地研究了弦论中的各种对偶性，澄清了过去的一些错误的猜测，提出了一些新的猜想。接着，塞伯格报告了关于不同超对称规范理论之间的对偶性；施瓦兹也报告了他与森有关强弱对偶的新工作。正是这次会议将超弦理论第二次革命推向了高潮。

　　超弦理论第二次革命的主导思想就是将五种超弦理论相互联系起来的对偶，因此，我们得从对偶谈起。

 对偶

　　所谓对偶，就是两个或多个表面上完全不同的理论却能得出完全相同的物理结果，即它们是等价的。

　　早在 1977 年，也就是在超弦理论第一次革命之前，英国人奥立弗 (D. I. Olive, 1937—2012) 和芬兰人蒙托宁 (C. Montonen) 就猜测在一种特别的场论中存在着电和磁的对称性。说到电和磁对称，在第二章中，我们谈及狄拉克对"磁单极子"的预言时曾经指出：量子力学要求电荷和磁荷的乘积是一个常数，也就是说，适当选取单位可使电耦合常数 (α_e) 和磁耦合常数 (α_m) 之积等于 1，这就意味着：从电耦合常数 $\left(\alpha_e = \dfrac{1}{137}\right)$ 出发建立起来的是弱耦合的场论，例如量子电动力学，可以用微扰论来进行计算，反之，若从磁耦合常数 $(\alpha_m = 137)$ 出发，建立起来的则是强耦合的场论，它是不能用微扰论来进行计算的非微扰理论。因此，奥立弗–蒙托宁猜想蕴涵着一个不可思议的结果：一个弱耦合的微扰理论完全等价于一个强耦合的非微扰理论。后来，这种等价性，具体地说，就是一种理论的强耦合极限与另一种理论的弱耦合极限之间的等价性，就被称为强弱耦合对偶，简称强弱对偶或 S 对偶。

奥立弗　　　　　　　　蒙托宁　　　　　　　　　森

　　奥立弗–蒙托宁猜想很难直接证明，这是因为，一方面，实验上一直未能证实也无法证伪是否存在磁单极子；另一方面，理论上磁单极子涉及非线性场方程所特有的一种孤子解①，属于非微扰效应。但是，1992 年，印度人森 (A. Sen) 对它进行了认真的检验，给出了支持这个猜想的最初证据，并大胆地将其推广应用到弦论中。当时，只有很少的几个人支持森的想法，施瓦兹就是其中之一，他们俩还在强弱对偶的研究中进行过合作。顺便指出：施瓦兹，不但是超弦理论的创始人，也是不断推动弦论发展的主要人物，特别令人敬佩的是，他和萨斯坎德在超弦理论第二

卢赛尔

① 所谓孤子 (soliton)，指的是非线性场方程所具有的局限在空间中的一种不弥散的解。早在 1985 年，卢赛尔 (J. S. Russel，1808—1882) 就在一篇报告中说，他看到一个奇特的自然现象：当一艘快速行驶的船突然停止的时候，出现了一个外形不变的突起的水峰，它离开船，沿着河流以恒定速度向前运动，经过一两英里 (mi，1mi=1.609344km) 才在河流拐弯处消失。后来，研究发现，这是非线性场方程所特有的一种解，被称为孤子解。在弦论中，与孤子有关，还有一种瞬子 (instanton)，它是一种既局限在一个小的空间范围内又局限于一个小的时间间隔中的孤子，是在四维欧氏空间中的无源非阿贝尔规范场的孤子解，由贝拉温、波利雅可夫、施瓦兹和梯尤普金 (Yu. S. Tyupkin) 于 1975 年发现，又称为膺粒子。实际上，它并不是一种"粒子"，而是一个量子，具体地讲，它是在不同真空态之间的一个跃迁过程。

次革命中虽然年纪已大但仍做出了重要的贡献。

弦论中最简单的对偶是 T 对偶，又叫"靶空间"对偶，字母"T"来自靶空间中的"靶(target)"。所谓"靶空间"，就是普通空间，叫成"靶空间"，是因为弦的世界面被嵌入其中，或者说，它是弦论的研究对象。因此，T 对偶就是不同空间之间的对偶。让我们设想存在一个由一个延展维和一个卷曲成圆圈的紧致维组成的两维空间，例如一根水管的表面，在其上，闭弦的运动可以分解为两个部分：一是从一个地方到另一个地方不改变形状的整体性滑动，称为均匀振动；另一是我们熟悉的改变形状的振动，称为普通振动。这两种振动所激发的能量，前者反比于紧致维半径；后者正比于紧致维半径。于是，超弦理论便得到了一个令人惊讶的结论：若令紧致维半径为 R（以弦的长度为度量的单位），则弦在紧致维半径分别为 R 和 $\frac{1}{R}$ 的二维空间中运动的激发能的能谱完全一样，也就是说，这两个几何形态不同的"管子表面世界"在物理学上没有区别，或者说，这两个二维空间的超弦理论是完全等价的。它们之间的这种对称，就是 T 对偶。

T 对偶是两个日本人吉川圭二 (K. Kikkawa) 和山中雅美 (M. Yamanaka) 于 1984 年首先发现的，但未引起人们的注意。两年之后，另外两个日本人酒井典佑 (N. Sakai) 和千田郁夫 (I. Senda) 引用了他们的文章，但真正重视 T 对偶是在 1990 年前后，人们用它来论证弦论中可能存在最小尺度：从前面的介绍可以看到，在 T 对偶中存在一个特别的紧致维半径，当它的倒数等于自身时，T 对偶是自对偶的，即一个小于这个自对偶半径的半径对偶于一个大于它的半径，所以，自对偶半径可以看作是弦论中的最小尺度。当以弦的长度作为标度单位时，这个自对偶半径就是弦的长度。鉴于超弦具有普朗克尺度，因此弦论中的最小尺度就是普朗克尺度。吉川圭二和山中雅美在他们的原始文章中计算了真空能量，结果发现：在自对偶半径处，真空能量处于极小值。

T 对偶，既可用于玻色弦理论也可用于超弦理论。用于玻色弦，可由一个玻色弦得到另一个玻色弦；用于超弦，可将 IIA 弦理论变成 IIB 弦理论，反之亦然。T 对偶的一个较为复杂的推广就是所谓的镜像对称性，它是关于 IIA 弦和 IIB 弦的对称性，不过，仅当紧化空间是卡拉比–丘流形时才会有。这个对称性指的是，一个 II A (IIB) 弦理论紧化在一个卡拉比–丘流形上时等价 (或对偶) 于一个 IIB (IIA) 弦理论紧化在另一个拓扑[①]和几何完全不同的卡拉比–丘流形上，即要求卡拉比–丘流形成对地出现。与 T 对偶有关的另一项重要工作是胡尔 (C. M. Hull) 和汤森 (P. K. Townsend) 于 1994 年秋提出、1995 年发表的文章：《有关弦论中对偶性的一些猜想》。这是一篇关于低维 II 型弦理论的所谓 U 对偶以及四维的杂化弦和 II 型弦

---

① 拓扑 (topology)，几何形态的分类性质，同一类型的不同形态可以不经过任何结构破坏而相互转换。

之间对偶的文章。这里，字母 U 的含义是统一 (unity)，指的是在弦论中 T 对偶和 S 对偶的统一。他们的工作预见了后来在弦论中发现的许多对偶，甚至还提到了 11 维超引力的可能作用，但是发表之初并未引起太多人的重视。

吉川圭二   胡尔   汤森

在对偶性的研究方面做出重大贡献的还有美籍以色列物理学家塞伯格 (N. Seiberg)，他最先将对偶性应用于超对称量子场论的研究，还与威滕合作发表了两篇著名的论文，创建了塞伯格–威滕理论，取得了自有超对称量子场论以来最为动人的成果，例如，获得了真空中的磁单极子凝聚；得到了粒子物理标准模型所期待的色禁闭和手征对称性破缺等。塞伯格和威滕的工作还上了《纽约时报》，是 1994 年最为轰动的事情，在 1994 ~ 1995 年间直接引发了超弦理论的第二次革命。

在前面提到的威滕的那篇报告中，他的一个最大胆的猜想就是认为 10 维 IIA 弦理论的强耦合极限是 11 维超引力，虽然胡尔和汤森在他们 1995 年的文章中也提到了 11 维超引力，但他们没有直接猜测这个 11 维超引力在弦论中的位置。在前面提到的那次会议半年之后，即 1995 年 10 月，霍扎瓦 (P. Horava) 和威滕还提出了强耦合极限下杂化弦的 11 维解释，给出了另外两个对偶——杂化 O 弦与 I 型弦的强弱对偶以及杂化 E 弦与 IIA 弦的强耦合极限的对偶。这样，威滕便借助于这个 11 维理论为五种 10 维超弦理论之间的对偶关系提供了理论解释。顺便指出，与威滕几乎同时，汤森在一篇短文中提到了 11 维超引力时还特别指出：10 维中的弦是有一维缠绕在额外的第 11 维上的膜[①]的投影 (见下图)，首次提出了后来称之为 "D 膜" 的概念。另外，根据威滕的建议，施瓦兹在随后的一篇文章中将这个 11 维理论称为 M 理论。于是，对偶、D 膜和 M 理论便成为第二次革命的主要内容。前面已经介绍了对偶，下面我们来介绍 D 膜和 M 理论。

---

① 膜可以说是粒子和弦的简单推广：粒子是零维物体；弦是一维物体；类似肥皂泡的膜是两维物体，但在弦论中，还有三维和三维以上的膜，通称为 D_p 膜，其中 p 是维数。

塞伯格　　　　　　　　　　　　　　霍扎瓦

随着杂化E弦耦合常数的增大，一个新的空间维出现，弦本身也随之伸展成为柱形膜(摘自《宇宙的琴弦》图12.7)

 D 膜

　　1995 年 10 月，美国加州大学圣巴巴拉分校理论物理所泡耳钦斯基 (J. Polchin-ski) 发现弦论中许多膜状的孤子实际上就是 6 年前他与他的两个学生发现的 D 膜。所谓 D 膜，指的是一种可以用满足狄利克雷边界条件[①]的开弦来描述的膜，字母 D 的含义就是狄利克雷 (Dirichlet)。这个发现使得过去难以计算的东西可以用传统的弦论工具来做严格的计算。又是威滕，第一个系统地研究了 D 膜理论，他的文章仅比泡耳钦斯基的文章迟发表了一个星期。威滕非常欣赏泡耳钦斯基的贡献，曾在哈佛大学所作的劳布 (Loeb) 演讲中建议将 D 膜称为泡耳钦斯基子，很可惜这个浪漫的名称没有流传下来。温伯格和萨斯坎德也曾说过，泡耳钦斯基是他们见过的

――――――
　　[①] 开弦在额外维上的延展就变成了 D 膜。开弦的运动方程包括一个边界条件。如果时空是一个简单的平坦空间，没有任何其他场的背景，有两种可能的边界条件，一种是弦的端点的法向导数为零，叫做诺伊曼边界条件，这相当于要求弦的端点以光速运动。所以开弦不可能是静止的，至少也要转动，其最低激发态 (快子除外) 是矢量粒子，也就是光子。第二种边界条件就是狄利克雷条件，是说某些坐标在端点处固定。考虑最一般的情形：其中某些坐标满足诺伊曼条件，另一些坐标满足狄利克雷条件，满足后者的坐标说明弦的端点只能在时空的一个超平面上运动，这个超平面由固定的那些坐标确定。例如，假定 9 个空间坐标中的最后一维空间满足狄利克雷条件，那么我们就有一个 8 维的超平面，开弦的端点只能在这个超平面上以光速运动。如果这个超平面的空间维度 (时间方向除外) 是 p 维的，就被定义为 D_p 膜，其中 D 的含义就是满足狄利克雷边界条件。

最聪明的人。在超弦理论第一次革命期间，威滕等四人的工作曾将 10 维超弦理论中多余的 6 维空间卷缩为卡拉比–丘流形，当此流形，即紧致化后的空间，其尺度远小于现今高能物理实验所能观察到的最小空间尺度时，超弦理论中的 10 维时空便会表现为真实的四维物理时空。但是，由于卡拉比–丘流形并不唯一，因此每一种 10 维超弦理论都对应于多种具有不同真空的四维理论，而现今的高能物理实验又无法观测普朗克尺度的卡拉比–丘流形的结构，也就是说，实验上无法找到一种与现实物理世界 (包括各种基本粒子的质量) 完全定量一致的紧致化方案。D 膜的引入，增加了一个尺度可以变得很大的额外维空间自由度，鉴于紧致化空间尺度大小并不影响存在于四维物理时空中的规范场，因此可将超弦理论的紧致化空间从普朗克尺度延展到核子尺度——1fm，这样，未来的高能加速器实验就有可能看到 D 膜，也就是看到弦，于是，就有可能用实验来检验超弦理论，使弦论学家摆脱长期以来没有实验数据支持的困惑。D 膜的研究，因威滕的加入，一度掀起高潮，使得研究各种膜及其动力学的膜论似乎要取代弦论。但是，与弦不同的是，膜的世界体理论很难量子化，所以，膜论是否可以作为 11 维超引力的微观理论至今尚无结论。目前认为，11 维超引力的微观理论应是 M 理论。膜论，虽然在代数几何方面做出了十分重要的贡献，但是在物理方面并未取得重大的突破，只是在用于解释黑洞熵时取得了一定的成果。

泡耳钦斯基

 M 理论

在超弦理论第二次革命中，作为旗手的威滕，其主要贡献就是创建 M 理论，具体地讲，就是引入 11 维超引力，并将其与弦理论相联系，借助 S 对偶和 T 对偶，猜出了各种紧致化下的不同超弦理论之间的对偶关系，为弦理论提供了一个大统一图像，即 M 理论。这个理论在不同的极限下表现为不同的弦理论，例如，将其紧致化到一个小圆上，可以得到ⅡA 型弦理论；将其紧致化到一个二维环面上，可以

得到ⅡB 型弦理论；将其紧致化到一个很短的线段上，可以得到 $E_8 \times E_8$ 杂化弦理论，而其低能极限则就是 11 维超引力理论。

概括地说，M 理论包含以下几种对偶：

(1) ⅡA 型弦理论与ⅡB 型弦理论之间的对偶；

(2) 杂化 E 弦与杂化 O 弦之间的对偶；

(3) 杂化 O 弦理论与Ⅰ型弦理论之间的对偶；

(4) 紧致化在 4 维环面 T^4 上的杂化 E 和 O 弦理论与紧致在 K3 曲面①上的ⅡB 型弦理论之间的对偶；

(5) 紧致化在 6 维环面 T^6 上的杂化 E 和 O 弦理论的自对偶，即耦合常数为 g 的理论等价于耦合常数为 g^{-1} 的理论；

(6) ⅡB 型弦理论本身是自对偶理论。

显见，威滕通过对偶创建 M 理论，解决了超弦理论第一次革命遗留下来的弦理论的唯一性问题。对偶，最初是作为假设而被引进弦论的，实际上，这些假设至今也没有得到严格的证明，只是通过各种各样的非平凡检验使得在弦论领域工作的大多数科学家都相信在弦论中确实存在这些对偶。对 M 理论的认识，目前仍处在初级阶段，甚至其定义也还不明确。前面提到，根据威滕的建议，施瓦兹将其命名为 M 理论。有人曾问威滕："M 在这里代表什么？" 他回答说："M 可以代表魔术 (magic)、神秘 (mystery) 或膜 (membrane)，依你所好而定。" 对施瓦兹来说，M 代表 "母亲 (mother)"，因为后来的研究证实：所有五种超弦理论都能从这个 "母亲" 理论导出。不过，威滕也曾提醒大家注意，M 还可以代表矩阵 (matrix)，因为在无穷大动量坐标系中 M 理论可以用矩阵理论来描述。据说，也曾有人不怀好意地把 M 看作是威滕 (Witten) 第一个英文字母 W 的倒写。B. 格林在《宇宙的琴弦》一书中曾用海星来描绘 M 理论，见下图 (a) 和 (b)。在图 (a) 中，我们看到的只是海星那分开的五只触角的头部，它们分别代表弦论学家早先认识的五种超弦理论并表示它们是相互独立的，而在图 (b) 中这五种超弦理论是通过海星的身体 (即 M 理论) 联系在一起的；在书中，格林还曾提到海星的第六只触角，那是用来代表 11 维超引力的。我们认为，北京香山的红 (枫) 叶更能形象地描绘五种超弦理论和 11 维超引力分别是 M 理论的不同极限理论 (见下图)：叶梗代表 11 维超引力；叶尖分别表示五种超弦理论。威滕引入 11 维超引力创建 M 理论，就好像是拎着叶梗捡起一片香山红叶。

---

① 在代数几何和复流形理论中，K3 曲面是一类重要的紧致化的复曲面，这里 "曲面" 是指复二维，视作实流形，则应为四维；K 是恩斯特·库默尔、埃里希·卡莱尔和小平邦彦等三位代数几何学家姓氏的缩写，也可以说，是因为所有 K3 曲面都是卡莱尔流形。在弦论中，K3 曲面扮演重要角色，这是因为它提供了除环面之外最简单的紧致化。

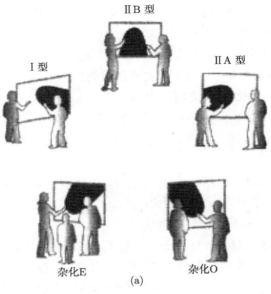

图(a)早先在五种超弦理论(I 型、IIA 型、IIB 型、杂化E和杂化O)上做研究的物理学家认为他们是在完全独立的理论上工作(摘自《宇宙的琴弦》图12.1)

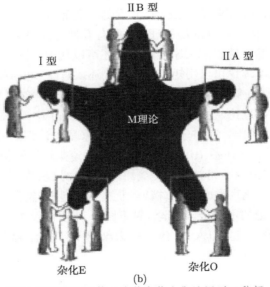

图(b)超弦理论的第二次革命使人们认识到五种超弦理论实际上是一个暂时被称为M理论的统一框架的一部分(摘自《宇宙的琴弦》图12.2)

北京香山红叶更能形象地描绘M理论与五种超弦理论和11维
超引力之间的关系

　　前面提到，对 M 理论的认识，还处在初级阶段。弦论学家知道这个理论应该
存在，但却不知道如何用数学语言来表述这个理论的逻辑结构。具体地讲，他们知
道存在一些逻辑上自洽的量子引力理论，即多种多样的超弦理论，但却不知道这些
理论和现实世界的联系；他们知道这些理论不是互相独立的，可以统一在一个叫做
M 理论的未知的逻辑框架下，但是，对其动力学知之甚少，更不知道它的基本原理
是什么，因此，至今没有人能够给出这个理论一个完整的数学形式。

三、 超弦/M 理论的发展

　　超弦/M 理论，既然作为认识宇宙的 "终极理论"，就应当能够解释宇宙学中诸
多问题，例如黑洞，因此，在超弦理论第二次革命以后，超弦/M 理论的一个重要
发展就是黑洞物理的研究。

从超弦/M 理论看黑洞

20 世纪 60 年代末、70 年代初，许多物理学家，包括克里斯托多罗 (D. Christodoulou)、伊思雷尔 (W. Israel)、普赖斯 (R. Price)、卡特尔 (B. Carter)、克尔 (R. Kerr)、罗宾森 (D. Robinson)、霍金和彭罗斯，都发现黑洞和基本粒子也许不像我们想象的那么不一样，反而有越来越多的证据使人相信惠勒 (J. Wheeler, 1911~2008) 的 "黑洞无毛" 所表达的思想。所谓 "黑洞无毛"，指的是除了少数可以区别的特征外，所有黑洞看起来都是相像的。这几个可以区别的特征分别是黑洞的质量、电荷或其他力荷[①]，还有自转速度，而将基本粒子区分开来的也正是这些物理量，只是自转速度代之以自旋。因此，他们认为，黑洞可能本来就是巨大的基本粒子。既然超弦/M 理论可以用来统一描述基本粒子及作用于其间的自然力，那么，也就应该能够描述黑洞。

惠勒

1995 年，施特劳明格对 D3 膜的研究，以及 B. 格林 (B. Greene) 和莫里森 (D. Morrison) 随后的扩展，使弦理论第一次明确地在黑洞和基本粒子间建立起了直接的联系，给出了具体而且在定量上无懈可击的关系，即通过 D3 膜的坍缩，或者说，通过卡拉比-丘流形从一种形式变换为另一种形式，黑洞可以转化成没有质量的基

---

① 力荷：粒子具有的对每种力的作用产生一定响应的性质。例如，粒子的电荷决定了它对电磁力的响应。

本粒子。因为卡拉比–丘流形的拓扑形式决定着弦论中的某些物理结构是以黑洞还是以基本粒子的形态表现出来，也就是说，黑洞和基本粒子原来是同一弦物质的不同相。黑洞发生了相变，或者说它"消融"了，变成为基本的弦振动模式，用弦论的语言，就是经过锥形变换的空间破裂从卡拉比–丘流形的一个相转向了另一个相。类似地，超弦的五种理论也可看作是 M 理论的不同相。

B.格林　　　　　　　　　　　　　　　　莫里森

贝肯斯坦–霍金熵的微观统计解释

　　超弦理论第二次革命的最大成功之一就是给出了黑洞熵的微观统计解释，具体地讲，就是不仅可以解释贝肯斯坦–霍金熵，而且可以解释黑洞的霍金蒸发，也就是说，超弦/M 理论在原则上解决了与黑洞相关的所有量子物理问题，包括过去长期争论的"黑洞信息丢失之谜"。

　　那么，什么是黑洞的贝肯斯坦–霍金熵呢？什么是霍金蒸发呢？

　　1970 年，贝肯斯坦 (J.Bekenstein，1947—2015) 还在普林斯顿跟惠勒读研究生时，就大胆地提出一个惊人的想法：黑洞可能有熵[1]，而且量很大。贝肯斯坦的想法来自热力学第二定律——系统的熵总是不断增大的，即事物总是朝着更加无序的状态演化。实际上，贝肯斯坦可以借助霍金的一个著名结果来加强他的猜想。霍金证明：黑洞事件视界[2]的面积在任何物理相互作用下总是增大的。对贝肯斯坦来说，永远朝着更大面积的方向演化与热力学第二定律所说的永远朝着更大的熵的方向演化应该有所联系，因此，他指出：黑洞事件视界的面积为它的熵提供了精确

---

　　[1] 熵：热力学中度量无序和随机的物理量。
　　[2] 黑洞事件视界：时空中连光都无法逃逸的区域——黑洞区域的边界。

的度量。但是，霍金认为，他的黑洞面积增大定律与贝肯斯坦的熵增定律之间的相似只是巧合，黑洞是黑的，不会有辐射，也就没有温度，当然，也就不会有熵。大多数物理学家都支持霍金的看法，认为贝肯斯坦的想法不可能是正确的，原因有二：其一，测定黑洞的质量、力荷和自旋就可以决定它的一切，那么简单的黑洞哪来的熵；另一，熵是量子力学概念，而黑洞是广义相对论的产物，在 20 世纪 70 年代，这两者被认为是无法调和的。

贝肯斯坦   霍金

　　1974 年，霍金发现，黑洞的引力可以将能量注入因不确定原理引起的量子涨落而出现在黑洞事件视界周围的空间区域里的虚光子对，使其中一个落进黑洞深渊，另一个飞离黑洞。这样的过程反反复复在黑洞视界周围发生，从而形成一股不断的辐射流，即黑洞发光了。这一发现使霍金认识到，黑洞有温度，也就有熵，他的黑洞面积增大定律与贝肯斯坦的熵增定律不仅仅是相似，简直就是一回事，或者说，黑洞物理学的引力定律就是热力学第二定律在极端奇异的引力背景下的另一种表达方式。

　　黑洞的贝肯斯坦-霍金熵公式，指的就是黑洞熵的上限与系统尺度的平方成正比，也就是说，与黑洞的视界面积成正比。1996 年，施特劳明格和瓦法 (C.Vafa) 发表了《贝肯斯坦-霍金熵的微观起源》一文，在萨斯坎德和森早先工作的基础上，用超弦理论认定了某一类所谓的极端黑洞①的微观组成，准确地计算了相应的熵。他们发现，超弦理论第二次革命中发现的物质基元 (高维 D 膜) 可以用类似于夸克和电子组成基本粒子的方法结合起来形成上述的极端黑洞，而且得到了与贝肯斯坦和霍金的预言完全符合的计算结果。这样，他们就成功地给出了贝肯斯坦-霍金熵的微观统计解释，指出了产生黑洞熵的无序来自哪里，使得霍金本人对弦论的态度也由原先的质疑变为大力的支持。

① 极端黑洞：具有一定质量下最大可能力荷的黑洞。

施特劳明格　　　　　　　　　　　　瓦法

 黑洞的信息丢失之谜

　　1976 年，霍金发现：当事物落进黑洞时，它所携带的信息也跟着被吸收了。这里，"信息"既可以是牛顿运动定律所确定的宏观星球的位置和动量，也可以是量子力学描述微观粒子运动状态的波函数，它们的丢失意味着，再也无法根据经典决定论①或量子决定论②来预言未来，或者说，无论是经典决定论还是量子决定论

----

　　① 经典决定论：19 世纪初，法国著名天文学家和数学家皮埃尔-西蒙·拉普拉斯侯爵 (Pierre-Simon de Laplace,1749—1827) 提出了在牛顿运动定律下像时钟一样运行的宇宙所能带来的最严格也走得最远的结果："理性能认识某一时刻所有令自然洋溢生机的力和组成它的存在物的状态，如果理性足够强大，可以将那些数据用来分析，那么它能将一切运动，从宇宙中最大的物体到最小的原子，都包含在同一个公式里。对这样的理性来说，没有什么不确定的东西，将来与过去一样，它都看得见。"换句话说，如果知道宇宙里每个粒子在某一时刻的位置和速度，我们就可以用牛顿运动定律——至少在原则上——来确定它们在过去或未来任何时刻的位置和速度。这就是拉普拉斯的决定论，通常又称其为经典决定论。

拉普拉斯

　　② 海森伯的不确定原理从根本上否决了拉普拉斯的 (经典) 决定论，因为根据不确定原理我们不可能知道宇宙基本组分的准确位置和速度。相反，那些经典的性质被量子波函数取代了，它只能告诉我们某个粒子在这里或那里，有这样或那样的速度。实际上，拉普拉斯决定论的破灭并没有让决定论的思想彻底失败，量子力学波函数 (概率波) 的演化仍然遵从准确的数学法则，如薛定谔方程 (或更准确的狄拉克方程和克莱因-戈登方程)，即宇宙基本组成在某一时刻的波函数的信息能让 "足够强大的" 理性去决定以前或未来任何时刻的波函数，也就是说，量子决定论取代了拉普拉斯的经典决定论。它告诉我们，任何特别事件在未来某一时刻发生的概率完全决定于以前任何时刻的波函数知识。量子力学的统计解释弱化了拉普拉斯的决定论，将 "注定的结果" 变成 "注定结果的概率"，不过在传统的量子理论框架下，那 "概率" 还是被完全决定了的。

都会因黑洞的存在而遭到破坏。后来，霍金又发现：黑洞会辐射，而辐射携带着能量，所以黑洞在辐射时会慢慢减小质量，即发生所谓的"霍金蒸发"。这样，从黑洞中心到事件视界的距离会慢慢地收缩，也就是说，原来从可视宇宙中分离出去的部分空间又能回到我们的宇宙中来了。于是，就出现了这样的问题：被黑洞吞没的事物所携带的信息，即可能隐藏在黑洞内部的那些数据资料，是否会因"霍金蒸发"而重新出现呢？

　　霍金主张，信息不会重新出现——黑洞破坏了信息。但是，1997 年 6 月 21 日，他在荷兰阿姆斯特丹"引力、黑洞和弦学术会议"上的演讲中说："多数物理学家都愿意相信那信息不会丢失，因为这样能使世界安宁，可以预言未来。但我相信，如果认真对待爱因斯坦广义相对论，我们一定允许另外的可能：时空本身打成结，而信息消失在结中。"这里，他实际上承认：那些信息有可能找到一条重新出现的路径，具体地讲，就是对于施特劳明格和瓦法所研究的那类黑洞来说，信息可以储藏在高维膜里，并能从那里还原。

 黑洞另一未解之谜——中心点的时空本性

　　根据广义相对论，挤压在黑洞中心的巨大质量和能量将导致时空结构产生吞噬一切的裂隙——卷曲成一种无限曲率的状态，即陷入一个时空奇点。物理学家由此得出的结论是，因为所有穿过黑洞事件视界的物质都注定要落向黑洞的中心点，而那里的物质没有未来，所以时间本身也在黑洞中心走到了尽头。还有些物理学家，他们用爱因斯坦方程探索了黑洞中心的性质，发现了一个有点疯狂的结果：黑洞的中心可能隐约地联结着另一个宇宙的入口，也就是说，我们宇宙的时间在哪里结束，相联结的另一个宇宙的时间就从哪里开始。

　　这个问题与信息丢失问题也有点关系：有些物理学家猜想，在黑洞的中心也许有某一"小团"隐藏着那些落入黑洞视界的物质所携带的信息。在极端的大质量、小尺度下，密度大得难以想象，因此，不能只考虑爱因斯坦的经典理论，还得考虑量子力学，也就是说，应该看看超弦/M 理论会对"黑洞中心点的时空奇性"有什么说法。随着最近非微扰方法的巨大进步和它们在黑洞其他方面的成功应用，弦论学家满怀信心地希望能在不远的将来揭开黑洞中心点的时空奥秘。

 马尔达西那猜想——AdS/CFT 对偶

　　贝肯斯坦–霍金熵的发现意味着：如果我们相信量子力学在黑洞物理中依然有效，那么黑洞内部所有可能为外部观察者 (通过霍金蒸发等过程) 看到的自由度就完全反映在视界上。1993 年，特霍夫特猜测，这是一个全息效应：不但黑洞本身，任何一个系统在量子力学中都可以由其边界上的理论完全描述。1994 年，萨斯坎德将这个猜测提升为一个原理——量子信息原理，并指出任何含有引力的量子系统都满足这个原理，他还进一步提供了一些支持这个原理的直观论证。在很长一段时间里，很少有人将这个原理当真，但是，1997 年底、1998 年初，情况发生了彻底改变，促成这种改变的是马尔达西那 (J. Maldacena) 的著名文章：《超共形场论和超引力的大 N 极限》。马尔达西那在他的文章中提出了一种被叫做反德西特/共形场论 (AdS/CFT) 对偶关系的新猜想，即一定的反德西特空间[①] 上的量子引力理论——准确地说，就是超弦/M 理论——对偶于比反德西特空间维数更低的共形场论。例如，5 维反德西特空间上的超弦/M 理论对偶于 4 维超对称规范理论。

马尔达西那文章发表之初，人们对其的普遍看法是：想法很大胆，但是，肯定是错的。那时，马尔达西那曾应邀访问普林斯顿高等研究院并报告这个工作。在报告过程中，威滕和玻利雅可夫问题最多。次年 2 月，威滕便写出了一篇非常重要的

马尔达西那

①　德西特空间，是爱因斯坦引力场方程的解，它可以说是闵可夫斯基空间中的"球面"。如果说闵可夫斯基空间是欧几里得空间的直接推广，那么德西特空间就是欧几里得空间中的球面在闵可夫斯基空间中的推广，也就是具有正曲率的时空，而反德西特空间则是具有负曲率的时空。反德西特空间并不是爱因斯坦引力场方程的解，若要想让它成为引力场方程的解，就必须引入负的宇宙学常数来当作负曲率的源。

支持马尔达西那猜想的文章；玻利雅可夫和另外两人也发表了支持马尔达西那的文章，他们的文章比威滕的还早发表了四天。随后，马尔达西那的文章得到了更多支持，使其成为弦论中引用率最高的文章，可以说，几乎所有的研究均未发现与马尔达西那猜想相悖。马尔达西那猜想不仅理论计算相对直接，而且还将很多看起来互不关联的领域联系了起来。首先，它是将弦论和量子场论联系了起来，原先人们以为弦论是全新的理论，完全不同于量子场论，但在反德西特时空中，弦论看来不像我们直觉以为的那样有无限多个自由度，它实际上等价于边界上的量子场论；其次，它是将引力与场论联系起来，例如，引力子在某种意义上对偶于场论中的能量动量张量，黑洞则对偶于场论中的热平衡系统。再者，引力与场论的对偶还将引力与粒子的唯象理论联系起来，例如，量子色动力学很可能有引力对偶，在这个对偶中，每个色单态（如介子、重子和胶子球等）都有相应的引力描述。今天，已经很少有人怀疑量子色动力学与弦论的对偶，这是因为马尔达西那猜想已经可以用于计算一些实验中的观测量，例如，相对论重离子对撞机实验中出现的夸克–胶子等离子体中的一些物理学参数，并取得了与实验定性一致的结果。

 ## 弦景观与宇宙学常数问题

虽然马尔达西那猜想获得了很大成功，但是必须承认，对超弦/M 理论的结构仍然不甚了解，这是因为马尔达西那猜想的成功只是针对一些特殊时空。现代宇宙学告诉我们：真实的物理时空是随时间演化的，过去曾发生过一次大爆炸，也就是说，存在一个时空奇点。至今，弦论学家还不知道如何运用超弦/M 理论来严格地研究这类时空，可以说，这正是目前阻碍弦论发展的主要困难之一。另外，弦论也还没有发展到可以严格地处理宇宙学中的所有问题，例如，在弦论中引入"弦景观"来处理宇宙学常数问题[①]，即用量子场论中存在的零点能来解释宇宙学常数理论值与观测值相差 120 个量级的问题。所谓"弦景观"，指的是弦论中存在许多不同的"真空"，它们是一个极大的景观中的局域极小。"弦景观"类似一个山脉，有山峰和山谷，而极小就是山谷。在一个山谷的最低点，宇宙学常数的值和另一个山谷最低点的值不同。宇宙学常数可以很大，也可以很小，因此可以无限地接近观测值。但是，即使用物理学的标准来看，存在"弦景观"的证明也是不够严谨的。

超弦理论的两次革命：第一次统一了量子力学和广义相对论；第二次统一了五种不同的弦理论和 11 维超引力，预言了一个最大的 M 理论的存在。那么，超弦/M 理论是否可以看作是实现了"自然力走向统一"的终极理论呢？

---

① 宇宙学常数是爱因斯坦为了满足静态宇宙而添加在他的引力场方程中的一个修正常数，可以解释为真空的常数能量密度，但是，当用量子场论中存在的零点能来解释它时，却出现了理论值与观测值相差 120 个量级的问题，这就是宇宙学常数问题。

第三节　　自然力实现统一了吗？

首先，让我们回顾一下"自然力走向统一"的认识历程。

在自然力"走向"统一的过程中，对力的认识，经历了三次飞跃：第一次，从"定性"到"定量"，即从墨翟的"力，形之所以奋也"到牛顿的"力与运动的改变成正比"，也就是说，从对自然现象的观察、描述到实验、理论研究，其间，伽利略通过斜面实验来研究落体运动并第一次用数学公式来表述物体的运动规律、开普勒借助第谷的观测资料发现了行星绕日运动三定律，为牛顿发现力学三定律和万有引力定律、创建经典力学，奠定了实验和理论基础。

第二次，从"超距"到"近距"，即从牛顿发现万有引力的"超距作用"到法拉第和麦克斯韦引入场来描述电磁力的近距作用，其间，奥斯特的"电动生磁"、安培的"有序分子电流产生磁性"和法拉第的"电磁感应"，为麦克斯韦借助矢量分析写出电磁场方程、创建电磁理论，奠定了实验和理论基础，而赫兹发现电磁波则验证了麦克斯韦的电磁理论，不仅如此，他还证实了麦克斯韦关于"光就是电磁波"的预言。应当指出："超距作用"意味着力的传递是不需要时间的，其速度为无限大，因此，"空间"和"时间"是相互分离的，时空是三维空间加上一维时间（即 $3+1$ 维），时空观是绝对的；"近距作用"意味着力的传递是需要时间的，电磁力是通过光来传递的，光速是有限的，后来，爱因斯坦引入光来定义"同时"，发现了"同时的相对性"，创建了相对论，指出"空间"和"时间"是相互联系的，时空是 4 维的，时空观是相对的；他还引入"光量子"来传递电磁力，将"力"与"粒子"建立了联系，人们开始不仅探索"自然力的统一"而且探索"自然力"与"物质基本组分"的统一。尽管爱因斯坦自己并不承认，或者说，他并未意识到，"光量子"的引入已经使对运动的描述从"宏观"过渡到"微观"、从"经典"跃迁到"量子"，即从牛顿和爱因斯坦的"因果决定论"（即"经典决定论"）到哥本哈根学派的"量子决定论"，相应地，时空观也从爱因斯坦狭义和广义相对论所决定的"相对时空观"到海森伯不确定原理所给出的"量子时空观"。

第三次，从"表象"到"本质"，即从墨翟和牛顿的"力是运动变化的原因"到杨振宁的"对称性支配相互作用"——强、弱和电磁力来自于规范对称性而引力则由时空对称性所决定；时空则从"$3+1$ 维"或"4 维"到"10 维"或"11 维"，即对粒子的描述从"点"（海森伯不确定原理使这个"点"变得模模糊糊以至于有可能隐藏多余的维数）到"弦"再到"膜"，施瓦兹、萨斯坎德、威滕和马尔达西那等创建超弦/M 理论，尝试统一描述物质基本组分及作用于其间的四种自然力。

这三次飞跃，概括地说，就是力（$3+1$ 维时空）→ 场（4 维时空）→ 对称性（多维时空）。物理上，它们反映了科学研究的三部曲：观测 → 实验 → 理论。具体地讲，就是从观察自然现象、归纳运动规律到通过实验检验 (证实或证伪) 观察得到的运动规律，再借助数学工具定量描述这些运动规律进而从理论上揭示现象的本质。数学上，它们总与引入优美的崭新的数学思想密切相关：伽利略首先用代数公式来描述实验发现的物理规律；牛顿引入微积分来细致地描述物体的运动并用几何学来研究引力，发现了牛顿第二定律和万有引力定律；麦克斯韦用矢量分析写出了电磁场方程；爱因斯坦用四维时空和黎曼几何创建了狭义和广义相对论；杨振宁等将幺正群引入描述强力和弱力的规范场揭示了力的本质是对称性；威滕等引入卡拉比–丘流形，将超弦理论中的 10 维时空改造成现实的四维时空，使统一描述物质基本组分及作用于其间的自然力成为可能 ⋯⋯ 哲学上，它们，或者说 “自然力走向统一” 的每一步，都为唯物辩证法的三大规律：“对立统一律” “量变到质变” 和 “否定之否定” 提供了有力的佐证，例如，粒子与波动 (波粒二象)、对称与破缺 (色空两难) 以及广义相对论与量子力学融合为超弦/M 理论，反映了 “对立统一律”；耦合常数的 “跑动” 导致引力之外的三种自然力的强度逐渐趋于一致，体现了 “量变到质变”；而拉格朗日的经典决定论 → 哥本哈根学派的量子决定论 → 霍金的 “黑洞的信息丢失” 和牛顿的绝对时空 → 爱因斯坦的相对时空 → 超弦理论的多维时空则充分体现了 “否定之否定” 等。

另外，还应指出的是，在日常生活中，人们十分熟悉的力：马拉车的力、人打狗的力，还有原子弹爆炸的力，实际上，都不是自然力，而是有效力，前 (两) 者是有效电磁相互作用——分子力；后者是有效强相互作用——核力。正是这些有效相互作用为物理学带来了广泛的应用，前者造就了物理学的最大分支学科——凝聚态物理；后者不仅导致原子弹爆炸结束了第二次世界大战，而且产生核能缓解了能源危机。

进而，让我们来讨论超弦/M 理论实现自然力的统一了吗？

前面提到，耦合常数的 “跑动” 可以导致引力之外的三种自然力的强度逐渐趋于一致。在 M 理论出现之前，弦论学家已经证明，如果选择最简单的卡拉比–丘流形，引力作用差不多也能像下图中的实线那样与其他三种力接近融合，再借助一些数学技巧适当选择卡拉比–丘流形，还可以尽量避免偏离。但是，这样的事后调整显然不能让物理学家满意，因为现在谁也不知道怎么准确预言卡拉比–丘流形的具体形态，依靠那些与卡拉比–丘流形的具体形态密切相关的理论是很危险的。超弦理论第二次革命之后，威滕考察了在弦耦合常数不一定很小的情况下力的强度会有什么变化。他发现，引力的变化曲线会像下图中的虚线那样逐渐倾向于与其他力融合，并不需要特别选择卡拉比–丘流形。这使得大多数弦论学家对超弦/M 理论有可能实现自然力的统一持乐观态度。前面曾经提到，在施特劳明格和瓦法成功地给出了贝肯斯坦–霍金熵的微观统计解释之后，霍金对弦论的态度由原先的质疑变为大力的支持，他甚至说过：“理论物理学的末日已经为期不远了。” 他指的是，超弦理论已经把物理学全部统一到一个单一的理论之中。

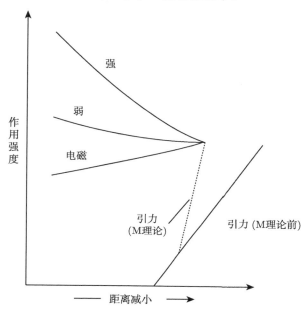

在M理论中，四种相互作用自然融合在一起（引自
《宇宙的琴弦》图14.2)

那么，超弦/M 理论是否就是统一描述物质基本组分及作用于其间的自然力的终极理论呢？

费曼并不这样看，他说："爱因斯坦曾经认为，他的统一理论即将大功告成，但关于原子核他几乎一无所知，怎么能完成这个统一呢？今天，大量的东西我们没有弄清，对这一点没有给予充分的重视，却认为已经接近取得答案，怎么可能呢？" "我不喜欢的是，他们计算不了任何东西，他们不能检验自己的想法，我对任何不符合实验的东西都不喜欢。" "μ 子与电子的质量之比精确等于 206，为什么？" 虽然他讲这番话是在超弦理论第二次革命之前，现在，马尔达西那猜想已经可以用来计算与粒子物理实验相关的一些物理量，但是作者仍然认同他的以下两点看法：其一，就目前的认知水平来说，谈论终极理论仍为时尚早；其二，作为终极理论，超弦/M 理论不仅要能与粒子物理标准模型相联系，而且要能解释标准模型无法解释的一些实验事实。

在第五章第三节中，我们在介绍乔治–格拉肖 $SU(5)$ 大统一模型时，曾将其与粒子物理标准模型作了一一对应的联系："由此构成了 24 个 $SU(5)$ 矩阵，与之对应，有 24 个规范场：其中一半对应于 8 个胶子场、3 个中间玻色子 ($W^\pm$ 和 Z^0) 场和 1 个光子场；另一半则是可以在夸克和反轻子之间引起五种基本变换的 12 个

X 粒子场。" 虽然在超弦理论第二次革命中萨斯坎德与另外三人已将无限大动量坐标系和光锥规范引入 M 理论提出了超弦/M 理论的矩阵理论，使其可与费曼的部分子模型相联系，借助马尔达西那猜想还可用来计算与粒子物理标准模型有关的一些实验中的观测量，但是，从事超弦/M 理论研究的专家告诉作者，到目前为止，超弦/M 理论还不能够与粒子物理标准模型作上述那样的联系，更不用说用它去解释像 "μ 子与电子的质量之比精确等于 206" 那样的实验事实。因此，现在就说超弦/M 理论已经是能够 "统一描述物质基本组分及作用于其间的自然力" 的终极理论，确实为时尚早。

另外，超弦/M 理论能否作为终极理论，还需要实验来作最终的裁决。鉴于超弦/M 理论所描述的是普朗克尺度包含有紧致的多余维的超微世界，因此，要验证超弦/M 理论就得将实验探针深入到卡拉比–丘流形内部，也就是说，要将我们的视野从目前能够达到的最小尺度 (10^{-18}m) 深入到接近普朗克尺度，两者相差 17 个量级。正像引发原子弹爆炸的核力是有效强相互作用一样，现今被认为是基本相互作用的强力、弱力、电磁力和引力，当人们的认识深入到更深的层次之后，很有可能会变成了该层次的 "自然力" 的有效相互作用，因此，现今的自然力——强力、弱力、电磁力和引力未必就是超弦/M 理论所描述的普朗克尺度的超微世界中的 "自然力"。果真如此，超弦/M 理论当然无法联系现今的物理实际，即与现今自然力有关的粒子物理标准模型和宇宙大爆炸模型。因此，超弦/M 理论，在未被实验证实之前，它只能被看作是统一自然力和物质基本组分的一种尝试。随着实验探针越来越深入超微世界，或者越来越接近宇宙边缘，很有可能还会发现新的更为基本的 "自然力"，还得探索与这些 "自然力" 相关的新物理。因此，不仅我们这一代人，也许今后若干代人，都未必能够真正实现自然力的统一，"自然力走向统一" 的历程还将继续下去。

"大道无形"，终极理论应当极其简单，爱因斯坦曾经说过：他的统一场论在数学形式上应该像质能关系式那样简洁明了。超弦理论的研究对象，由四维时空中的无形的 "点" 到 10 维时空中的有形的 "弦"，再演化为 11 维时空中的各种维度的 "膜"，越来越复杂，而作为其场论真空的卡拉比–丘流形更是变化无穷，因此，与之相应的弦论、膜论和 M 理论只可能是研究过程中出现的 "基础理论"，而不可能是能够描述物质基本组分及作用于其间的自然力的 "终极理论"。

人类对自然现象的认识、对 "终极理论" 的追求只能是一个不断积累、不断进步、越来越趋近真理的极限过程。太阳终究会有燃尽的一天，地球也必将随之而毁灭，以人类有限的生命，去认清无穷变化的宇宙，创建解释一切自然现象的 "终极理论"，很可能只是一个崇高的理想。

Reference 参考书目

[1] 哥伯尼. 天体运行论. 叶式辉, 译. 北京: 北京大学出版社, 2006.

[2] 伽利略. 关于托勒密和哥白尼两大世界体系的对话. 周熙良等, 译. 北京: 北京大学出版社, 2006.

[3] 牛顿. 自然哲学的数学原理. 王克迪, 译. 北京: 北京大学出版社, 1006.

[4] 麦克斯韦. 电磁通论. 戈革, 译. 北京: 北京大学出版社, 2010.

[5] 徐在新. 宓子宏, 从法拉第到麦克斯韦. 北京: 科学出版社, 1986.

[6] 爱因斯坦. 狭义与广义相对论浅说. 杨润殷, 译. 北京: 北京大学出版社, 2006.

[7] Pais A. Subtle is the Lord: The Science and Life of Albert Einstein. New York: Oxford University Press, 1982.

[8] 赵峥. 相对论百问. 北京: 北京师范大学出版社, 2010.

[9] 温伯格 S. 引力论和宇宙论. 邹振隆等, 译. 北京: 科学出版社, 1984.

[10] Goenner H F M. On the History of Unified Field Theories. *Living Rev.Relativity*, 2004, (7): 2.

[11] 叶书宗. 通向未来·世界十大科学家. 上海: 上海古籍出版社, 1996.

[12] 威廉·H. 克劳普尔. 伟大的物理学家——从伽利略到霍金物理泰斗们的生平和时代. 中国科大物理系翻译组, 译. 北京: 当代世界出版社, 2007.

[13] 杨振宁. 基本粒子发现简史. 上海: 上海科学技术出版社, 1979.

[14] 郭奕玲, 沈慧君. 物理学史. 北京: 清华大学出版社, 2009.

[15] Wu C S, Moszkowski S A. β Decay. New York: Interscience Pub-

lishers, 1966.

[16] Yang C N. Selected Papers (1945-1980) With Commentary. New York: W.H.Freeman and Company, 1983.

[17] 黄涛. 量子场论导论. 北京: 北京大学出版社, 2015.

[18] 格林 M B. 宇宙的琴弦. 李泳, 译. 长沙: 湖南科学技术出版社, 2002.

[19] 李淼. 超弦史话, 北京: 北京大学出版社, 2005.

[20] Green M B, Schwarz J H, Witten E. String Theory. Cambridge: Cambridge University Press, 1986.

[21] Johnson C V. D-Branes. Cambridge: Cambridge University Press, 2003.

[22] 温伯格 S. 终极理论之梦. 李泳, 译. 长沙: 湖南科学技术出版社, 2003.

Postscript
后 记

退休后，想干两件事：一是教几年书；二是写几本书。

20 世纪 90 年代初，有一次，在中国科学院理论物理研究所作有关"质子自旋危机"的学术报告，中间休息时，北京大学曾谨言教授对我说，你不来高校教书，实在是我们高校的损失。为了验证他的话，退休后，我应南京晓庄学院院长王泽农教授的邀请去该校担任特聘教授教了四年书。之所以选择这所学校，那是因为：它的前身是著名教育家陶行知先生办的南京晓庄师范学校，我在南京大学读研究生时，我的儿时玩伴也是终身挚友夏俊生大学毕业后分配到那里担任数学教师，我常去那里度周末，帮他给学生答疑，因此，对这所学校有一份特殊的感情。在这所学校的物理学院，我教过普通物理（电学部分）和原子物理，还为毕业班开过"论文写作"，带过几届学生的毕业论文，并帮助他们把论文改写后投寄杂志发表。

在晓庄教书期间，我曾与宁平治、姜焕清等合作出版了《中高能核探针与原子核结构》一书，我负责第三、四两章，主要是讲高能轻子和光子与原子核相互作用。可以说，这是我十多年通过 EMC 效应、核 Drell-Yan 过程和 J/Ψ 光生反应研究核子结构函数的核效应的工作总结。顺便指出：我负责的与这项工作有关的国家自然科学基金项目"高能轻子与原子核相互作用"，被国家自然科学基金委员会数理学部评选为 1986—1995 年间 39 项优秀基金项目之一，其中研究项目"EMC 效应及相关物理问题"荣获了 1995 年度中国科学院自然科学奖一等奖。

谈到写书，就不能不提我与商务印书馆余节弘的一段交往：2009 年 3 月，因外孙马浩民的出生，我结束了在晓庄的执教，回到了北京。那年冬天，余节弘来找我，说著名科普作家卞毓麟推荐我为他正在筹划的一套科普丛书写一本《物理学，原来如此精彩》。我担任《现代物理知识》杂志主编十多年，每年都要审阅数十篇有关物理学的精彩文章，卞毓麟是我们杂志的编委，他当然知道我可以为余节弘写一本"物理应用无限精彩"，但是，作为理论物理工作者，我更愿意写一本科学家"探索科学的第一原因"的故事书。

我们这代人走上科研的道路大多是因科普书籍或为数不多的科普报告的影响。

记得我在上高二的时候，物理老师给我一张票，让我去南京大学听中国科学院情报所所长袁翰青先生的报告，那是 1956 年，党号召 "向科学进军"，科学家都走出研究所，去基层作科普宣传。我不记得他报告的题目是什么，但我记得他在谈到中国近代科技为何落后时提出一个与众不同的观点，那就是：因为我国陶瓷工业太发达，以至于玻璃工业未能得到像西方那样的发展，炼丹术士 (古代的化学家) 用陶罐炼丹 (进行化学实验) 无法看到中间过程，因此错过了许多重要的发现，拖累了我国科技的发展。他的这个观点，对我来说，很新颖，很有说服力，与政治老师讲的不一样，这位化学家的独到见解使我终生难忘。正是这些报告和科普书籍的启迪，让我在那一年的日记里写下："探索科学的第一原因 —— 天体的演化、物质的结构和生命的起源 —— 是我的理想，我愿为此献出毕生的精力。"

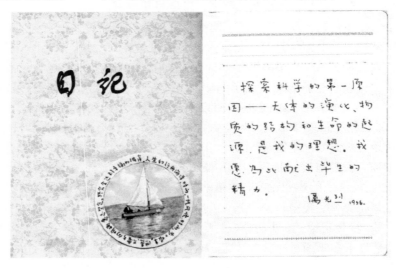

在从事科学研究数十年稍有心得之后，为了回报社会，进行科普宣传，我从 1994 年开始担任《现代物理知识》杂志常务副主编、主编至今。在过去的二十多年里，我每次外出开会或讲学，都要到邻近大学或相关研究所去为 "现代物理" 作些宣传。报告的题目，除了常用的 "粒子与宇宙""现代物理前沿漫谈" 外，在北京大学物理学院 90 年院庆，应他们的要求，将 "粒子与宇宙" 改为 "从粒子到宇宙 —— 物理学再创辉煌"；在南开大学等高校用的则是 "探索科学的第一原因"。在这些报告中，我从上面提到的儿时理想谈起：谈 "宇宙"、谈 "物质"、谈 "生命"、谈 "时空"。在 "宇宙" 部分，先展示一些哈勃望远镜拍摄的精彩照片以提高听众的兴趣，然后从 "宇宙大爆炸" 谈到 "天体演化"，其中自然会涉及天体物理和宇宙学研究的一些最新进展 (宇宙微波背景辐射、超新星、γ 暴、暗物质和暗能量等)，这些研究进展最终导致人们想问：巨大爆发能量从何而来？在 "物质" 部分，先展示我国从事

"物质结构"研究的几个主要研究所的大型装置，然后谈物质的"状态"(特别是一些新凝聚态：软物质、颗粒物质、非牛顿流体和电流变体等)、"维数"(0 维：C_{60}；1 维：DNA；2 维：石墨；3 维：金刚石；分数维 (分形)：海绵、"泡沫与百慕大")、"结构"(为何轻子与夸克刚好"六六大顺"？为何物质组元和相互作用传递子除了实验上尚未发现的引力子刚好一"甲子"？"敲不出夸克"，物质能否继续往小里分？以及微观粒子质量从何而来？) 和"层次"。最后引入"真空"，从"真空不'空'、'无'中生有"对上述问题和"物质是否无限可分"进行哲学上的讨论；在"时空"部分，除了讲述"绝对时空"和"相对时空"以及相对论指出"时空与物质及其运动有关"外，还会告诉听众量子力学中的不确定关系同样表述了"时空与物质及其运动有关"以及我们可以通过"时空量子化"和不确定关系来回答："巨大爆发能量从何而来？"当然，这些只是我的一些个人看法，提出与大家讨论。至于"生命的起源"，虽曾作过调研，但从未研究过，没有自己的想法，故一般不谈，只是在南京理工大学和计算机系研究生谈"量子计算机和 DNA 计算机"时不得不介绍一些相关知识。在晓庄执教期间，我还为全校特别是文科学生开设公共选修课"现代科技选讲"，一共 10 讲，内容包括：开始篇，谈我的人生体验；科学篇，谈宇宙、物质、时空和生命；技术篇，谈材料、能源、信息和环境；结束篇，谈科技与社会、科技与教育，以及科技是把双刃剑。到目前为止，我已在北京大学、南京大学和中国科学技术大学等 30 多所学校，以及中国科学院高能物理研究所、理论物理研究所、兰州近代物理研究所、上海应用物理研究所和中国原子能科学研究院物理所等作过上述报告，反响甚好。在北京大学作过报告后，他们又请我给刚入学的新生再讲一次。报告结束后，展开了热烈的讨论，提问的同学中还有来自清华大学的。许多听过我报告的朋友和同事都要我把这些报告写成文字，因此，我对余节弘说，自己一直想写一本介绍科学家探索"科学第一原因"的科普书。

原先，我想把这本书取名为"探索宇宙无穷奥秘"，其中"探索"是指在写法上着重强调科学家揭示宇宙奥秘的探索过程，而"无穷"则是指这一探索在时间上和空间上都是无穷无尽的，不是数代人可以弄清楚的。这里，需要强调的是：对宇宙的探索，具体地说，往大的方向，虽然我们已经可以探测到接近宇宙边缘的 I 型超新星爆发，也就是说，人类的认识已经接近宇宙的"边缘"，但是我们并不知道，尚未认清其根源的"γ 暴"是否意味着新的"宇宙"还在不断地诞生，我们也不知道，在我们所处的地球之外是否还存在其他高智慧的"生物"；往小的方向，利用目前最大的加速器，我们能够认识到的最小尺度大约是 10^{-18}m，离超弦理论认为的空间最小尺度 —— 普朗克长度 (10^{-35}m) 还有一半的数量级有待认识。更不用说，宇宙本身也在发展变化，在我们的认识过程中，还会不断出现"节外生枝"的情况。正因为此，对该书所涉及的"宇宙的起源及演化""物质无限可分吗？"以及"走向统一的自然力"等"科学第一原因"的探索，也许会像"一尺之杵，日取其半"一样，不可穷尽，永无止境。

就在与余节弘交换了十多封电子邮件之后，基本上确定了这本书由三部分组成：上篇 "从宇宙大爆炸谈起"、中篇 "物质是否无限可分"、下篇 "走向统一的自然力"。鉴于 "走向统一的自然力" 涉及前两篇都要用到的物理学的几乎所有的基础理论，通俗表述十分不易，必须趁我精力旺盛的时候把它先写出来，并且，上篇不能不谈我周围同事正在热议中的 "暗物质" 和 "暗能量"。他们的观点，提也不好，不提也不好：不提，他们会说我看不起自己国人的创造；提，万一错了，我的书便会成为大众的笑谈；中篇，则因上帝（希格斯）粒子当时尚未找到，对粒子物理标准模型在写法上会有不便之处。因此，我决定从下篇开始，并与余节弘商定，内容包括六章：第一章，天上力与地上力的统一；第二章，电力与磁力的统一；第三章，爱因斯坦试图统一电磁力与引力未能如愿；第四章，弱力与电磁力的统一；第五章，强力、弱力与电磁力的大统一；第六章，超弦理论：四种自然力走向统一的一种尝试。

就在我完成第一、二两章初稿，正在构思如何撰写第三章时，体检发现总前列腺特异性抗原（PSA）由前一年的 8ng/ml 升高到 12ng/ml，而正常值的上限，对一般人，是 4ng/ml；对 70 岁以上的老人，是 7ng/ml，也就是说，上一年体检时，PSA 就不正常，只是因为不知 PSA 与前列腺癌有关，加上自己也没有感到尿频、尿急，甚至都不起夜，故未予重视。这次体检，PSA 升高至 12ng/ml，咨询两位内科大夫，都说没有事。后来，我去协和医院预约做胃镜检查，验血时顺便查了 PSA，其值为 11.27ng/ml，协和医院挂不上泌尿外科的号，回到离家较近的航天部医院才挂上号，那里泌尿外科大夫看了我的化验单，做了肛指检查，说前列腺较硬，要我立即住院做穿刺活检，这才引起我的重视。在协和医院做胃镜检查的那天，我太太陪我去，同时为我挂了泌尿外科的普通号，泌尿外科大夫应我的要求又做了肛指检查，说前列腺不硬，但给我开了彩超。为了慎重起见，我没有将彩超结果拿给原先的大夫去看，而是挂了特需门诊专家的号，挂号费一次 300 元，看了 3 次，他一共只说了 10 多句话：第一次，看了 B 超结果后，要我再做增强 CT；第二次，看了 CT 结果后，仍无法做出决定，要我再做穿刺活检；第三次，看了确诊为前列腺癌的活检结果后，让我去找严维刚大夫。上网查了一下，就治疗前列腺癌来说，严维刚在协和排第一，全国第二。找他看后，很快就决定了治疗方案：因我的前列腺癌属早期，尚未骨转移，加上年龄较大，最好不做前列腺摘除手术，故决定做三维放射性近距离内照射的微创手术。8 月 30 日住进医院，9 月 1 日就做了手术，一星期后便出了院。国庆节前进行了复查，PSA 降至 2.93ng/ml；三个月后，PSA 便降至 0.003ng/ml 以下，也就是说，降到了零。有生以来，这是我第一次住院做手术。手术后，原来要 48 小时才能去掉伤口胶贴和尿管，因体质较好，24 小时后便去除了。两天后，严大夫来查房，我对他说："古稀之人，早将生死看淡，只是有一件心事未了：我已经答应为商务印书馆写本书，另外，自己也要写一些回忆文章。从网上知道，你们在决定治疗方案之前都会对病人存留时间作出预估，我想知道，我的预期寿命还有多长，能否了却我的上述心愿。"他笑着对我说："10 年，够不够？"我把这些情况都对余节弘说了，并告诉他：实现对你的承诺，完成书的写作，不成问题，只是在未来的半年里，要以养病为主，请不要催我。他回信，劝我好好养病，不要把写书的事放在心上。但是，丛书的出版是有时限的，估计他 —— 更可能是他的领导 —— 认为身患癌症的我不可能完成这本书，便渐渐地不再与我联系。

病愈后，我决定先将已完成的第一、二两章初稿修改、整理后在《现代物理知识》杂志上作为系列讲座发表，以鞭策、激励自己按原先的计划写完这本书。经过数年的努力，陆续在《现代物理知识》杂志上发表了六讲，计 24 篇文章，完成了这本书的初稿。后经《现代物理知识》编辑部赵洪明副编审的介绍，结识了科学出版社钱俊副编审，在他的帮助下，于 2017 年初，与该社签订了出书合同。

在撰稿过程中，曾经分别得到黄艳华、张晓芳、聂永丽、赵洪明、鹿桂花、阮建红、刘明、杨云和董海荣等的帮助：或收集资料，或增添插图，或校验公式，或编辑加工……我还认真阅读了参考文献中列出的所有书籍，本书中重要的史料、有趣的故事和精彩的插图大多取自于它们。因此，我首先要感谢这些书籍的作者和译者，还有前面提到过的几位以及所有支持和鼓励我的同事和朋友；我还要特别感谢杨振宁教授给我寄来他的首次出现 "Symmetry Dictates Interaction (对称性支配相互作用)" 的文章单印本，正是这句话使我对 "自然力走向统一" 的认识有了质的飞跃。当然，我也要感谢为我治愈前列腺癌的北京协和医院的严维刚主任大夫，正是他的支持使我鼓起勇气完成了这本书的写作。

前面提到，本书的启动开始于我的小外孙马浩民出生后不久，有趣的是，它的完稿刚好是在我的外孙女马浩苒出生之时。在此，我衷心地期望，他和她，还有他们今后的同学，能够看到这本书，爱上物理学，最好能够参加到探索 "科学第一原因" 的队伍中来。

2017 年 12 月 22 日于北京